基础教育系列

21 世纪高校计算机应用技术系列规划教材

谭浩强 主编

C 语言程序设计（第二版）

林小荼　编著

中国铁道出版社
CHINA RAILWAY PUBLISHING HOUSE

内容简介

C 语言是程序员的入门语言，也是许多大学为学生安排的第一门程序设计课程。本书充分考虑到这一点，在内容的编排上尽量符合初学者的要求，在实例的选择上从易到难、循序渐进，并且能够解决一些实际问题。

本书的主要内容包括：C 语言基础知识、基本数据类型、运算符和表达式、顺序的选择结构程序设计、循环结构程序设计、函数、数组、指针、结构体和文件。全书通过大量的实例讲解了用 C 语言进行结构化程序设计的要领。

本书适合作为高等院校本科应用型专业以及高职高专 C 程序设计课程的教材，同时也可作为 C 语言自学者的教材或参考书。

图书在版编目（CIP）数据

C 语言程序设计/林小茶编著．—2 版．—北京：中国铁道出版社，2007.6（2011.12重印）
（21 世纪高校计算机应用技术系列规划教材．基础教育系列）
ISBN 978-7-113-08004-4

Ⅰ.C…　Ⅱ.林…　Ⅲ.C 语言－程序设计－高等学校－教材　Ⅳ.TP312

中国版本图书馆 CIP 数据核字（2007）第 085105 号

书　　名：C 语言程序设计（第二版）
作　　者：林小茶
出版发行：中国铁道出版社(100054，北京市宣武区右安门西街 8 号)
策划编辑：严晓舟　秦绪好
责任编辑：崔晓静　王雪飞
封面制作：白　雪
印　　刷：三河市华丰印刷厂
开　　本：787×1092　1/16　印张：21.25　字数：490千
版　　本：2007 年 7 月第 2 版　2011 年 12 月第 7 次印刷
印　　数：30 001～32 000册
书　　号：ISBN 978-7-113-08004-4/TP·2385
定　　价：28.00元

序

PREFACE

21 世纪是信息技术高度发展且得到广泛应用的时代，信息技术从多方面改变着人类的生活、工作和思维方式。每一个人都应当学习信息技术、应用信息技术。人们平常所说的计算机教育，其内涵实际上已经发展为信息技术教育，内容主要包括计算机和网络的基本知识及应用。

对多数人来说，学习计算机的目的是为了利用这个现代化工具工作或处理面临的各种问题，使自己能够跟上时代前进的步伐，同时在学习的过程中努力培养自己的信息素养，使自己具有信息时代所要求的科学素质，站在信息技术发展和应用的前列，推动我国信息技术的发展。

学习计算机课程有两种不同的方法：一是从理论入手；一是从实际应用入手。不同的人有不同的学习内容和学习方法。大学生中的多数人将来是各行各业中的计算机应用人才。对他们来说，不仅需要“知道什么”，更重要的是“会做什么”。因此，在学习过程中要以应用为目的，注重培养应用能力，大力加强实践环节，激励创新意识。

根据实际教学的需要，我们组织编写了这套《21 世纪高校计算机应用技术系列规划教材》。顾名思义，这套教材的特点是突出应用技术，面向实际应用。在选材上，根据实际应用的需要决定内容的取舍，坚决舍弃那些现在用不到、将来也用不到的内容。在叙述方法上，采取“提出问题-解决问题-归纳分析”的三部曲，这种从实际到理论、从具体到抽象、从个别到一般的方法，符合人们的认知规律，并且在实践过程中已取得了很好的效果。

本套教材采取模块化的结构，根据需要确定一批书目，提供了一个课程菜单供各校选用，以后可根据信息技术的发展和教学的需要，不断地补充和调整。我们的指导思想是面向实际、面向应用、面向对象。只有这样，才能比较灵活地满足不同学校、不同专业的需要。在此，希望各校的老师把要求反映给我们，我们将会尽最大努力满足大家的要求。

本套教材可以作为大学计算机应用技术课程的教材以及高职高专、成人高校和面向社会的培训班教材，也可作为学习计算机的自学教材。

由于全国各地区、各高等院校的情况不同，因此需要有不同特点的教材以满足不同学校、不同专业教学的需要，尤其是高职高专教育发展迅速，不能照搬普通高校的教材和教学方法，必须针对其特点组织教材和教学。因此，我们在原有基础上，对这套教材作了进一步的规划。

本套教材包括以下五个系列：

- 基础教育系列
- 高职高专系列
- 实训教程系列
- 案例汇编系列
- 试题汇编系列

其中基础教育系列是面向应用型高校的教材，对象是普通高校应用型专业的本科学生。高职高专系列是面向两年制或三年制的高职高专院校学生的，突出实用技术和应用技能，不涉及过多的理论和概念，强调实践环节，学以致用。后面三个系列是辅助性的教材和参考书，可供应用型本科和高职学生选用。

本套教材自2003年出版以来，已出版了70多种，受到了许多高校师生的欢迎，其中有多种教材被国家教育部评为**普通高等教育“十一五”国家级规划教材**。《计算机应用基础》一书出版三年内发行了45万册。这表示了读者和社会对本系列教材的充分肯定，对我们是有力的鞭策。

本套教材由浩强创作室与中国铁道出版社共同策划，选择有丰富教学经验的普通高校老师和高职高专院校的老师编写。中国铁道出版社以很高的热情和效率组织了这套教材的出版工作。在组织编写及出版的过程中，得到全国高等院校计算机基础教育研究会和各高等院校老师的热情鼓励和支持，对此谨表衷心的感谢。

本套教材如有不足之处，请各位专家、老师和广大读者不吝指正。希望通过本套教材的不断完善和出版，为我国计算机教育事业的发展和人才培养作出更大贡献。

全国高等院校计算机基础教育研究会会长
《21世纪高校计算机应用技术系列规划教材》丛书主编
谭浩强

第二版前言

FOREWORD

本教材由于定位比较准确，因而受到使用者的欢迎，已经重印了五次。作者总结了近几年的教学经验，并听取了专家和读者的意见，对本书作了进一步的修订。

这次的修订不仅在内容上作了一些必要的更新，在写作思想上也作了一些改进，希望本书更能满足初学者的需要。

这种新的写作思想是：在提出问题的同时给出实例程序，并在实例程序中尽量将主要的知识点演示出来，使读者对解决同类问题的程序设计思想有比较全面的认识。在实例程序之后，才给出对具体问题的讲解和讨论。

同时，本书在以下几个方面对第一版的内容作了修订。

（1）增加了一些能够提高程序设计能力的内容，删减了与建立程序设计思想关系不大的内容。例如，增加了“控制循环的实用方法”一节，而删减了有关“赋值表达式的类型转换”的内容。

（2）增加了对程序实例的分析和讲解。本书的特点之一是实用程序较多，但是由于课时的限制，教师在课上不能将所有程序都讲解得非常全面，而初学者自己阅读又有一定的困难，因此增加了这部分的内容。

（3）更换了一些程序实例，选择了更具特色和实用性的程序实例。例如奥运奖牌榜、按新的个人所得税计税方法计算纳税额等。

（4）增加了一部分习题（题序号带有“*”符号的），并且这部分习题将不会在配套的《C 语言程序设计习题解答与上机指导（第二版）》中给出答案，希望学生能发挥自己的主观能动性进行程序设计。

（5）本书的全部程序都重新在 Visual C++ 6.0 环境下进行了调试，与调试环境有关的内容也相应地调整为 Visual C++ 6.0 环境下的，以适应新的教学要求。并且，除了中文显示问题之外，所有程序仍然能在 Turbo C++ 3.0 环境下运行，以方便习惯使用 Turbo C++ 3.0 软件的师生。

作为本书的姐妹篇，我们将同时出版本教程的《C 语言程序设计习题解答与上机指导（第二版）》，给出本教材习题的参考答案，供读者学习时借鉴和参考。

最后，借此再版机会，向使用本书作为教材和教学参考书的教师和其他所有读者表示衷心的感谢，并殷切希望广大读者对本书的内容和编写方法提出宝贵的意见和建议。

由于编者水平有限，疏漏和不足之处在所难免，请广大读者批评指正。

编 者

2007 年 5 月

第一版前言

FOREWORD

对于从未接触过程序设计语言的人来说，以C语言作为入门语言也许是有一定难度的，因为C语言的语法比较灵活，有些在其他高级语言（例如Pascal）中被认定具有编译错误的语句，可以轻而易举地通过C编译，但是程序运行的结果却不能达到程序设计者的要求，使学习者觉得C语言很难。笔者有多年C语言教学的经验，对此感受颇深，大约十年以前，在大学教学中，C语言一般作为第二门甚至第三门程序设计语言课程，因此学生学习起来是很轻松的，如果教师不能讲一些有深度的内容，反而会使学生觉得教师水平太低。所以，C语言作为入门语言，其侧重点应有所不同。

首先，在内容的选择上不用做到面面俱到。例如，链表的操作不用讲太多，只要讲清楚单链表的基本概念和操作要点就行了，更多的内容应该留在"数据结构"这门课程中介绍；又例如，有关位操作的程序设计，在"汇编语言"课程之前就是讲了，学生也很难搞清楚，但如果学过"汇编语言"，他们会很容易学会这部分内容；再例如，用文本方式显示数据的目的是为了调试程序，花大量的精力学习显示格式是没有必要的。因此，本书在编排上，作了一些小的改革。

第二，要强调好的程序设计思想，不要拘泥于小的技巧，而破坏了整个程序的清晰度。例如，本书将告诉学生避免使用像"i+++++i"这样的表达式，而不是花大量的篇幅去分析这个表达式到底等于多少，因为这是毫无意义的，资深程序员建议，使用++符号的最好方法是只使用单句"i++;"，绝不能将++符号使用在一个复杂的表达式里面。类似地，本书在介绍运算符的优先级和结合性时也提出使用括号表示运算的先后是最好的方法。

第三，编写一些比较实用的程序。本书中有一个例子随着本书内容的深入，不断地被扩充功能，在选择结构程序设计中只有几行语句，而到文件处理时，这个例子已经被扩充到了100 行以上。这些程序几乎用到了所有我们学过的基本数据类型和构造数据类型，笔者希望读者能够通过对这些程序的跟踪分析，提高程序设计的能力。

在本书的编写过程中，我们尽量使内容通俗易懂、适于自学、由浅入深、便于理解。

作为本书的姐妹篇，我们将同时出版本教程的习题解答和实验指导一书，给出本教材中所有习题的参考答案，供读者学习时借鉴和参考。

在本书编写和出版的过程中，全国计算机基础教育研究会会长谭浩强教授给予了指导和把关，在此表示最衷心的感谢。

在本书的编写和出版过程中还得到了陈维兴教授的帮助和支持，在此表示诚挚的感谢。

由于编者水平有限，书中不足之处在所难免，请广大读者批评指正。

编 者

2004 年 4 月

目录

CONTENTS

第 1 章 C 语言概述

C 语言是一种通用的程序设计语言，它提供了丰富的运算符和表达式，以及先进的控制结构和数据结构。C 语言具有表达能力强，编译目标文件质量高，语言简单灵活，容易移植，容易实现等优点。

1.1 程序与程序设计语言

1.1.1 程序

随着计算机走入寻常百姓家，“程序”已经不再是计算机科学的专用词汇了。在日常生活中，人们其实在不断地设计程序并执行，只不过我们并没有明确地意识到而已。举例来说，我们现在要用全自动洗衣机洗衣服，应该怎么做呢？下面按照一般人的习惯来描述一下。

第一步，把脏衣服扔进洗衣机；第二步，打开进水的水龙头并接通电源；第三步，放入洗衣粉；第四步，按下洗衣机的开始按钮；第五步，等待洗衣机洗完衣服（当然，不妨去做点其他的事情）；第六步，在洗衣机提示洗完的蜂鸣声响起之后，就可以从洗衣机中拿出干净衣服去晾晒了。

上面所描述的六个步骤，就是人们洗衣服的“程序”。也许不同的人使用的步骤并不完全一样，例如，将第一步和第二步互换一下，也同样能将衣服洗干净。所以做一件事的“程序”可以不唯一，这也是计算机程序的一个特点。

对于计算机来说，程序就是由计算机指令构成的序列。计算机按照程序中的指令逐条执行，就可以完成相应的操作。更准确一点地说，计算机执行由指令构成的程序，对提供的数据进行操作。计算机的操作对象是“数据”。这里的数据不是指简单的阿拉伯数字，而是包括了各种现代计算机能够处理的字符、数字、声音、图像等。

实际上，计算机本身不会做任何工作，它所做的工作都是由人们事先编好的程序来控制的。程序需要人来编写，编写程序使用的工具就是程序设计语言。

1.1.2 程序设计语言

目前，通用的计算机还不能识别自然语言，而只能识别特定的计算机语言。计算机语言一般分为低级语言和高级语言。

低级语言直接依赖计算机硬件，不同的机型所使用的低级语言是完全不一样的；高级语言则不再依赖计算机硬件，用高级语言编写的程序可以方便地、几乎不加修改地应用在不同类型的计算机上。

需要强调的是，无论采用何种语言来编写程序，程序在计算机中的执行都是由 CPU 所提供的机器指令来完成的。机器指令是用二进制表示的指令集，每种类型的 CPU 都有与之对应的机器指令。

1. 低级语言

低级语言包括机器语言和汇编语言。

直接使用二进制表示的指令来编程的语言就是机器语言。使用机器语言编写程序时，必须准确无误地牢记每一条指令的二进制编码，才能编写程序。如果程序员面对的是“1011100011101000000000011”这样的编码序列，能不头痛吗？而且，有时还要求把这些二进制编码再转换成八进制或十六进制编码才能输入计算机，这不但加大了程序员的工作量，而且还增加了程序出错的几率，将大量的二进制编码序列准确地转换成八进制或十六进制数，并不是一件容易的事。

机器语言的优点是执行速度快，并且可以直接对硬件进行操作，例如主板上的 BIOS 及一些设备的驱动程序等。

机器语言的缺点也是显而易见的。首先是可读性差，即使编写程序语句“1011100011101000000000011”的人也未必马上就能看懂该句表示的是什么命令；其次是可维护性差，其他程序员编写的（甚至是程序员自己编写的）程序很难看懂，更谈不上维护。再者就是可移植性差，因为不同的机型有自己的一套机器指令，与其他机型的机器指令不兼容。另外，用机器语言编写的程序效率低下，并且不能保证程序的质量。

为了能够更方便地编写程序，人们用一些符号和简单的语法来表示机器指令，这就是汇编语言。例如，“1011100011101000000000011”用汇编语言表示就是“MOV AX,1000”，该指令的功能是“将 1000 送入寄存器 AX 中”，它比汇编语言的可读性强得多。但是 CPU 并不能识别汇编语言，因此，需要一个“翻译”程序将汇编语言翻译成机器语言，我们把这种将汇编语言翻译成机器语言的程序叫做“汇编器”。汇编语言与机器语言的指令是一一对应的，所以，除了提高了可读性，汇编语言从根本上并没有改变机器语言的特点。可以说，汇编语言是面向机器语言的。当然，汇编语言也仍然具备机器语言的优点。许多大型系统（例如操作系统）的核心部分都是用汇编语言编写的，因为这部分程序需要很高的效率，要直接与硬件打交道。

那么，有没有办法真正提高程序的可读性、可维护性和可移植性呢？回答是肯定的，就是使用高级语言。

2. 高级语言

高级语言是一种比较接近于自然语言和数学语言的程序设计语言。高级语言的出现大大提高了程序员的工作效率，降低了程序设计的难度，并改善了程序的质量。用高级语言编写的程序看起来更像是英语，很容易读懂，不仅使程序具备了良好的可读性和可维护性，而且使更多的人掌握了程序设计方法，从而使计算机技术得到了迅速的应用和普及。

例如，语句段：

```
if(a>b)
    c=a;
else
    c=b;
```

表示的是“如果 a 大于 b，则 c=a，否则 c=b”。是不是很容易理解？当然，要注意，这里的“=”与数学中的等号是有根本的区别的，这一点将在介绍 C 语言的运算符时，详细地加以讨论。

另外，用高级语言编写的程序还具有很强的可移植性。从高级语言转化为机器语言要经过翻译，而高级语言几乎为每一种计算机都创建了各自的翻译程序，从而可以将用高级语言编写的程序几乎不加修改地运行在不同的计算机平台上。

翻译程序分为两种，一种是解释程序，另一种是编译程序。解释程序是对高级语言源程序逐条翻译并执行；而编译程序是将高级语言源程序文件全部翻译成机器语言，生成可执行文件后再执行。高级语言几乎在每一种计算机上都有自己的翻译程序。C 语言的翻译程序属于编译程序。

1.2 C 语言发展概述和主要特点

1.2.1 C 语言的发展历史

C 语言与 UNIX 操作系统有着密切的关系，它的发明者 Dennis Ritchie 开发 C 语言的主要目的是为了更好地编写 UNIX 操作系统。

1969 年，美国贝尔实验室的 Ken Thompson 在一台报废的 DEC PDP-7 计算机上编写了一些程序来辅助软件开发。

1969 年～1972 年，Ken Thompson 与 Dennis Ritchie 合作，用了不到四年的时间就把这些程序发展为一个操作系统——UNIX。

在此期间，早期的 UNIX 是用汇编语言编写的，我们已经在前面谈到了汇编语言的缺点，Thompson 为了摆脱汇编语言的困扰，在 1970 年决定开发一种高级语言以便更有效地描述 UNIX，他以 BCPL 语言为基础开发了一种新的语言——B 语言。但 B 语言缺乏丰富的数据类型，又以字长编址，存在一定的缺陷，因而未能流行起来。为了改进 B 语言，从 1971 年开始，D. Ritchie 用了一年左右的时间，在 B 语言的基础上加入了丰富的数据类型和强有力的数据结构，从而形成了 C 语言。之所以命名为 C 是因为："BCPL" 语言是 B 语言的先驱，"BCPL" 这串字符中 C 字符在 B 字符的后面；同时，按照 26 个字母的顺序（A，B，C，D，…），字母 B 的后面也是 C。

1978 年，Brian W. Kernighan 与 Dennis Ritchie 编写并出版了著名的 The C Programming Language 一书，该书介绍的 C 语言被称为标准 C 语言。

而后，C 语言由于其本身的优点，先后被移植到各种计算机平台上，得到了广泛的应用。同时，也出现了很多的编译系统版本。

1983 年，美国国家标准化协会（ANSI）成立了一个委员会，着手制订 ANSI C 标准。

1988 年，ANSI 公布了 ANSI C 标准。这个标准的大部分特性已经由现代的编译系统所支持。

1989 年，国际标准化组织（ISO）也采用了 ANSI C 标准，称为 ANSI/ISO C Standard。

1994 年，ISO 修订了标准，称为 ISO C。

本书将以 ANSI C 标准为基础讲解 C 语言。

1.2.2 C 语言的主要特点

也许此时讨论 C 语言的主要特点，并不能给读者带来切身的感受，但是希望读者能够从下面的叙述中对 C 语言的特点有一个基本的了解，并在随后的学习中不断加深对它们的理解。

如果用最简单的语言来概括，C 语言的优点是：简洁、灵活、表达能力强、产生的目标代码质量高、可移植性好。具体而言有以下几点：

（1）C 语言同时具备了高级语言和低级语言的特征。高级语言应该具备的优点 C 语言都有，例如可读性好、容易记忆、可移植性强等；同时 C 语言还提供了某些接近于汇编语言的功能，如地址处理、二进制位运算以及指定用寄存器存放变量等。因此，有人认为 C 语言是中级语言。C 语言适用于编写系统程序和各种软件工具。

（2）C 语言是结构化程序设计语言，具有结构化程序设计所需的控制语句，如条件语句 if，以及循环语句 for、while、do…while 等。

（3）C 语言支持模块化程序设计。C 语言的程序是由函数构成的，对每个函数可以单独编写和调试。因此，遇到大型程序，程序员们可以分别编写不同的模块，这使得管理和调试工作变得简单和方便，并且可以实现软件重用，即重复使用那些经常需要使用的程序模块。

（4）C 语言具有丰富的数据类型。C 语言支持各种高级语言普遍使用的基本数据类型，并允许用基本数据类型构造复杂数据类型。

（5）C 语言的运算符种类多，功能强大。

（6）C 语言的基本组成部分紧凑、简洁，关键字少。

（7）C 语言有大量标准化的库函数。这些库函数不但包括了用于各种数学计算的函数，还包括了用于输入输出的库函数以及系统函数，为程序员编写程序带来了极大的方便。

（8）生成的代码质量高。C 语言生成的代码与汇编语言生成的代码相比，前者只比后者低 10%～20%。

（9）具有良好的可移植性，应用范围广，可在很多软件平台和硬件平台上应用。

任何事物都不是十全十美的，C 语言也有一定的缺陷，了解 C 语言的缺点，有助于我们在编写程序时扬长避短。具体讲，C 语言的缺点有以下两点：

（1）C 语言比较灵活，在语法上不如一些著名的高级语言（例如 Pascal，Ada）严格，错误检查系统不够可靠。例如，有些语句用在 Pascal 程序中，会被 Pascal 编译程序指出有语法错误，但类似的语句用在 C 程序中，会轻而易举地通过 C 编译系统，因此给程序的调试带来困难，尤其是对初学者而言。

（2）如果不加以特别的注意，C 程序的安全性将会降低。例如对指针的使用没有适当的限制，指针设置错误，可能导致内存中的信息被破坏，如果经常出现这种错误，极有可能导致系统的崩溃。

1.3　C 语言的基本结构

在本节中，将通过几个简单的示例程序，使读者对 C 程序的组成取得感性的认识。

1.3.1　第一个程序

【例 1.1】在屏幕上显示 welcome 字样。

```
/*-----------------------------------------------------------------------*/
/* -------------------A program to print welcome----------------------*/
/* -------------------------文件名 exam_11------------------------------*/
#include"stdio.h"
void main()
{
  printf("welcome\n");                /*调用库函数显示*/
}
```

这是一个最简单的 C 程序。尽管如此，该程序已经充分展示了 C 程序的基本组成。这一程序包括了三部分：注释、预处理命令及函数定义。下面是对例 1.1 的分析与说明。

（1）程序开始用 /* 和 */ 括起来的是注释行。注释行用于说明程序的功能和目的，编译系统会跳过注释行，不对其进行翻译。好的程序员必须习惯于为程序写出详细的注释。按照惯例，一般应在程序的最开始说明整个程序的目的和功能，并在必要时为每一组代码写出注释，以增加可读性。

使用 /* 和 */ 括起来的语句并不一定为一行，也可以是多行。

例如，可将例 1.1 中的注释语句写成：

```
/*-----------------------------------------------------------------------
--------------------A program to print welcome----------------------*/
```

（2）以"#"开始的语句是预处理命令。这些命令是在编译系统翻译代码之前需要由预处理程序处理的语句。本例中的#include "stdio.h" 语句是请求预处理程序将文件 stdio.h 包含到程序中来，作为程序的一部分。文件 stdio.h 中包括了一些重要的定义，如果没有这一文件，“printf("welcome");”语句就不能通过编译系统的“翻译”。

（3）每个 C 程序都必须包含一个主函数 main()，且只能包含一个主函数。用“{}”括起来的部分是一个程序模块，在 C 语言中也称为分程序，每个函数中都至少有一个分程序。C 程序的执行从主函数中的第一句开始，到主函数中的最后一句结束。

（4）分号“;”是 C 语言的执行语句和说明语句的结束符。

（5）C 语句在书写上采用自由格式。书写 C 语句时不含行号，不硬性规定从某列开始书写，但是好的程序员应该学会使用缩进格式，例如，printf("welcome");语句在 main 函数内部，书写时不能与 main 对齐，而是向右缩进了几个字符。

（6）C 语言的关键字和特定字使用小写字母。main 是关键字，include 是特定字，都必须用小写字母。

（7）printf 是 C 语言提供的标准输入输出库函数，它的功能是将用两个双引号括起来的内容输出到标准输入输出设备——显示器上，并输出一个换行。

因此例 1.1 的运行结果是：

```
welcome
```

由于 Visual C++ 6.0 系统可以识别中文，因此也可以将“printf("welcome\n");”写为“printf("欢迎你\n");”。

1.3.2 第二个程序

【例 1.2】编写程序计算 25^3，并在屏幕上显示计算结果。

```
/*-----------------------------求 25 的 3 次方-----------------------------------*/
/*-----------------------------文件名 exam_12--------------------------------*/
#include"stdio.h"
void main()
{
   int a,cube;                            /*定义两个整型变量*/
   a=25;                                  /*将 25 赋值给 a*/
   cube=a*a*a;                            /*计算 25 的 3 次方并赋值给 cube*/
   printf("Cube is %d\n",cube);          /*显示计算结果*/
}
```

运行结果：

```
Cube is 15625
```

下面是对例 1.2 的分析与说明。

（1）变量的数据类型定义。变量是由程序命名的一块计算机内存区域，用来存储一个可以变化的数值。每个变量保存的是一个特定的数据类型的数值，例如整型、字符型等。“int a,cube;”定义了两个存储空间，分别命名为 a 和 cube，这两个存储空间的数据类型为整型（int），int 是类型说明符。在 C 语言中规定，任何变量都要经过数据类型的定义，以便在程序运行时分配相应的存储空间。

（2）直接常量（又称无名常量或文字常量）。常量是在程序执行过程中不会变化的数值，直接常量就是在代码中直接书写的数值，没有名称。例如“a=25”；语句中的 25 就是直接常量。

（3）赋值运算符（=）。注意，这里的“=”与数学上的等号在概念上完全不同。赋值运算符最简单的用法是：赋值运算符的左边是一个变量，右边是一个常量。其功能是将右边常量的值送到左边的变量中，使变量中的内容与常量相等。例如“a=1;”就表示使 a 中的内容变为 1；“a=25;”当然就是使 a 中的内容变为 25。

（4）运算符*。*是 C 语言的算术运算符“乘号”，因为键盘上没有数学乘号，所以用星号代替，cube=a*a*a；表示将 a 乘以 a 再乘以 a，并将结果赋值到 cube 变量中。

1.3.3 printf 使用初步

printf 是一个标准输出函数。它执行格式化输出，其格式是：

printf("格式信息", 数据参数 1, 数据参数 2,…);

其中，数据参数可有可无。

用两个双引号括起来的格式信息用于控制数据参数的输出格式。

（1）格式信息中除了冠以“\”和“%”的字符，其他字符原封不动按照原样输出到屏幕上。

（2）格式信息中的%和其后面的字符 d 分别是转换说明符和转换字符（合起来称为转换说明），它指定了显示参数时的格式。在%和转换字符之间还可以加一些特殊字符，用来控制输出的域宽等。"printf(" %d",i);"表示将参数 i 按整型十进制输出。C 语言规定，转换说明符的个数应与数据参数的个数相等。例如：

```
printf("%d%d%d\n",x,y,z);
```

（3）格式信息中的\n 是字符转义序列。\n 表示换行。

1.3.4　第三个程序

【例 1.3】 通过调用自定义函数计算 25^3，并在屏幕上显示结果。

```
/*------------------------------求 25 的 3 次方------------------------------*/
/*-----------------------------文件名 exam_13-----------------------------*/
#include"stdio.h"
int MyPower(int x,int y);                    /*自定义函数说明*/
void main()                                  /*main 函数定义*/
{
  int cube;
  cube=MyPower(25,3);                        /*调用自定义函数 MyPower 求 25 的 3 次方*/
  printf("Cube is %d \n",cube);
}
int MyPower(int x,int y)                     /*（自定义）求 x 的 y 次方的函数定义*/
{
  int i,cube;
  cube=1;
  for (i=1;i<=y;i++)                         /*计算 x 的 y 次方*/
      cube=cube*x;
  return cube;                               /*返回计算结果*/
}
```

运行结果：

```
Cube is 15625
```

下面是对例 1.3 的分析与说明。

本例强调的是 C 语言中除主函数以外，程序员还可以自己定义其他函数，这些函数可以像前两例中的 printf 函数一样被调用。

例 1.3 是由例 1.2 演变来的。本例中程序员定义了两个函数，主函数 main 及 MyPower 函数。一般情况下，除了 main 函数以外的其他由程序员定义的函数被称为自定义函数，因此例 1.3 的自定义函数是 MyPower。

MyPower 函数的功能是求 x 的 y 次方，main 函数中的"cube=MyPower(25,3);"语句是对 MyPower 函数的调用，该语句"告诉"MyPower 函数计算 25 的 3 次方，程序转到由 MyPower 函数执行，MyPower 函数计算出结果，并返回给主函数，main 函数接收到结果，并存储在 cube 变量中，然后按顺序执行下一条语句。

注意： 程序中函数的排列顺序并不决定函数的执行顺序，执行顺序是由函数调用来决定的。

本例中对自定义函数 MyPower 进行了函数定义、函数调用和函数说明，在对 MyPower 函数的定义中还使用了循环语句，这些内容将在专门的章节中讨论，此处不需要读者理解细节。

1.4 程序的调试

1.4.1 调试步骤

C 语言的翻译程序属于编译程序。要完成对一个 C 程序的调试，必须经过编辑源程序、编译源程序、连接目标程序和运行可执行程序四个步骤。简单一点，可将这四个步骤分别称为编辑、编译、连接、运行。

C 的源程序就是符合 C 语言语法的程序文本文件，文本文件又称为源程序文件，扩展名为.c。许多文本编辑器都可以用来编辑源程序，例如 Windows 的写字板、Windows 的记事本以及 Word 等，要注意的是 C 源程序的存储格式必须是文本文件格式，在保存的时候要加以注意。

编辑完成以后是编译，对编辑好的文本文件成功编译后将生成目标程序，目标程序文件的主文件名与源程序的主文件名相同，扩展名是.obj。编译程序的任务是对源程序进行语法和语义分析，若源程序的语法和语义都是正确的，才能生成目标程序，否则应回到编辑阶段修改源程序。

编译成功以后，目标文件依然不能运行，需要将目标程序和库函数连接为一个整体，从而生成可执行文件。可执行文件的扩展名是.exe。

最后一步就是运行可执行文件了，可执行文件要装入内存执行。如果在运行过程中发现程序不能实现预期的目标，则必须重复“编辑、编译、连接、运行”四个步骤。

目前，大多数的 C 语言编译程序都将这四个功能集成在一个全屏幕环境下，给程序员的调试工作带来了极大的方便。

调试过程如图 1-1 所示。

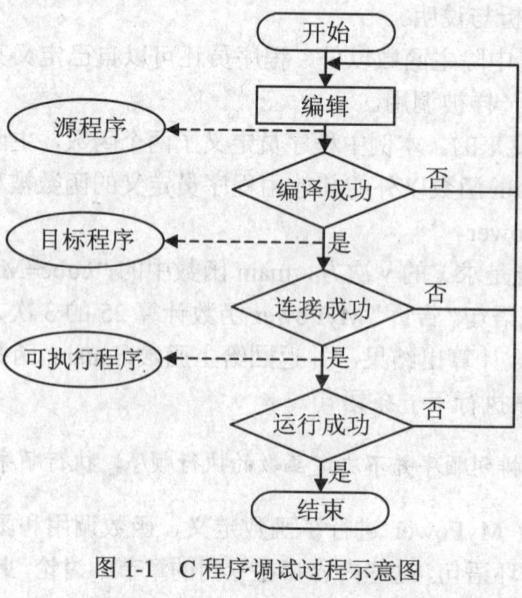

图 1-1 C 程序调试过程示意图

1.4.2　在 Visual C++ 6.0 环境下调试程序的方法

本教材的所有程序都使用 Visual C++ 6.0 调试，因此有必要简单地介绍一下使用 Visual C++ 6.0 调试 C 程序的步骤和方法。尽管 Visual C++ 6.0 是 C++的版本，但是 C++语言是在 C 语言的基础上扩展而成的，所以 C 程序也能够在该环境下正确调试。

Visual C++ 6.0 提供了全屏幕程序调试环境，编辑、编译、连接、运行都可以在该环境中完成。

下面将介绍在 Visual C++ 6.0 环境中调试例 1.1 程序的操作步骤：

（1）启动 Visual C++ 6.0。

在 Windows 环境下选择【开始】→【程序】→【Microsoft Visual Studio 6.0】→【Microsoft Visual C++ 6.0】命令。

（2）建立一个新的工作空间。

选择【File】→【New】命令（或按【Ctrl + N】快捷键），弹出【New】对话框；在该对话框中选择【Workspaces】（工作区）选项卡，然后在右边的【Workspace name】（工作区名称）文本框中输入要建立的工作区名称（例如 MyWorkspace），并单击【OK】按钮，如图 1-2 所示。新的工作区被建立以后，就成为用户当前的工作区。

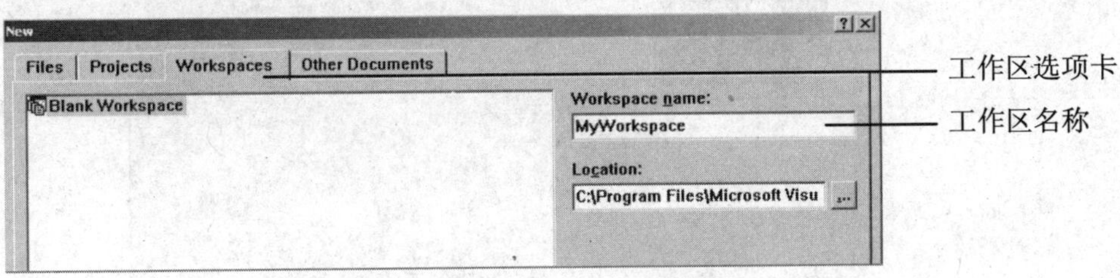

图 1-2　【New】对话框的工作区选项卡

（3）建立一个新的工程。

选择【File】菜单中的【New】命令，弹出【New】对话框；在该对话框中选择【Projects】（工程）选项卡，在所列出的工程中选择【Win32 Console Application】选项，然后在右边的 Project name（工程名称）文本框中输入要建立的工程名称（例如 MyProject）；然后选中【Add to current workspace】单选按钮，单击【OK】按钮，如图 1-3 所示。系统弹出如图 1-4 所示的对话框，在该对话框中选中【An empty project】单选按钮，表示建立空工程，单击【Finish】按钮；系统弹出【New Project Information】对话框，在对该对话框中工程建立的信息进行确认后，单击【OK】按钮，完成新工程的建立。

注意： 新的工作区也可以在建立新工程的同时建立，其方法是在建立新工程时在如图 1-3 所示的【Projects】选项卡中选中【Create new workspace】单选按钮。其他步骤与在当前工作区中建立新工程的方法类似。

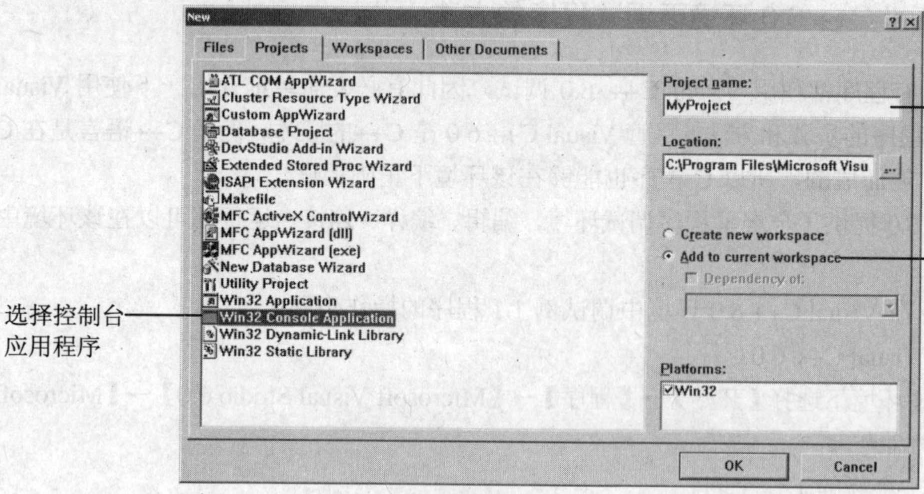

图 1-3 【New】对话框的工程选项卡

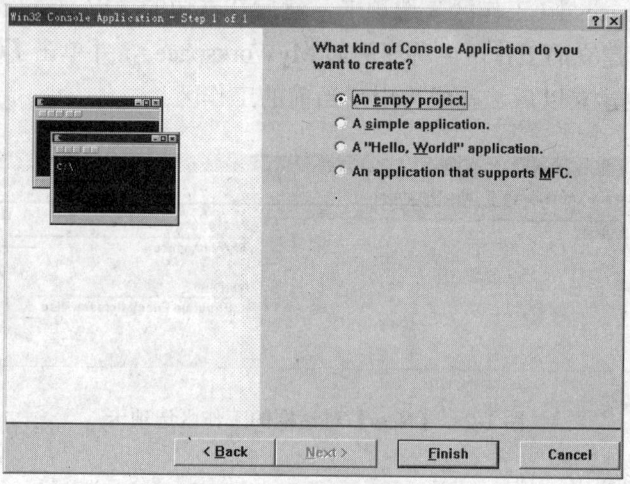

图 1-4 选择工程类型对话框

（4）建立源文件。

新建的工程是空的，其中没有任何具体内容。在新工程中创建一个 C++源程序文件的方法是：单击菜单【File】，在弹出的子菜单中选择【New】命令，弹出如图 1-5 所示的【New】对话框。在【New】对话框中，选择【Files】选项卡，并在该选项卡中选择【C++ Source File】选项，同时在右边的【File】文本框中输入源文件名“Welcome”，单击【OK】按钮。

（5）编辑 C 的源文件。

现在就可以在系统提供的编辑区中，向“Welcome.cpp”文件中输入程序内容了。第一个程序编辑完成后的情况如图 1-6 所示。结束编辑时一定要单击“保存”按钮（其图标为软盘形状），以保存源程序文件。

（6）连编应用程序。

输入源文件之后，就可以对应用程序进行连编了。选择【Build】→【Compile Welcome.cpp】命令对源程序进行编译；然后选择【Build】→【Build MyProject.exe】命令生成可执行程序。

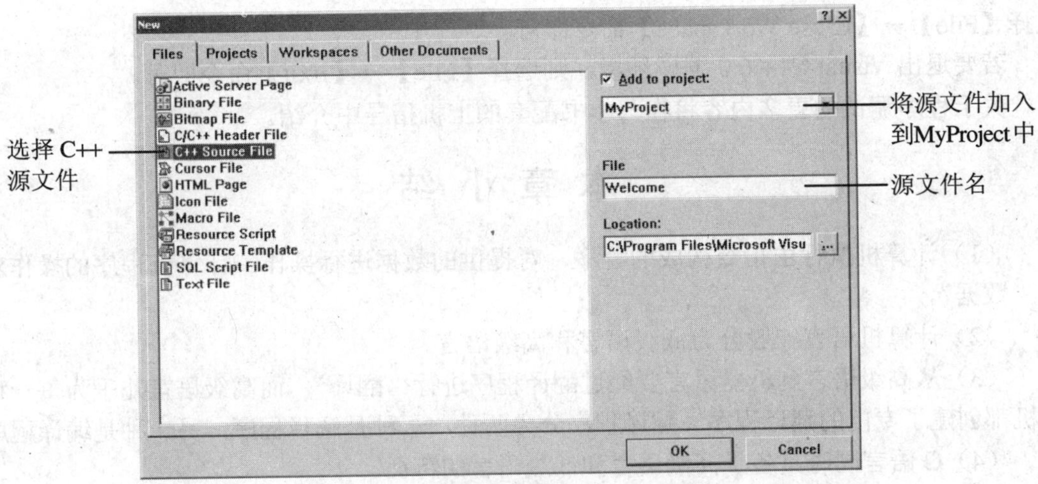

图 1-5 【New】对话框【Files】选项卡

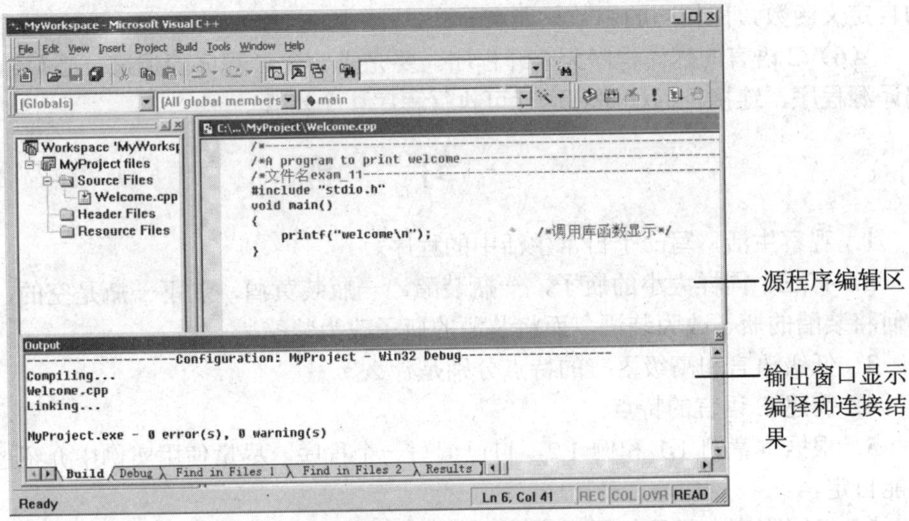

图 1-6 编辑“Welcome”源文件

注意： 虽然源程序的名称是 Welcome.cpp，但是 Visual C++ 6.0 编译系统使用源程序所在的工程名称命名可执行程序。

（7）执行应用程序。

单击【!】按钮或选择【Build】→【Execute MyProject.exe】命令。

运行结果如图 1-7 所示。

图 1-7 第一个程序的运行结果

（8）关闭工作区。

每一次完成对 C++程序的调试之后，为保护好已建立的应用程序，应正确地关闭工作区。

选择【File】→【Close Workspace】命令即可。

若要退出 Visual C++ 6.0 编译环境，则选择【File】→【Exit】命令即可。

关于程序调试的更多内容将在与本书配套的上机指导中介绍。

本章小结

（1）计算机执行由指令构成的程序，对提供的数据进行操作。计算机程序的操作对象是“数据”。

（2）计算机语言一般分为低级语言和高级语言。

（3）从高级语言到机器语言要经过翻译程序进行“翻译”，而高级语言几乎为每一种计算机都创建了专门的翻译程序。翻译程序分为两种，一种是解释程序，另一种是编译程序。

（4）C 语言同时具备了高级语言和低级语言的特征。

（5）C 程序的构成：由函数构成，C 程序中必须包含一个 main 函数，还可以包含其他的自定义函数，但相同的函数只能有一个。

（6）C 语言的翻译程序为编译程序。要完成一个 C 程序的调试，必须经过编辑源程序、编译源程序、连接目标程序和运行可执行程序 4 个步骤。

习　题

1．观察生活，写一个日常生活中的程序。

2．有三个同样大小的瓶子，一瓶装醋，一瓶装黄酒，剩下一瓶是空的，请用语言描述如何将装醋的瓶子改为装酒，而将装酒的瓶子改为装醋。

3．低级语言和高级语言的特点分别是什么？

4．简述 C 语言的特点。

5．根据本章例 1.1 和例 1.2，自己编写一个程序，尽量使用实例中介绍过的规则。程序功能自定。

6．编写程序，显示如图 1-8 所示的图案，并上机调试该程序。

```
   *
  ***
 *****
*******
```

图 1-8　习题 6 输出图形

7．编写程序，显示如图 1-9 所示的界面，并上机调试该程序。

```
--------------------
请输入你的账号:
--------------------
请输入你的口令:
--------------------
```

图 1-9　习题 7 输出图形

8．调试 C 程序需要经过几个步骤？

第 2 章 C 语言基本知识

本章介绍的知识是编写C程序的基础，如果不掌握这些知识，就像盖楼之前没打地基一样，会导致知识系统不稳固。程序设计的核心是数据运算，变量和常量是用来存储数据的，本章将讨论如何定义变量和常量，及其输入输出方法。在定义变量和常量时要考虑它们的数据类型，本章讨论的数据类型是C语言的基本数据类型。

2.1 字符集和标识符

2.1.1 字符集

字符集是高级语言的翻译程序所能识别的字母、数字和特殊符号。每种高级语言都有特定的字符集。

C语言的字符包括如下几种。

（1）大、小写英文字母：A，B，…，Z，a，b，…，z。

（2）数字：0，1，2，…，9。

（3）运算符："+"，"-"，"*"，"/"，"%"，">"，"<"，"="，"&"，"|"，"?"，"!"，"^"，"~"。

（4）括号："("，")"，"{"，"}"，"["，"]"。

（5）标点符号："'"，" " "，":"，";"。

（6）特殊符号："\"，"_"，"$"，"#"。

（7）空白符：空格符、换行符、制表符。

字符集中的字符按照C语言语法组合起来，就能通过编译系统的语法和词法分析。不在字符集中的字符可以在两个双引号之间出现（我们称之为字符串），也可以出现在注释行中。

```
int sum@;
```

是一条错误的语句，因为sum@中包含的@不属于C语言的字符集。而

```
printf("\n lin@bbn.cn");          /*输出 E-mail 地址*/
```

是正确的语句，因为符号@在双引号中。中文"输出"和"地址"也不属于C语言的字符集，但是可以出现在注释行中。当然，如果使用英文版本的编译软件，那么，在双引号和注释行中的中文是不能被识别的。

2.1.2 标识符

标识符是用来标识C程序中的变量、常量（指符号常量）、数据类型和函数的，是一个字符序列。在C语言中，任何一个标识符必须符合下列语法规则。

（1）以字母或下画线开头。

（2）在第一个字符后，可以是任意的数字、字母、下画线组成的序列。长度不超过八个字符。

C 语言的标识符分为三类：关键字（保留字）、特定字、用户定义字。

1．关键字

关键字又称为保留字，一般为小写字母。关键字是 C 编译程序预先设定的标识符，它们代表固定的意义，用户不能随便使用。若随便使用，可能出现意想不到的错误，虽然能通过编译，但运行结果不对，且不容易检查出错误所在。

void、main、int 和 for 都是关键字，且曾在第 1 章的程序中出现过。此外还有更多的关键字将在后面的章节中加以介绍。

2．特定字

特定字是具有特殊含义的标识符。虽然它们不是关键字，但是人们在习惯上把它们看成关键字。所以一般用户定义的标识符也不要使用它们。特定字包括：

define，undef，include，ifdef，ifndef，endif，line。

这些特定字是 C 程序的预处理命令。

3．用户定义字

用户定义字是用户在程序中按照语法规则定义的标识符。用户定义字可以用来标识用户自己使用的变量、符号常量、数据类型以及函数等。通俗地说，用户定义字就是程序员在程序设计时为变量、常量以及函数起的名字。

命名时需要注意：

（1）不能使用关键字和特定字作为用户定义字。例如，“int for;”的定义是错误的，因为 for 是关键字。

（2）用户定义字用于标识不同的对象，标识符的前八个（或七个）字符要有区别。因为 C 编译系统通常只识别八个字符。例如，example1 与 example2 被某些编译器认为是相同的，编译程序根本不能将它们识别为两个标识符。

（3）标识符最好根据它所代表的含义取其英文或汉语拼音缩写，便于阅读和检查。例如：

```
int counter;
```

counter 的意思是“计数器”。

（4）根据经验，避免使用容易混淆的字符。例如，1（数字 1）与 l（小写的字母 L），0（数字 0）与 o（小写的字母 O），2（数字 2）与 z（小写的字母 Z）等。

（5）字母的大、小写分别代表不同的意义。C 语言的编译系统对英文字母的大小写是敏感的，STUDENT 和 student 代表不同的标识符。

（6）C 语言有许多库函数，用户定义字不要与其中某个函数同名。例如，“int printf;”语句试图将 printf 定义为一个变量，是不能通过编译的。

2.2 变量与常量

数据是计算机程序处理的对象。计算机程序在运行过程中，会将程序所需要的数据从内存中读入 CPU 寄存器，在 CPU 中计算出结果；然后，再将结果写入内存，或者写入某个输出设备（例如显示器）。因此，程序设计的一个主要任务是控制数据所在的位置，例如将运算结果存放在何处。

数据有常量和变量之分。变量在程序执行过程中值是可变的；常量在程序执行过程中值是不变的。

让我们回忆一下例 1.2 的程序，在该程序中，a 和 cube 是变量，1 和 2 是常量。

不论常量或变量，在程序运行期间都要有内存空间来存放它们。存储的格式和长度与它们的数据类型有关。

2.2.1　变量

变量在程序运行过程中其值是可以变化的，一个变量在内存中占若干字节（具体值与数据类型有关），每个变量都要有名称，用来存储一个可以变化的数值。

在使用一个变量之前，程序员必须为每个变量起个名字，同时还要声明它的数据类型，以便编译系统根据不同的数据类型为其静态地分配内存空间。我们称之为定义变量。

在 C 语言中，所有的变量都必须先定义后使用。这样做的原因如下：

（1）编译系统会根据定义为变量分配内存空间，分配空间的大小与数据类型有关，例如，字符型变量占一个字节，整型变量占两个字节等。

（2）未经过定义的标识符，系统不允许将其作为变量名使用，这样会给程序员调试程序带来方便。

（3）编译系统可以根据变量的类型检查对该变量的运算是否合法。

定义变量的格式为：

类型说明符 变量名表；

使用逗号分隔变量名表中的多个变量，并使用分号结束语句。

类型说明符指定了变量的数据类型，包括 int、float、double、char 等。变量名的命名规则要符合用户定义字的命名规则，一般使用小写字母。

例如：

```
int date,step;
char a,c;
```

如果不使用变量名表，也可分别定义每个变量。

```
int date; int step;
char a;
char c;
```

需要引起注意的是，对于在函数内部（例如在主函数中）定义的普通变量，在没有用赋值号对其赋值之前，其初始值为不定值。每次运行下面的程序时，由于 sum 的初值可能不一样，结果也可能不一样。

```
/*---------------------------sum of a add b-----------------------------*/
#include"stdio.h"
void main()
{
   int a,b,sum;                                  /*定义变量*/
   a=1;b=2;                                      /*赋值给变量 a 和 b*/
   sum=sum+a+b;                                  /*计算 sum*/
   printf("a add b is %d\n",sum);
}
```

这个程序运行以后的结果是不固定的，即所谓的“不定值”。这是因为“int a,b,sum;”语句只负责分配空间，并不会将该空间的内容赋一个特殊的值，“a=1;b=2;”只将变量 a 和 b 分别赋值，而未将 sum 赋值，内存中原来是什么就是什么，是前一次被赋值时遗留的内容。“sum=sum+a+b;”的含义是将 sum 原来的值加上 a 和 b，再赋值给 sum。那么，程序每次运行时，sum 的值都无法确定，加上 a 和 b 的值以后 sum 的值仍然无法确定。

正确的程序如下，注意字体加黑的语句。

```
/*--------------------------sum of a add b------------------------------*/
#include"stdio.h"
void main()
{
  int a,b,sum;                          /*定义变量*/
  a=1;b=2; sum=0;                       /*赋值给变量 a 和 b 以及 sum*/
  sum=sum+a+b;                          /*计算 sum*/
  printf("a add b is %d\n",sum);
}
```

2.2.2 常量

大多数程序都要用到常量。与变量一样，常量也是被存储在内存中的，但是常量的数值在程序执行过程中不会发生改变。我们在例 1.2 中见到的常量是直接常量，在很多书中又把它叫做无名常量或文字常量。其特征是直接书写数值，不必为该数值命名。例如“a=25;”中的 25。在 C 语言中，对于不同数据类型的常量，其表示方法是不一样的。25 是整型常量，'b'则是字符型常量。我们将在介绍 C 语言的基本数据类型时详细地介绍每一种数据类型常量的书写格式。

尽管直接书写常量比较简单，但是有时候也会给程序员带来麻烦：可读性差，容易出错。例如，如果一个常量的数字很长，又需要多次使用，在编辑程序时就很可能出错。要解决这个问题，可以使用预处理命令#define 为常量起一个名字。

例如，如果在程序的开始有这样一句预处理命令：#define PI 3.1415926，那么，C 预处理程序会将程序中所有的 PI 用 3.141 592 6 来代替。因此，编写程序时，用到圆周率的地方可以直接书写成 PI，而不必每次都写成 3.141 592 6。

我们可以把这种常量叫做符号常量，但是要注意这种符号常量与其他高级语言（例如 Pascal 和 C++）用 const 方法定义的符号常量还是有区别的。用 const 定义的符号常量是在定义一个存储块的同时赋给它一个初值，并且规定这个值不能在程序运行的过程中被修改，这与预处理程序作替换是完全不同的。不论是直接常量还是符号常量，常量存放的空间都不需要程序员定义。

用预处理命令#define 为常量命名时，通常使用大写字母，以此区别于变量名。

2.3 C 语言的数据类型

数据类型在高级语言中是一个很重要的概念。不同的数据类型在内存中的存储方式是不同的，不同数据类型的数据在内存中所占的字节数通常也不一样。高级语言能表示的数据类型越多，程序编写起来就越简单。

2.3.1　C 语言的数据类型

C 语言具有丰富的数据类型，如图 2-1 所示。

- 语言的数据类型
  - 基本数据类型
    - 整型　int
    - 浮点型　float　double
    - 字符型　char
  - 复杂数据类型
    - 数组　以 [] 为标志（构造类型）
    - 结构体　struct（构造类型）
    - 联合体　union（构造类型）
    - 枚举　enum
    - 指针类型　以 * 为标志

图 2-1　C 语言的数据类型

其中，基本数据类型比较简单，定义时可直接使用。构造类型是由基本数据类型或其他构造类型聚集而成的。指针在 C 语言中的使用极为普遍，提供了动态处理变量的功能，是 C 语言的精髓。

2.3.2　基本数据类型

C 语言的基本数据类型是构造其他类型的基础，本章只介绍基本数据类型的用法。C 语言的基本数据类型如图 2-2 所示。

- 基本数据类型
  - 整型
    - 短整型　short int
    - 长整型　long int
    - 普通整型　int
  - 浮点型
    - 普通浮点型　float
    - 双精度浮点型　double
  - 字符型　char

图 2-2　C 语言的基本数据类型

由于不同数据类型的数据在内存中的存储方式不同，因此其存储所占的二进制位（bit）大多不同。即使是相同类型的数据在不同种类的计算机中所占位数也不完全相同。

另外，采用不同的编译程序表示相同的数据类型时，数据的位数也是有差异的。

在 Turbo C++ 3.0 中，普通整型（int）占 16 位，而在 Visual C++ 6.0 中，普通整型（int）占 32 位。

在定义变量时，必须考虑到数据类型在计算机中所占二进制位数的多少，因为一个数据所占二进制位数的多少决定了它的最小值和最大值。在 C 语言中，如果一个数超过了相应数据类型所能表示的范围，则程序的计算结果将是错误的。就像两位的十进制正整数，最大值是 99，最小值是 00。那么，99+2 的结果是 101，用两位的十进制正整数是无法正确表示的。

2.4 整型数据

2.4.1 问题的提出与程序示例

假设现在要解决的问题是，计算并输出 a^2+2b 的值，a 和 b 是从键盘上接收的由用户输入的两个整型数。

【例 2.1】计算并输出 a^2+2b 的值。

```
/*----------------------------计算 a^2+2b--------------------------------*/
/*---------------------------文件名 exam_21-------------------------------*/
#include"stdio.h"
void main()
{
   int a,b,result;                                  /*定义两个整型变量*/
   printf("Please enter two integer:\n");           /*提示用户输入两个整型数*/
   scanf("%d%d",&a,&b);                             /*接收用户输入的两个整型数*/
   result=a*a+2*b;                                  /*计算 a^2+2b*/
   printf("Result is %d\n",result);                 /*输出计算结果*/
}
```

运行情况：

```
Please enter two integer:
3  4↙
Result is 17
```

其中，第一行和最后一行是程序输出的，而第二行是由用户输入的，↙表示回车符。

在上面的程序中，与整型数据密切相关的处理包括：

（1）整型变量的定义："int a,b,result;" 语句。

（2）整型常量的写法："result=a*a+2*b;" 中的 2。

（3）整型数据的输入："scanf("%d%d",&a,&b);" 语句。

（4）整型数据的输出。

这几个方面的问题都将在后面的章节中详细讨论。

2.4.2 整型数据在内存中的存储方式

计算机内部存储的只有 0 或 1，因此，一个整型数据在内存中的存储方式与二进制有关：带符号的整数在计算机内部以二进制补码形式存储，不带符号的整数则以二进制原码形式存储。

有正、负之分的整数称为带符号的整数，不分正负的整数称为无符号整数，无符号整数是大于或等于 0 的整数。

一般在不引起混淆的情况下，带符号的整数简称为整数。

假设一个带符号的整型数据在内存中占 16 位，则存储情况如图 2-3 所示。

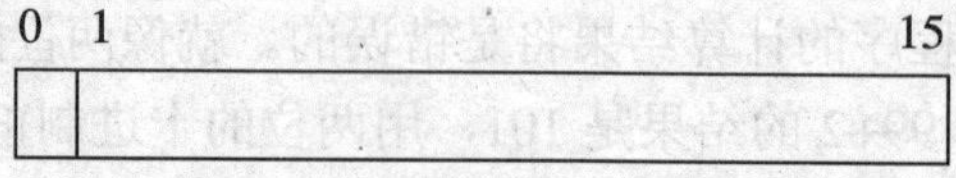

图 2-3 整型数据在内存中的存储

在这16位中，第零位是符号位。符号位为0，表示该整型数据是正整数；符号位为1，表示该整型数据是负整数。

现在来计算一下16二进制位能存储的最大整数和最小整数。

如果符号位为0，则从1到15位全部为1时所表示的数最大。我们可以列出下面的等式：

$$\underbrace{0111\cdots1}_{15个1}+1=2^{15}$$

那么，16位能表示的最大整数是$2^{15}-1$，$2^{15}-1$表示的十进制整数是32 767。

但是，-32 767并不是16位能表示的最小的整数，因为-32 767的补码是：

$$\underbrace{100\cdots01}_{14个0}$$

将-32 767减去1，则-32 768补码是：

$$\underbrace{100\cdots00}_{15个0}$$

也就是说，在计算机内部，这个数是-2^{15}的补码形示。因此，16位能表示的最小的整数是-32 768。

根据计算，16位二进制数能够表示的带符号整数的取值范围是-32 768～32 767。

如果一个无符号整型数据在内存中也占16位，则第0位不是符号位而是数据的一部分，因此，16位二进制能表示的最大的无符号整型数据是这样计算的：

$$\underbrace{1111\cdots1}_{16个1}+1=2^{16}$$

那么$2^{16}-1$是最大的无符号整数，$2^{16}-1$表示的十进制整数是65 535。由于不带符号，16位二进制能表示的最小的无符号整型数据当然是0了。因此，16位二进制数能够表示的无符号整数的取值范围是0～65 535。

不同位数整型数据的取值范围如表2-1所示。

表2-1　不同位数整型数据的取值范围

所占位数/ bit	带符号数的取值范围	不带符号数的取值范围
8	-128～127	0～255
16	-32 768～32 767	0～65 535
32	-2 147 483 648～2 147 483 647	0～4 294 967 295

2.4.3　整型变量

在C语言中，按照整型变量所占的二进制位数来分类，整型变量分为short（短整型），int（普通整型）和long（长整型）三种。而根据整型变量是否带符号位来分类，整型变量可以分为不带符号的整型变量和带符号的整型变量。无符号整型变量用关键字unsigned表示，它与短整型，普通整型和长整型三种类型相匹配，又可以构成无符号短整型、无符号普通整型和无符号长整型三种类型。

说明整型变量的语法是：

限定词 int 变量名表；

限定词包括 long、short 和 unsigned。在有限定词的情况下，int 可以省略。

例如：

```
short (int) data1;          /*定义了一个短整型变量 data1*/
long (int) data2;           /*定义了一个长整型变量 data2*/
unsigned data3;             /*定义了一个无符号普通整型变量 data3*/
```

限定词可以是一个，也可以是两个。例如，“unsignde short (int) data4;”定义了一个无符号短整型变量 data4。

在 Visual C++ 6.0 中，短整型占 16 位，普通整型占 32 位，长整型占 32 位。

在 Turbo C 中，短整型占 16 位，普通整型占 16 位，长整型占 32 位。

2.4.4 整型常量

在 C 语言中，整型常量的表示方式通常有三种：十进制、八进制和十六进制。

十进制表示的整型常量不能以数字 0 开头；八进制以数字 0 开头；十六进制以 0 x 开头。编译程序以开始的数字区分三种不同的进制。

例如：

```
int a,b,c;
a=10;
b=010;
c=0x10;
```

执行上述程序段以后，变量 a 中存储的数据值是十进制数 10，变量 b 中存储的数据值是十进制数 8，变量 c 中存储的数据值是十进制数 16。

如果不作特殊指定，整型常量被按照普通整型变量的长度来存储。也就是说，在 Visual C++ 6.0 环境下，10、010、0x10 都将占 32 位，而在 Turbo C 中它们占 16 位。

需要注意的是：如果整型常量超过计算机所能表示的范围，则会发生溢出。在 C 语言中的整数溢出并不会使程序出错，而是使程序得到一个非正确的值。

例如：

```
short int a,b;
a=10000;
b=10000000;
```

由于变量 a 和 b 被定义为短整型，所以 10 000 可以正确存储，但是 10 000 000 则不能正确存储，b 的值会被系统认为是−27 008。

在 Turbo C 环境下，整型常量只占 16 位，当一个常量超过 16 位所能表示的数时，需要在常量后面加写字母 L，在 Visual C++ 6.0 环境下则不需要加 L，当然，为了兼容，也可以加上，不会导致出错。

2.4.5 用 printf 函数显示整型数据

我们在例 1.1 中就见过 printf 函数，printf 函数的功能是按照指定的格式显示数据。指定格式需要用到转换说明符和转换字符，前者是%，后者可以根据需要使用不同的字符。显示整型数的转换字符有 d、o、x 和 u 等。

具体含义如下：

%d：表示把数据按十进制整型输出；

%o：表示把数据按八进制整型输出；

%x：表示把数据按十六进制整型输出；

%u：表示把数据参数按无符号整型输出。

注意：除了%d，其余的格式都用于将数据作为无符号数输出。

在 Turbo C 环境下，显示长整型数时，一定要在转换字符前加 l（字符 L 的小写），否则显示的结果有可能不对。

【例 2.2】整型变量的表示方式和整型数据的输出。

```
/*------------------------------文件名 exam_22------------------------------*/
  #include"stdio.h"
  void main()
  {
      int x,y,z;
      x=129,y=0127,z=0x128;           /*y 是八进制整型常量；z 是十六进制整型常量*/
      printf("%d,%d,%d\n",x,y,z);
      printf("%o,%o,%o\n",x,y,z);    /*八进制整型数据输出*/
      printf("%x,%x,%x\n",x,y,z);    /*十六进制整型数据输出*/
  }
```

运行结果：

```
129,87,296
201,127,450
81,57,128
```

说明：129、0127 和 0x128 分别是十进制、八进制和十六进制常量；将它们分别赋值给 x、y、z 这三个变量，然后调用三次 printf 函数将这三个变量按十进制、八进制、十六进制输出。

【例 2.3】整型变量的表示方式和整型数据的输出。

```
/*------------------------------文件名 exam_23------------------------------*/
  #include"stdio.h"
  void main()
  {
      int x,y,z;
      x=-129,y=-0127,z=-0x128;
      printf("%d,%d,%d\n",x,y,z);
      printf("%u,%u,%u\n",x,y,z);
      printf("%o,%o,%o\n",x,y,z);
      printf("%x,%x,%x\n",x,y,z);
  }
```

运行结果：

```
-129,-87,-296
4294967167,4294967209,4294967000
37777777577,37777777651,37777777330
ffffff7f,ffffffa9,fffffed8
```

说明：-0127 和-0x128 并不是八进制和十六进制常量，“-”实际是运算符，y=-0127，是取 0127 的负数。使用%u 显示的常量和变量是无符号数，在本例中是把 32 位存储的数据看成是一个无符号数，因此输出的是一个非常大的正整数。使用%o 和%x 显示的常量和变量是也是无符号数。

为了使输出的数字格式清晰明了，容易看懂，可以使用域宽和对齐方式来控制显示格式。在%和转换符之前加整数数字，表示数据显示的域宽；在%后面加符号“-”，数据显示时左对齐，没有符号“-”，数据显示时右对齐。

【例 2.4】显示整数时实现左对齐。

```
/*-------------------------------文件名 exam_24-------------------------------*/
#include"stdio.h"
void main()
{
   int x,y,z;
   x=129,y=0127,z=0x128;
   printf("%6d%6d%6d\n",x,y,z);              /*数据显示时增加域宽*/
   printf("%6o%6o%6o\n",x,y,z);
   printf("%-6x%-6x%-6x\n",x,y,z);           /*数据显示时左对齐*/
}
```

运行结果：

```
   129   87   296
   201  127   450
81    57    128
```

说明：本例中前两个 printf 函数调用，显示格式加了域宽，但是没有加左对齐符号“-”，所以数据是右对齐；而第三个 printf 函数调用时，显示格式不但加了域宽，还加了左对齐符号“-”，因而显示的数据是左对齐。

2.4.6 用 scanf 函数输入整型数据

scanf 是格式输入函数，其功能是按指定的格式将标准输入设备（例如键盘）输入的内容送入变量中。

scanf 函数的使用格式：

scanf("格式信息", 输入项 1, 输入项 2,…);

其中，"格式信息"与 printf 的用法相似，通过在格式信息中使用%和转换字符来指定不同数据类型数据的输入方式。需要注意的是，输入项必须使用地址，普通变量的地址是在变量名前加取地址符&。

输入整型数据的转换字符有 d，o，x，u 等。

%d：表示把数据按十进制整型输入；

%o：表示把数据按八进制整型输入；

%x：表示把数据按十六进制整型输入；

%u：表示把数据按无符号整型输入。

与 printf 函数类似，在 Turbo C 环境下，如果希望输入的数据是长整型，则需要在转换字符前加 l，在 Visual C++ 6.0 环境下则不需要。

【例 2.5】 用 scanf 函数输入整型数据。

```
/*----------------------------文件名 exam_25-----------------------------*/
#include"stdio.h"
void main()
{   short x,y,z1;                                  /*定义三个短整型变量*/
    int z2;                                        /*定义一个整型变量*/
    printf("\n 请输入 4 个整数:");
    scanf("%d%o%x%d",&x,&y,&z1,&z2);               /*接收四个数*/
    printf("\n%d,%d,%d,%d\n",x,y,z1,z2);           /*输出四个变量的值*/
}
```

若输入为：

```
10 10 10 100000↙
```

则显示结果为：

```
10,8,16,100000
```

使用 scanf 函数时，需要注意以下几点：

（1）使用 scanf 函数读入一组整数时，将扫视输入信息，跳过空格、Tab 或换行符，寻找下一个输入域。一个输入域就是一个连续的非空字符的数字串。

例如，若输入为：

```
  782  319             20 ↙
38
```

则输入域有四个。

（2）格式信息中除了有%开始的转换说明，还可以有普通字符，只是这些字符不是显示在屏幕上的，而是要求用户在输入数据时，在相应位置输入相同的字符（除了空格、Tab 或换行符外）。

【例 2.6】 输入格式与键盘输入的匹配。

```
/*-----------------------------文件名 exam_26----------------------------*/
#include"stdio.h"
void main()
{
   int x,y,z1,z2;
   scanf("x=%dy=%oz1=%xz2=%u",&x,&y,&z1,&z2);
   printf("\n%d,%d,%d,%d",x,y,z1,z2);
}
```

如果输入为：

```
10 10 10 10↙
```

则正确的显示结果应该是“10,8,16,10”，但实际上没有得到这个结果，因为键盘输入与 scanf 函数的要求不符。

一定要在键盘上输入：

```
x=10y=10z1=10z2=10↙
```

才能显示正确的结果。

2.5 浮 点 数

2.5.1 问题的提出与程序示例

我们现在要提出的问题与 2.4.1 小节的内容一样，也是计算并输出 a^2+2b 的值，但是 a 和 b 是从键盘上接收的由用户输入的两个浮点数。

首先运行例 2.1，从键盘输入数据 3.4 和 2.5，这时，得到的运行结果肯定是不正确的。有可能是这样的结果：Result is 1009。这是因为在该程序中，数据类型使用的是整型，不能正确地计算浮点数。

【例 2.7】计算并输出 a^2+2b 的值，使用浮点数运算。

```
/*----------------------------文件名 exam_27-------------------------------*/
/*------------------------------计算 a^2+2b---------------------------------*/
#include"stdio.h"
void main()
{
   double a,b,result;                              /*定义两个双精度浮点变量*/
   printf("Please enter two double:\n");           /*提示用户输入两个浮点数*/
   scanf("%lf%lf",&a,&b);                          /*接收用户输入的两个浮点数*/
   result=a*a+2.0*b;                               /*计算 a^2+2b*/
   printf("Result is %6.2lf\n", result);           /*输出计算结果*/
}
```

运行情况：

```
Please enter two integer:
3.4  2.5↙
Result is  16.56
```

通过仔细观察，例 2.7 与例 2.1 相比有几点不同：

（1）定义变量时使用的数据类型是 double。

（2）接收用户输入时，使用的格式控制是%lf。

（3）常量 2 写成了 2.0。

（4）输出数据时，使用的格式控制符是%6.2lf。

这些不同点就是下面需要讨论的内容。

2.5.2 浮点数在内存中的存储方式

浮点数在计算机中的表示一般分为三部分：符号位、阶码和尾数。

如图 2-4 所示是用 32 位表示的浮点数。

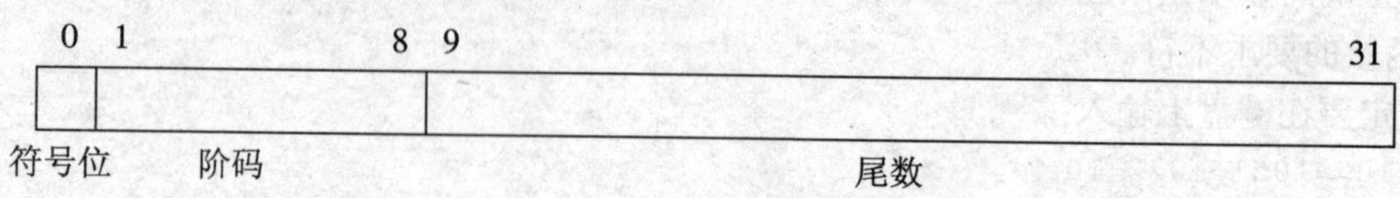

图 2-4 浮点数据在内存中的存储

32 位浮点数的有效数字是 7 位十进制数，取值范围为 10^{-38}～10^{38}，64 位浮点数的有效数字是 15 位十进制数，取值范围为 10^{-308}～10^{308}。不同的计算机可能会有一些差别。

2.5.3　浮点变量

在标准 C 语言中，浮点数有单精度浮点数（float）和双精度浮点数（double）两种，有的 C 版本还支持第三种长双精度浮点数（long double）。

单精度浮点数的类型说明符是 float，双精度浮点数的类型说明符是 double。

例如：

```
float a,b;
double c,d;
```

单精度浮点数和双精度浮点数两者在计算机上的表示方式是非常相似的，只是所占的二进制位数不同，因此，单精度浮点数的有效数字（或称精度）和取值范围与双精度浮点数不同。在 Visual C++ 6.0 中，单精度浮点数和双精度浮点数分别占 32 位和 64 位。

2.5.4　浮点常量

在数学上，表示小数有两种方法：一种是小数表示法，另一种是科学记数法。例如 127.3 和 1.273×10^2。

在 C 语言中，实际上也使用这两种方式，只不过 10^2 用 E+2 表示。

C 程序中的浮点常数由整数部分、小数部分和指数部分构成。

其中，前两部分用小数点连接，后两部分用 e（或 E）连接。E 或 e 用来代表 10 的幂次。

浮点常量的构成规则是：

（1）整数部分可以不写，小数部分也可以不写，但不能同时不写。

（2）指数部分可以省略（相当于使用小数表示法）。

（3）若有指数部分，e（或 E）两边都至少有一位数。

（4）指数的数字必须是整数（范围为 1～3 位的整数），可以为负或正，正号可以省略。

例如：4.50E3，1.0，1.，.1234，123.4 都是合法的浮点常量。

注意： 浮点常量在存储时按 double 类型存储，即占 64 位。浮点常量也像整型常量一样，如果浮点常量超过计算机所能表示的范围，则会发生溢出。同样，在 C 语言中的浮点溢出也不会使程序出错，而是使程序得到一个非正确的值。

2.5.5　用 printf 函数显示浮点数

输出浮点数可以使用的转换说明符是%f 和%e。%f 显示小数表示的普通浮点数，%e 显示科学记数法表示的浮点数。输出双精度（double）类型时，还需要在转换字符前加上字母 l。

输出浮点数时不仅可以控制输出域宽，还可以控制有效位的输出位数（又称为精度）。方法是在%与 f（或 e）之间加上两个数字并在两个数字之间加上一个点号“.”。例如，%6.2f 表示输出格式是域宽为 6，小数点右边有两位数字。

注意：域宽不是指整数位的宽度，而是指整个浮点数显示的宽度，还包括了小数点，例如，1234.567 的域宽是 8，小数点右边有三位数字，也可以不指定域宽和精度，默认的精度是 6。如果指定的域宽大于所显示的数的实际域宽，则未用的位置用空格填写；如果指定的域宽小于所显示的数的实际域宽，则按数的实际域宽显示。左对齐符号在显示浮点数时同样适用。

【例 2.8】 输出浮点数。

```
/*----------------------------文件名 exam_28-----------------------------*/
#include"stdio.h"
void main()
{
   float x;
   double y;
   x=12.3456789;y=987654.321098;
   printf("\n%e,%le",x,y);                                    /*①*/
   printf("\n%f,%lf",x,y);                                    /*②*/
   printf("\n%.3f,%.3lf",x,y);                                /*③*/
   printf("\n%14.3f,%14.3lf",x,y);                            /*④*/
   printf("\n%-14.3f,%-14.3lf",x,y);                          /*⑤*/
   printf("\n%8.3f,%8.3lf",x,y);                              /*⑥*/
   printf("\n%14f,%14lf",x,y);                                /*⑦*/
}
```

运行结果：

```
1.234568e+001, 9.876543e+005
12.345679, 987654.321098
12.346, 987654.321
      12.346,     987654.321
12.346        , 987654.321
12.346, 987654.321
   12.345679, 987654.321098
```

说明：第①和第②句未指定域宽和精度；第③句指定了 3 位精度；第④句指定了 14 位域宽和 3 位精度；第⑤句指定了 14 位域宽和 3 位精度，并且是左对齐；第⑥句指定了 8 位域宽和 3 位精度，域宽不够，指定无效；第⑦句指定了 14 位域宽，精度为默认值 6。

2.5.6 用 scanf 函数输入浮点数

浮点数的输入也是使用转换字符 f 和 e，直接使用%f 和%e 可以输入 float 类型的数据，使用%lf 和%le 则输入 double 类型的数据。

【例 2.9】 输入浮点数。

```
/*----------------------------文件名 exam_29-----------------------------*/
#include"stdio.h"
void main()
{
   double  x,y;
   printf("Please enter two double");
   scanf("%lf%le",&x,&y);
   printf("\n%lf,%lf",x,y);
   printf("\n%le,%le",x,y);
}
```

若输入：

```
123.56789    1.2345678e17
```

运行结果：

```
123.567890,123456780000000000.000000
1.2345679e+002,1.234568e+017
```

注意：采用科学记数法有可能丢失数位，降低精度。

2.6 字符型数据

2.6.1 问题的提出与程序示例

我们提出的问题是：编写程序，从键盘输入若干个小写字母（例如 girl），然后输出这些字符的大写字母（GIRL）。

【例 2.10】编写程序，从键盘输入若干个小写字母，并输出这些字符的大写字母。

```
/*----------------------------文件 exam_210--------------------------------*/
/*---------------------------接收小写字母输出大写字母-------------------------------*/
#include"stdio.h"
void main()
{
   char a,b,c,d,i;                                    /*定义五个字符型变量*/
   printf("Please enter four Lowercase:\n");  /*提示用户输入四个小写字母*/
   scanf("%c%c%c%c",&a,&b,&c,&d);                   /*接收用户输入的四个字母*/
   i='a'-'A';                                          /*i 取字母'a'和'A'的 ASCII 值的差*/
   printf("Uppercase is:%c%c%c%c\n",a-i,b-i,c-i,d-i);
                                                        /*输出大写字母*/
}
```

运行结果：

```
Please enter four Lowercase:
girl↙
Uppercase is:GIRL
```

在上面的程序中，与字符型数据相关的内容是：

（1）定义变量时使用的是 char。

（2）接收用户输入时，使用的格式控制符是%c。

（3）字符常量的写法：'a'和'A'。

（4）输出数据时，使用的格式控制符是%c。

2.6.2 字符型数据在内存中的存储方式

字符型数据在内存中所占的位数是固定的，只占一个字节（8bit）。在我们看来，字符是字母表中的字母（a，b，c，…，A，B）、标点符号（!，？）以及数字等，但在计算机的内部仍然是用 0 和 1 表示的，每个字符对应一个固定的编码，最常用的就是 ASCII 码。

标准 ASCII 码是把每个字符与 0～127 之间的数值联系起来，用七位二进制表示，再将最高位置 0，就占一个字节了。例如，在 ASCII 码表中，字母 A 用数值 65 表示，其八位二进制表示是：01000001，也就是说，在内存中存储的字母 A 实际是 01000001。

2.6.3 字符变量与字符常量

字符变量的类型说明符是 char。

例如，经过语句“char a,b,c,d,i;”定义后，a、b、c、d 和 i 都是字符型的变量，每个变量在内存中都占八位。

C 语言中的字符常量的表示方法是用单引号将一个字符括起来，例如'a'、'b'、'A'。可以使用字符常量为字符变量赋值：

```
char alpha;alpha='a';
char beta;beta='b';
```

注意：

（1）单引号中的字符只能是一个字符。例如，char beta;beta='ab'是错误的。

（2）不能用双引号括起一个字符表示单个字符常量。例如，char beta; beta ="a"是错误的。

（3）非图形字符，如退格、换行等，也可以表示成字符型常量。表示方法是使用转义符\与一些特殊字符构成转义序列。例如'\n'就是一个转义序列，表示“回车换行”。

常用的转义字符如表 2-2 所示。

表 2-2 转义序列及其含义

转义序列	含 义	转义序列	含 义
\n	回车换行	\\\\	\\
\t	横向跳格	\\'	'
\v	竖向跳格	\\"	"
\r	回车且不换行	\ddd	八进制数值代表的字符
\f	走纸换页	\xhh	十六进制数值代表的字符
\b	退格	\0	空值（数值为 0）

'\0' 与 '0'是有区别的，在机器内部分别表示为 00000000 和 00110000。其中二进制 00110000 是十进制数 48，是字符'0'的 ASCII 码值。

（4）字符型数据可以像整型数据一样参与四则运算。

'b'-'a'的值是 1，因为'b'的 ASCII 码值是 98，'a'的 ASCII 码值是 97，98-97 正好是 1。

另外，我们要分析一下小写字母和大写字母的关系。从 ASCII 表（参见附录 A）中可以发现，小写字母'a'～'z'的 ASCII 值是 97～122，而大写字母'A'～'Z'的 ASCII 值是 65～90，小写字母'a'的 ASCII 值与大写字母'A'的 ASCII 值相差 32，小写字母'b'的 ASCII 值与大写字母'B'的 ASCII 值也相差 32，也就是说，'a'−'A'、'b'−'B'、…、'z'−'Z'的值都是 32。因此，如果要将一个小写字母转换成大写字母，只要将小写字母的 ASCII 值减去'a'−'A'就可以了，当然也可以直接减去 32，或减去'b'−'B'等。

2.6.4 用 printf 函数显示字符

使用转换说明符%c 就可以输出单个字符了。

【例 2.11】用 printf 函数显示字符。

```
/*------------------------------文件名 exam_211----------------------------*/
#include"stdio.h"
void main()
{
  char c='H';
  char d='I';
  char e='!';
  printf("%c%c%c\n",c,d,e);
}
```

运行结果：

```
HI!
```

2.6.5　用 scanf 函数输入字符

同样，%c 也可以用于控制输入单个字符。

需要注意的是，尽量不要将%c 与其他转换说明一起使用，因为那样会比较麻烦。

当用 scanf 函数读入一组数据时，如果不使用%c 进行转换时，scanf 函数将扫视输入信息，跳过空格、Tab 或换行符，寻找下一个输入域。

但是若使用%c 进行转换时，情况则不同，scanf 函数不会跳过空格、Tab 或换行符，而是直接把下一个字符输入给参数，不论它是什么。

例如，使用“scanf("%d%c",&i,&c);”语句输入，若从键盘输入 29　w，那么 c 的结果不是字符'w'，而是空格。

解决的方法是在控制字符串中加空格分隔。例如“scanf("%d %c",&i,&c);”。

2.6.6　用 getchar 函数输入字符和用 putchar 函数输出字符

C 语言还提供了两个函数用于字符的输入和输出。

getchar 函数是接收一个从标准输入输出设备上输入的字符。一般的标准输入设备是键盘。

该函数没有参数，函数返回的数据类型为整型，返回值为字符的 ASCII 码值。

调用的方法一般是：

字符变量=getchar();

例如：

```
char a;
a=getchar();
```

从键盘上接收的字符既可以是可打印字符，也可以是非打印字符，如回车换行等。不能从键盘输入的字符除外（如响铃）。

putchar 函数是向标准输入输出设备上输出一个字符，一般的标准输出设备是屏幕终端。

putchar 函数与 getchar 函数不同，需要把输出字符作为函数的参数，放在括号里，括号里的内容是不能缺省的。

调用的方法一般是：

putchar(字符变量或字符常量);

例如：

```
putchar('H');
```

putchar 函数返回的数据类型为整型，返回值为字符的 ASCII 码值。

若想输出字符 a，可以采用多种方法：

```
int c;
c='a';
putchar(c);
```

以及

```
putchar('a');
```

或

```
putchar(97);
```

对于不可打印的字符，输出方式有两种：

```
putchar(007);
```

或

```
putchar('\007');
```

注意使用 getchar 和 putchar 这两个函数时，一定要在程序首部加上#include "stdio.h"。

【例 2.12】修改例 2.10，编写程序从键盘输入若干个小写字母，并输出这些字符的大写字母。（使用 getchar 和 putchar 函数。）

```
/*------------------------------文件名 exam_212------------------------------*/
/*---------------------------接收小写字母输出大写字母--------------------------*/
#include"stdio.h"
void main()
{
    char a,b,c,d,i;                              /*定义五个字符型变量*/
    printf("Please enter four Lowercase:\n");    /*提示用户输入四个小写字母*/
    a=getchar();                                 /*接收用户输入的四个字母*/
    b=getchar();
    c=getchar();
    d=getchar();
    i='a'-'A';                                   /*i 取字母'a'和'A'的ASCII 值的差*/
    printf("Uppercase is:");
    putchar(a-i);                                /*输出大写字母*/
    putchar(b-i);
    putchar(c-i);
    putchar(d-i);
    putchar('\n');                               /*输出换行*/
}
```

运行情况：

```
Please enter four Lowercase:
girl↙
Uppercase is:GIRL
```

在这里需要解释一个概念："系统的仿效返回"。用户在输入数据时，系统会马上显示出相应的字符，这个字符不是程序的输出，而是系统的仿效返回。一般在按回车键之后，再次显示的字符才是程序所做的。尽管 getchar 函数只接收一个字符，但实际上，用户在输入回车符以后，系统才开始接收字符。因此，运行例 2.12 时，输入 girl↙ 和输入 girls↙，输出结果是一样的。

2.6.7 字符串常量

用双引号括起来的字符序列是字符串常量。例如"how are you"和"1234.5"。在 Visual C++ 6.0 环境下，中文字符也可以作为字符串的内容，一个中文字符占两个字节。例如，"你好"是一个字符串常量。

字符串的存储与字符的存储不同。C 编译程序在存储字符串常量时自动采用\0 作为字符串结束标志。

所以"how"实际上所占的字节数是 4，而不是 3，其存储方式如图 2-5 所示。

h	o	w	\0

图 2-5　字符串"how"的存储方式

"你好"在内存中占五个字节。

注意："a"与'a'是完全不同的。前者是字符串常量，占的字节数是 2；后者是字符常量，占的字节数是 1。

字符串常量的输出有两种方法，一种是直接输出："printf("how are you");"，另一种是使用%s 转换说明："printf("%s","how are you");"。

C 语言没有专门的字符串变量，但可以用数组实现，这在后续的相关章节中将加以讨论。

本章小结

（1）字符集是高级语言的翻译程序所能识别的字母、数字和特殊符号。C 语言有特定的字符集。

（2）标识符是用来标识 C 程序中的变量、常量（指符号常量）、数据类型和函数的。在 C 语言中，标识符分为关键字（保留字）、特定字和用户定义字。

（3）变量在程序运行过程中其值是可以变化的，一个变量在内存中占若干字节（具体值与数据类型有关），每个变量都要有名称，用来存储一个可以变化的数值，在程序执行过程中值是可变的。与变量一样，常量也被存储在内存中，但是，常量的数值在程序执行过程中不会发生改变。变量需要定义；常量不需要定义。常量可以通过宏定义作替换。

（4）C 语言基本数据类型有整型、浮点型和字符型。整型数据又分普通整型、短整型和长整型，关键字分别使用 int、short 和 long；浮点型又分为单精度和双精度，关键字是 float 和 double；字符型的关键字是 char。

（5）printf 函数和 scanf 函数可以用于接收和显示各种数据类型的数据，getchar 函数和 putchar 函数分别用于接收和显示一个字符。

习　题

1．在 C 语言中，标识符的构成规则是什么？
2．关键字、特定字和用户定义字分别是什么？
3．为什么要对变量进行"先定义后使用"？
4．字符常量和字符串常量有什么区别？

5．下列符号哪些可作为C语言的用户定义字，哪些不可以，为什么？

（1）2m （2）mean （3）c （4）ked （5）var
（6）_n25 （7）exp （8）i*j （9）nn （10）data
（11）finished （12）a+c （13）int （14）n_m （15）–n
（16）n–m （17）ok?

6*．下列哪些常量是不合法的字符型常量？为什么？

（1）65 （2）'b' （3）'ab' （4）'\n' （5）'\075'
（6）'\078' （7）'\\' （8）'\xaf'

7．下列哪些常量是不合法的整数？为什么？

（1）1234 （2）–11 （3）01234 （4）077 （5）0x12ed
（6）0x400l （7）09 （8）2f

8*．下列哪些常量是不合法的浮点数常量？为什么？

（1）12E7 （2）12E7.2 （3）0.0 （4）.1E–10 （5）105
（6）0E0 （7）6.6 （8）3E0xed

9*．确定下列常量的十进制值：

（1）02 （2）034 （3）0x17 （4）'\007' （5）'\011'

10．编写程序使用scanf函数和printf函数接收和显示各种基本数据类型的数据。

11．编写程序使用getchar函数接收一个字符，用printf函数显示；使用scanf函数接收一个字符，用putchar函数显示。

12．编写程序，采取使用%s输出字符串常量的方法输出下面的字符。

```
-------------------
your name:
-------------------
your password:
-------------------
```

13．编写程序，使用getchar函数接收一个字符，用putchar函数显示；使用scanf函数接收一个字符，用printf函数显示。

14．编写程序，采取使用%c输出字符变量的方法输出如图2-6所示的图案。

```
   *
  ***
 *****
*******
```

图2-6 习题14输出图案

15*．编写程序，接收两个双精度浮点数，输出它们的和。

16．编制一个关于程序中内存变量的列表，根据下列程序填写内存变量表变化的情况。

```
#include"stdio.h"
void main()
{
   double base;
   double height;
   double area;
   base=3.5;
```

```
    height=6.7;
    area=base*height/2.0;
    printf("The area of the triangle is %f\n",area);
}
```

17．请修改下面的程序，使其能够通过编译。

```
Void Main
{
    int a=6;b=8;
    int c;
    c=a*b;
    printf(' %d',c);
}
```

18．请修改下面的程序，使其能够正确运行。

```
void main();
{
    char c
    getchar(c);
    printf("%s",c);
}
```

19．请修改下面的程序，使其能够将输入的整数在屏幕上正确显示。

```
void main()
{
    int i;
    scanf("%d",i);
    printf("%d",i);
}
```

20*．请修改下面的程序，使其能够将输入的浮点数在屏幕上正确显示。

```
void main()
{
    double x;
    scanf("%lf",x);
    printf("%d",x);
}
```

21．请修改下面的程序，使其能够正确运行。

```
void main();
{
    float f=7.12;
    char c="c";
    printf("%d\n",int(f%3));
    printf("%c",c);
}
```

22*．请修改下面的程序，使其能够正确运行。

```
void main();
{
    int sum=10;
    printf("%d\n",SUM);
}
```

23．判断下面程序的运行结果。

```
#include"stdio.h"
void main()
```

```
{
   int i=10,j=010;
   printf("i=0%o,j=0%o",i,j);
}
```

24．判断下面程序的运行结果。

```
#include"stdio.h"
void main()
{
   int i=55,j=-77;
   printf("oct i=%o,j=%o\n",i,j);
   printf("hex i=%x,j=%x",i,j);
}
```

25．根据附录A中的ASCII码表，判断下面程序的运行结果。

```
#include"stdio.h"
void main()
{
   char a,b,c,d;
   a='\x67';
   b='\157';
   c='\x6f';
   d='d';
   printf("%c %c %c %c",a,b,c,d);
}
```

第 3 章 运算符和表达式

C 语言有丰富的运算符，除了那些我们在数学中经常使用的运算符以外，还有一些其他的操作符。

在“cube=a*a*a;”语句中，“=”和“*”都是运算符。

按照操作符的功能，可以将 C 语言运算符分为以下几类：算术运算符、逻辑运算符、关系运算符、位逻辑运算符、移位运算符、赋值运算符、增/减 1 运算符、条件运算符以及一些特殊的运算符。

按照运算符与运算对象（操作数）的关系，可以将 C 语言运算符分为：单目运算符、双目运算符和三目运算符。

所谓“单目运算符”是指运算符有一个操作数；“双目运算符”是指运算符有两个操作数，例如 x+y 中的“+”运算符有两个操作数 x 和 y；而“三目运算符”就是指运算符有三个操作数，三目运算符是 C 语言特有的。

3.1 表 达 式

3.1.1 表达式的概念

表达式是用运算符与圆括号将操作数连接起来所构成的式子。C 语言的操作数包括常量、变量、函数值等。例如，表达式(x+y)∗7/sqrt(4.0)中包括的操作符有：+、∗、/，操作数有常量 7、变量 x 和 y 以及函数值 sqrt(4.0)。sqrt 是系统提供的求平方根的函数。

表达式一定要有意义，才能产生结果。根据表达式进行运算，得到的数值即为表达式的解。例如，表达式“3∗(8–2)”的解是 18。

3.1.2 表达式与简单语句

在 C 语言中，将分号“;”加在一个表达式的后面就构成了简单语句。简单地在表达式后面加分号，并不能保证这种简单语句是有意义的。“3;”和“x+y;”都是无意义的简单语句，因为这两条语句并没有引起任何存储单元中数据的改变，因此是做了无用功，毫无意义。

而“x++;”和“y=1;”则是两条有意义的简单语句，前者表示使 x 单元的内容增值 1，后者表示使 y 的内容为 1。在程序设计中，应该避免使用无意义的简单语句。

3.2 算术运算符

算术运算符是最简单且最容易理解的运算符，因为它与数学中的数值运算符很相似。

3.2.1 算术运算符的种类及运算方法

算术运算符有五种：加“+”、减“–”、乘“*”、除“/”和取模“%”。

尽管C语言的算术运算符与数学中的数值运算符很相似，但是它们之间还是有区别的，使用时要特别注意以下几点：

（1）两个整数相除，结果仍为整数，商向下取整。这与数学的除法运算规则完全不同，实际上是整除运算。例如，7/4的结果是1，8/2的结果是4，而12/34的结果是0。若除数和被除数中有一个为浮点数，则除法运算与数学的除法运算规则完全相同。例如7/4.0、7.0/4、7.0/4.0的结果均为1.75。

（2）取模运算实际上相当于数学中的求余数运算，其两个操作对象都必须是整数。结果的符号与%左边的操作数相同。例如7%4的结果是3，4%4的结果是0，–7%4的结果是–3，7%–4的结果是3。

（3）加法运算符和减法运算符还可以用作单目运算符，单目的减法运算符是取负运算。其余操作符均为双目运算符。

【例3.1】使用printf函数显示表达式的值。

```
/*------------------------------文件名exam_31------------------------------------*/
#include "stdio.h"
void main()
{
  printf("%d,%f,%d\n",7/4,7/4.0,7%4);
}
```

运行结果：

```
1,1.750000,3
```

3.2.2 算术表达式及算术运算符的优先级

算术表达式就是用算术运算符和圆括号将操作数连接起来的式子。算术表达式的解就是经过算术运算得到的表达式的值。

算术运算符的优先级与数学中的优先级基本相同，即先乘除，后加减。取模运算的优先级与乘除运算的优先级相同。函数和圆括号的优先级最高。

使用算术表达式需要注意：

（1）算术表达式应能正确地表达数学公式。例如：数学表达式是$\frac{3+x}{2a}$，相应的C语言表达式应该是什么呢？3+x/2a 肯定是错误的；(3+x)/2*a也不对。因为这些表达式与数学表达式计算结果不符。正确的C语言表达式是(3+x)/(2*a)，或者(3+x)/2/a。

（2）算术表达式的结果应该不超过其所能表示的数的范围。例如，在Visual C++ 6.0中，最大的短整型数是32 767，那么在32 767上加3就不会得到正确的结果。我们可以用下面的程序验证一下。

【例3.2】验证超过表示范围的数。

```
/*------------------------------文件名exam_32------------------------------------*/
#include"stdio.h"
void main()
{
  short int a=32767;         /*定义短整型变量a，并赋值（短整型最大的数）*/
  short int b=3;             /*定义短整型变量b，并赋值*/
```

```
    a=a+b;                          /*求和*/
    printf("%d\n",a);               /*输出结果*/
}
```

运行结果：

```
-32766
```

由于 a 中最初的赋值 32 767 已经是短整型所能表示的最大的数，再加上 3 就无法用短整型表示了。至于结果为什么是-32 766，对补码了解得比较透彻的读者可以试着计算一下，不知道原因也无关紧要。只要牢记，自己在编写程序时要考虑到结果不要超范围，若有超范围的可能性，就要使用位数更多的数据类型来定义变量。对上面程序进行如下的修改就能得到正确的结果。

```
#include"stdio.h"
void main()
{
    long int a=32767;               /*定义长整型变量 a，并赋值*/
    long int b=3;                   /*定义长整型变量 b，并赋值*/
    a=a+b;                          /*求和*/
    printf("%d\n",a);               /*输出结果*/
}
```

运行结果：

```
32770
```

3.2.3 算术运算符的结合性

运算符的结合性是指如果一个操作数左边和右边的两个运算符的优先级相同，应该优先运算的是右边的操作符还是左边的操作符。如果先运算的是右边的操作符，则称运算符的结合性是自右至左，反之，则是自左至右。

以表达式 $a+b-c$ 为例，操作数 b 左右的运算符+和-的优先级相同，那么，是先计算 $b-c$，还是先计算 $a+b$ 呢？C 语言规定双目算术运算符的结合性是自左至右，也就是 b 先与左边的 a 结合，再与右边的 c 结合。所以是先计算 $a+b$，然后用 $a+b$ 的结果减 c。

双目运算符的结合性与数学运算符并无不同。

3.3 赋值运算符

在程序设计中，赋值运算符应该说是最重要的运算符了。赋值的概念也尤其重要。所谓赋值是将一个数据的值存储到一个变量中，需要注意的是，赋值的对象只能是变量。而这个数据的值既可以是常量，也可以是变量，还可以是有确定值的表达式。

3.3.1 普通赋值运算符

赋值运算符是“=”，其含义是将赋值运算符右边表达式的解送到左边变量名所代表的存储单元内。

赋值表达式的一般格式是：

变量名=表达式

赋值表达式的解就是赋值号右边表达式的值。

赋值语句则是在赋值表达式后面加上分号“;”，即：

变量名=表达式；

假设已经定义了“int a,b,c;”，则可以设计下列赋值语句：

```
a=1;
b=a;
c=3*b;
```

执行上述赋值语句之后，a 内存单元的值为 1，b 内存单元的值为 1，而 c 内存单元的值是 3。

需要特别注意的是，赋值号不是数学上的等号=。如果将 x=x+1 中的“=”看成数学上的等号，则这个式子是不成立的；但是如果将 x=x+1 中的“=”号看成是 C 语言的赋值号，则表示将 x 单元存储的数据值加上 1 以后再存储到 x 单元中。假设 x 单元中原来的值是 10，则赋值语句“x=x+1;”执行以后，x 中的值变为 11。

“a=b*(c=2);”是一条能够通过编译的语句，该语句在圆括号中使用了赋值表达式，这一条语句实际等价于两条语句“c=2;”和“a=b*c;”，我们提倡两条语句的写法，不要为了节省语句，使程序的可读性降低。

注意：赋值运算符的优先级低于算术运算符。赋值运算符的结合性是自右至左。

以 a=b=2 为例，b 的左/右赋值号优先级是相同的，那么，b 与谁结合，就要看赋值号的结合性了，由于赋值号的结合性是自右至左，所以运算时应该先将 2 赋值给 b，再将 b 的值（此时已经为 2）赋值给 a。

3.3.2 复合赋值运算符

把赋值运算符与算术、位逻辑和移位运算符放在一起，就构成复合赋值运算符。复合算术赋值运算符有五个，即+=、–=、*=、/=和%=。还有与移位运算符和位逻辑运算符结合的五个复合赋值运算符，即<<=、>>=、&=、^=和|=。“x+=2;”语句中使用了复合赋值运算符，它与“x=x+2;”是等价的。

复合赋值运算符的使用规则是：Xop=Y 与 X=XopY 等价。所以，语句“a*=b–2;”等价于“a=a*(b–2);”，而不等价于“a=a*b–2;”。

3.4 不同数据类型数据间的混合运算

我们前面讨论了不同的运算符，并在第 2 章中讲解了数据类型。在计算表达式时，不但要考虑运算符的优先级和结合性，还要分析运算对象的数据类型，一个运算符对不同类型数据的计算结果有可能不同，除号“/”对于两个整数是作整除，而对两个浮点数则是作普通除法。不同类型的数据在一起运算时，需要转换为相同类型的数据。

转换的方式有两种：自动转换和强制转换。自动转换又称为隐式转换，而强制转换又称为显式转换。自动转换是由系统提供的，强制转换则是由程序员编写程序时指定的。

一个好的程序员在编写程序时应尽量避免在一个表达式中使用多种类型数据参与运算。如果必须在一个表达式中使用多种类型数据参与运算，应进行强制转换。

3.4.1 自动转换

所谓“自动转换”就是系统根据规则自动将两个不同数据类型的运算对象转换成同一种数据类型的过程。而且，对某些数据类型，即使两个运算对象的数据类型完全相同，也要进行转换，例如 char 和 short。

转换的原则是：为两个运算对象的计算结果提供尽可能多的存储空间。

Visual C++ 6.0 的转换规则如图 3-1 所示。不同编译版本的规则略有不同。

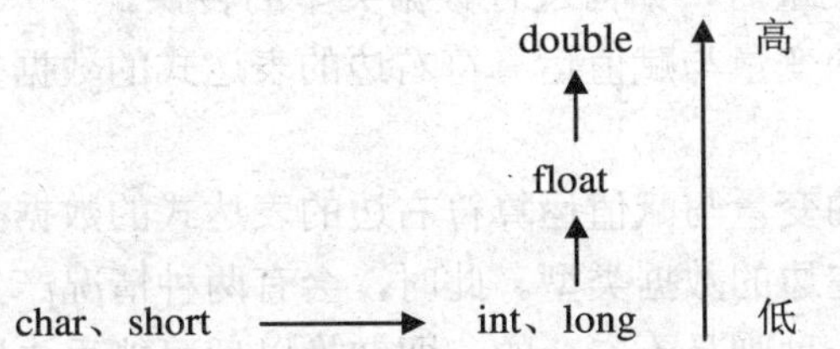

图 3-1　表达式运算的自动转换规则

横向向右的箭头表示是必需的转换，也就是说，当遇到 char，short 时，系统一律将其转换为 int 参与运算。

而对于其他类型的数据，一定要在两个运算对象的数据类型不同时，按照纵向箭头表示的方向由低向高作转换。若两个运算对象的数据类型相同，则不作转换。

例如，两个运算对象分别是 short 类型和 long 类型，则需要将 short 类型的数据转换为 long 类型的数据参与运算；而若两个运算对象都是 int 类型的数据，则仍以 int 类型参与运算。

注意：自动转换只针对两个运算对象，而不能对表达式的所有运算符进行一次性的自动转换。

例如，表达式 5/4+3.2 的计算结果是 4.20，而表达式 5.0/4+3.2 的计算结果是 4.45。原因是 5/4 按整型计算，并不因为 3.2 是浮点型，而将整个表达式按浮点型计算。

3.4.2 强制转换

在 C 语言中，允许程序员根据自己的意愿将一种数据类型强制转换成另一种数据类型。

强制转换的格式为：

（数据类型名）操作对象

例如，(long)a 表示将 a 转换成长整型参与运算，而(int)f 表示将 f 转换成整型参与运算。

注意：强制转换并不改变操作对象本身的数据类型和数值。(int)f 的确切含义是将 f 转换为整型值参与运算，而 f 本身的数据类型和数值都没有任何改变。

另外，强制转换经常用于对系统函数进行调用时的参数（称为实际参数），因为 C 语言的库函数对参数的数据类型有规定，如果实际参数不符合规定，则函数调用不能正确执行。

例如：

```
int i=10;
double f;
f=sqrt((double)i);
```

sqrt 是一个库函数，它要求使用双精度类型的实际参数，而 i 的数据类型是整型，对调用时的参数进行强制转换“(double)i”，i 本身不会有任何的改变。

3.4.3 赋值表达式的类型转换

前面讨论的自动转换和强制转换都是针对一般表达式的，根据自动转换和强制转换的规则，我们可以知道一个表达式计算以后的数据类型，现在我们要讨论的问题是：当表达式计算完以后要赋值给一个变量时，如何进行数据类型的转换。

当赋值运算符左边的变量与赋值运算符右边的表达式的数据类型相同时，不需要进行数据类型的转换。

当赋值运算符左边的变量与赋值运算符右边的表达式的数据类型不相同时，系统负责将右边的数据类型转换成左边的数据类型。此时，会有两种情况产生：一种是安全的，即转换以后不会丢失数据；另一种则是不安全的，即转换以后可能丢失数据。这与赋值号两边的表达式的数据类型所占的字节数及数据的存储表示方式有关。

注意：编写程序时应遵循的原则是尽量不要在不同的数据类型之间进行转换，如果一定要进行，可以在同种类的数据类型间作长度增大的转换，但是不要作长度减小的转换。

例如，两个整型数据是同类型的，如果赋值号左边为长整型 long，右边为整型 short int，则相当于由短整型向长整型的转换，由于整型所占字节数小于长整型，并且整数的表示方法相同，所以由整型向长整型转换时在高位补符号位即可，不会丢失数据。但是，如果反过来，赋值号左边为短整型，右边为长整型，则相当于由长整型向短整型转换，同样由于短整型所占字节数小于长整型，则长整型的高 16 位不能复制到短整型数据中，因此可能丢失数据。

若赋值号两边的数据类型是双精度 double 与单精度 float 浮点数，情况与上面类似。由双精度向单精度转换会丢失数据，而由单精度向双精度转换则不会。

如果赋值号的左边是整型或字符型数据，而右边是浮点型数据，这时两个数据属于不同类型的数据，由于整型数据与浮点数据的存储表示方式不同，因此即使长度相同，转换结果仍可能是不安全的，可能是一个无法理解的值。这与计算机的硬件有一定的关系。

【例 3.3】同类型但长度不同的数据之间的安全转换。

```
/*-------------------------------文件名 exam_33-----------------------------------*/
#include"stdio.h"
void main()
{
  short int a=32767;                    /*定义短整型变量 a，并赋初值*/
  int b;                                /*定义普通整型变量 b*/
  float c=123.4567;                     /*定义单精度变量 c，并赋初值*/
  double d;                             /*定义双精度变量 d*/
  b=a;                                  /*赋值*/
  b=b+3;
  d=c;                                  /*赋值*/
  d=d*1.0e17;
  printf("b=%d\n",b);                   /*输出结果*/
  printf("d=%le\n",d);
}
```

运行结果：

```
b=32770
d=1.23456e+019
```

注意： 编译本程序时，Visual C++ 6.0 编译程序给出了警告信息“truncation from 'const double' to 'float'”，提醒程序员程序中出现了“从 double 类型的常量到 float 类型数据的切断”，这是因为 123.4567 是一个 double 类型的常量，将该常量的值存储到单精度变量中可能引起数据的丢失，只不过，123.4567 明显是一个单精度变量能够正确存储的数据，所以本例的运行结果是正确的。在 Visual C++ 6.0 中的运行结果是正确的，并不意味着在其他编译环境下的运行结果也是正确的，因为相同数据类型的数据在不同的编译环境中所占位数有可能不同。因此，为了程序有很好的可移植性，应该尽量避免在不同的数据类型之间进行赋值转换。

【例 3.4】 同类型但长度不同的数据之间的非安全转换。

```
/*--------------------------------文件名 exam_34-------------------------------------*/
#include"stdio.h"
void main()
{
  short int a=32767;                    /*定义短整型变量 a，并赋初值*/
  char b;                               /*定义字符型变量 b*/
  double c=1.234567e39;                 /*定义双精度变量 c，并赋初值*/
  float d;                              /*定义单精度变量 d*/
  b=a;                                  /*赋值*/
  d=c;                                  /*赋值*/
  printf("b=%d\n",b);                   /*输出结果*/
  printf("d=%le\n",d);
}
```

运行结果：

```
b=-1
d=1.#INF00e+000
```

注意： 编译本程序时，Visual C++ 6.0 编译程序给出了警告信息“conversion from 'short' to 'char', possible loss of data”和“conversion from 'double' to 'float', possible loss of data”，提醒程序员从 char 类型到 short 类型的转换和从 float 类型到 double 类型的转换有可能丢失数据。

程序在执行时也确实出现了丢失数据的情况。

3.5　关系运算符

所谓关系运算，实际上就是比较两个数值的大小。比较两个数值的大小的运算符就是关系运算符。

关系运算符有六个：>、>=、<、<=、== 和!=，其含义分别是大于、大于等于、小于、小于等于、等于和不等于。

由关系运算符连接起来的表达式就是关系表达式。在 C 语言中，关系表达式表示的关系成立时，表达式的解为整数 1；关系表达式表示的关系不成立时，表达式的解为整数 0。需要注意的是，许多高级语言中关系表达式的结果是用逻辑型数据来表示的，例如在 Pascal 中，关系表达式表示的关系成立时，表达式的解为逻辑值 True（真），关系表达式表示的关系不成立时，表达式的解为逻辑值 False（假）。逻辑型数据只有两种值（真或假）。在 C 语言中没有逻辑型的变量和常量，因此，关系表达式的解用整数 1 表示逻辑真，用整数 0 表示逻辑假。

初学者经常会混淆关系运算符“==”和赋值运算符“=”，因此要注意区分这两个运算符。下面举一个例子。

【例 3.5】区分关系运算符“==”和赋值运算符“=”。

```
/*-------------------------------文件名 exam_35-------------------------------*/
#include"stdio.h"
void main()
{
   int  x,y,z1,z2;
   x=2;y=2;
   z1=(x=y);
   z2=(x==y);
   printf("%d,%d\n",z1,z2);
}
```

你能想像一下运行结果吗？

在“z1=(x=y);”语句中，(x=y)表示将 y 的值赋值给 x，然后再将表达式(x=y)的值“2”赋值给 z1，因而 z1 的值是 2；在“z2=(x==y);”语句中，(x==y)表示比较 x 和 y 是否相等，是关系表达式，结果不是 0，就是 1，此处 x 和 y 都为 2，恰好相等，所以将(x==y)的值 1 赋值给了 z2。

运行结果：

```
2,1
```

在这六个关系运算符中，“!=”和“==”的优先级低于其余四个运算符。

关系运算符的优先级低于算术运算符，高于赋值运算符。关系运算符的结合性均为自左至右。

当多种运算符在一个表达式中被混合使用时，要注意运算符的优先级，防止因运算符优先级问题而出错的最好方法是加圆括号。

【例 3.6】多种运算符在一个表达式中的混合使用。

```
/*-------------------------------文件名 exam_36-------------------------------*/
#include"stdio.h"
void main()
{
   int x,y,z,i,j;
   x=4,y=3,z=2;
   i=y>z;
   j=x>y>z;
   printf("%2d,%2d,",i,j);
   printf("%2d,",z>y==3);
   printf("%2d,",y+z<x);
   printf("%2d\n", y+2>=z+1);
}
```

运行结果：

```
1,0,0,0,1
```

表达式 i=y>z 中的“>”的优先级高于“=”，先计算 y>z，结果是 1，再赋值给 i，i 的最终值是 1。

表达式 i=x>y>z 中的“>”的优先级高于“=”，先计算 x>y，结果是 1，然后计算 1>z，结果是 0，再赋值给 j，j 的最终结果是 0。不要想当然地把 x>y>z 看成数学符号。

表达式 z>y==3 中的“>”的优先级高于“==”，先计算 z>y，结果是 1，然后计算 1==3，结果是 0。不要想当然地先计算 y==3。

表达式 y+z<x 中的“+”的优先级高于“<”，先计算 y+z，结果是 5，然后计算 5<4，结果是 0。不要想当然地先计算 z<x。

表达式 y+3>z+2 中的“+”的优先级高于“>”，先计算 y+3，结果是 6，然后计算 z+2，结果是 4，最后计算 6>4，结果是 1。不要想当然地先计算 3>z。

尽管例 3.6 中的表达式都是合法的 C 语言表达式，但是其计算结果可能与人们的想像不同，所以并不推荐大家这样使用运算符，还是提倡使用圆括号来区分运算的优先级。

若将上例改为：

```
#include"stdio.h"
void main()
{
   int x,y,z,i,j;
   x=4,y=3,z=2;
   i=(y>z);
   j=((x>y)>z);
   printf("%2d,%2d,",i,j);
   printf("%2d,",(z>y)==3);
   printf("%2d,",(y+z)<x);
   printf("%2d\n", (y+2)>=(z+1));
}
```

是不是很容易判断结果？编写“好看”的程序，一定要注意养成好的习惯，在表达式中加圆括号是一个好的方法。

3.6　逻辑运算符

学习过计算机基础知识的读者一定理解二进制的“与”、“或”、“非”运算。我们称二进制的“与”、“或”、“非”运算是位逻辑运算，也就是说“与”、“或”、“非”运算是按照二进制位进行计算的。如果将“与”、“或”、“非”运算应用于逻辑值（真和假），则称为逻辑运算。

C 语言中的逻辑运算符有三个：逻辑与 &&、逻辑或 || 和逻辑非 !。其中逻辑与和逻辑或是双目运算符，而逻辑非是单目运算符。

逻辑运算的规则与二进制的位逻辑运算规则是相似的。

逻辑运算的规则如表 3-1 所示。

表 3-1　逻辑运算规则

A	B	!A	!B	A&&B	A||B
真	真	假	假	真	真
真	假	假	真	假	真
假	真	真	假	假	真
假	假	真	真	假	假

需要说明的是，C 语言系统将任何非 0 值都认定为真，而将 0 认定为假。也就是说，如果一个表达式参与逻辑运算，只要这个表达式的解为非 0，则系统就认为这个表达式的结果是真。但是要注意，系统逻辑运算的结果仍然只有两个：1（真）和 0（假）。例如，3&&2 的值是 1，这是因为 3 和 2 都是非 0 值，按照规则，真&&真的运算结果为真，表示为整数 1。

逻辑运算符经常与关系运算符一起使用，例如 C 语言表达式(x>=10)&&(x<=100)表示的数学含义是“x 大于等于 10 并且小于等于 100”，其数学表达式是：$10 \leqslant x \leqslant 100$。

用逻辑运算符将关系表达式或逻辑值连接起来的式子叫逻辑表达式。(x>=10)&&(x<=100)和 3&&2 都是逻辑表达式。

注意：不能将一般的数学式简单地写为 C 语言的关系表达式。例如，有的初学者将数学式子“$10 \leqslant x \leqslant 100$”直接写成 C 语言的关系表达式：0<=x<=100 是非常错误的。C 语言表达式 0<=x<=100 有一个固定的值：1。原因是，不论 x 的值是多少，0<=x 作为 C 语言的关系表达式，结果不是 1 就是 0，这个数一定是小于 100 的，0<=100 和 1<=100 都是逻辑值为真（值为 1）的表达式。

【例 3.7】验证数学式“0≤score≤100”的正确写法。

```
/*---------------------------------文件名 exam_37---------------------------------*/
#include"stdio.h"
void main()
{
   int score;                                  /*定义整型变量 score*/
   printf("Please enter one score:");          /*提示用户输入一个分数*/
   scanf("%d",&score );                        /*接收用户输入的分数*/
   /*输出 0<=score<=100 的结果*/
   printf("\n0<=score<=100 is %d",0<=score<=100);
   /*输出 score>=0&&score<=100 的结果*/
   printf("\nscore>=0&&score<=100 is %d", score>=0&&score<=100);
}
```

运行情况一：

```
Please enter one score:89
0<=score<=100 is  1
score>=0&&score<=100 is 1
```

运行情况二：

```
Please enter one score:101
0<=score<=100 is  1
score>=0&&score<=100 is 0
```

程序第一次运行输入的分数是 89，这是一个正确的输入数，两个表达式的计算结果都是 1；程序第二次运行输入的分数是 101，这是一个不正确的输入数，表达式 0<=score<=1 的计算结果仍然是 1，而表达式 score>=0&&score<=100 的计算结果是 0。这说明，计算输入的分数是否正确的表达式是：score>=0&&score<=100。

本例在进行编译时，系统会给出警告信息“unsafe use of type 'bool' in operation”，意思是“表达式中使用了不安全的‘逻辑’类型”，这是因为输出一个逻辑表达式的值，只是测试该表达式的计算结果，没有什么意义，而在分支和循环语句中使用逻辑表达式进行条件的判断才真正是有意义的，后面会介绍相关内容。

逻辑运算符中逻辑非！的优先级最高，然后是逻辑与&&，最后是逻辑或||。与其他运算符相比，逻辑非！的优先级高于算术运算符（当然也高于关系运算符）和赋值运算符，而逻辑与&&和逻辑或||的优先级高于赋值运算符，但是低于算术运算符和关系运算符。

逻辑非！是单目运算符，其结合性是自右至左；逻辑与&&和逻辑或||的结合性是自左至右。

如果不用圆括号表示运算的先后，而将算术、关系、逻辑等运算符混合用于一个表达式中，那么计算结果将是一件很麻烦的事。

例如，计算表达式 7<8&&3||6>9–!0 的值。计算方法是：

（1）由于逻辑非优先级最高，因此先计算!0，结果是 1，表达式由 7<8&&3||6>9–!0 变为 7<8&&3||6>9–1。

（2）算术运算符的优先级高于关系和逻辑运算符，计算 9–1，结果为 8，表达式由 7<8&&3||6>9–1 变为 7<8&&3||6>8。

（3）关系运算符的优先级高于逻辑运算符，7<8 和 6>8，结果分别为 1 和 0，表达式由 7<8&&3||6>8 变为 1&&3||0。

（4）只剩下逻辑运算符了，先计算 1&&3，结果为 1，再计算 1||0，最终结果为 1。

因此还是要强调：书写复杂表达式时最好使用圆括号来明确地指定运算的先后顺序。

还有一个要特别引起注意的问题是：在 C 语言中，如果逻辑运算符的左操作数已经能够确定表达式的解，则系统不再计算右操作数的值。

例如，对于表达式 x==1 && y==0：

若 x 此时不为 1，则在检测 x==1 以后，就不会再检测 y==0。因为 x==1 的结果是逻辑假，逻辑假与任何数进行逻辑与操作的结果都会是逻辑假。

因此一定要注意避免使用带有副作用的表达式。

例如，对于表达式 x==y ||x=0 的计算，若 x==y 成立，则表达式的值为真，不需要继续对 x=0 进行运算了。但是，若 x==y 不成立，由于 x=0 是一个赋值表达式，表达式的结果很可能是错误的。假设计算该表达式以前，x 的值为 1，y 的值为 0，x==y 的计算结果是 0，这时需要运算赋值表达式 x=0，表达式的结果仍然是 0，而实际上这时的 x 和 y 的值均为 0，又满足了 x==y，这不是产生矛盾了吗？

注意：不要在一般的表达式中夹杂赋值运算。

3.7 增 1/减 1 运算符

最具 C 语言特色的运算符是运算符++和--。这两个运算符都是单目运算符，其功能分别是将变量自身的内容增 1 和减 1。

表达式++i 和 i++都表示将 i 的内容在原来的基础上加 1，也就是等价于赋值表达式 i=i+1；表达式--i 和 i--表示将 i 的内容在原来的基础上减 1，也就是等价于赋值表达式 i=i-1。

++i 和--i 是前缀表示法；i++和 i--是后缀表示法。如果直接在++i 和 i++的后面加上分号构成 C 语言的执行语句，“++i;”与“i++;”并无区别。（减 1 符号也一样。）但是，如果将它们用在表达式中，则前缀与后缀是有区别的。

前缀表示法先将 i 值增/减 1，再在表达式中使用；而后缀表示法先在表达式中使用 i 的值，再将 i 值增/减 1。

前缀表示法计算和后缀表示法计算的区别如图 3-2 所示。

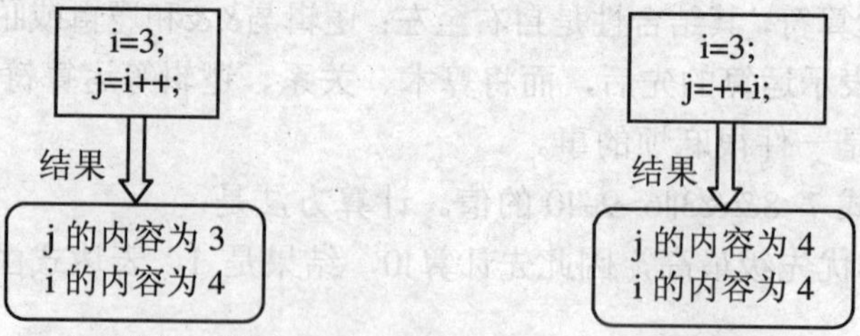

（a）后缀表示法　（b）前缀表示法

图 3-2　前缀表示法和后缀表示法的区别

使用增 1/减 1 运算符需要注意以下几点：

（1）增 1/减 1 运算符的操作对象是一个变量。2++、--2、(x/y)++均为非法的表达式。

（2）增 1/减 1 运算符的优先级高于算术运算符，与单目运算符-（取负）、!（逻辑非）的优先级相同，结合方向为自右至左。例如，表达式-i++实际等价于-(i++)。

（3）尽管增 1/减 1 运算符给程序员带来了方便，但同时也带来了副作用。

例如，“printf(" %d ,%d",i,i++);”在不同的编译环境下结果有可能不同。若 i 的值为 3，则结果可能是“3,3”，也可能是“4,3”。

（4）尽量不要在一般的表达式中将增 1/减 1 运算符与其他运算符混合使用。在多数情况下，增 1/减 1 运算符都是单独使用的。在一个好的程序员编写的程序中，只会出现“++i;”、“i++;”、“--i;”和“i--;”这四条语句。不要使用类似于“i+++++i”这种让其他人和程序员自己都看不懂的表达式。

3.8　位逻辑运算符

C 语言提供了区别于其他高级语言的位运算，使程序员编写程序时可以对二进制位进行控制和操作。位运算使 C 语言具备了部分低级语言的特征。

位运算有六个运算符：按位取反~、左移<<、右移>>、按位与&、按位或 | 和按位异或^。

除了按位取反运算符~是单目运算符以外，其余均为双目运算符。

由于操作数在实现位操作时按二进制进行运算，因此它们既不能是 float 型，也不能是 double 型，一般应为无符号整数。操作数既可以是常量也可以是变量，还可以是表达式。

下面详细说明每个运算符的功能。

1．按位与&

按位与的运算规则是：

0&0=0

0&1=0

1&0=0

1&1=1

例如：

```
char w1,w2,w3;
w1=10;  w2=8;  w3= w1&w2;
```

w3 的内容可以通过下式计算：

```
         00001010
   &     00001000
---------------------
（结果）00001000
```

计算以后 w3 的内容是十进制数 8。

&运算经常用于把特定位清零（屏蔽）。例如 a 的值为 11011010，b 的值为 11110000，a&b 的结果是 11010000，相当于把 a 的低四位屏蔽，高四位不变。可见，若要把某数的某些二进制位取出来，可以把其他位清零，把需要取出来的位同 1 进行按位与运算即可。

2．按位或 |

按位或的运算规则是：

0|0=0

0|1=1

1|0=1

1|1=1

例如：

```
char w1,w2,w3;
w1=10;  w2=8;  w3= w1|w2 ;
```

w3 的内容可以通过下式计算：

```
         00001010
   |     00001000
---------------------
（结果）00001010
```

计算以后 w3 的内容是十进制数 10。

3．按位异或^

按位异或的运算规则是：

0 ^ 0=0

0 ^ 1=1

1 ^ 0=1

1 ^ 1=0

例如：

```
char w1,w2,w3;
w1=10;  w2=8;  w3= w1^w2 ;
```

w3 的内容可以通过下式计算：

```
         00001010
   ^     00001000
---------------------
（结果）00000010
```

计算以后 w3 的内容是十进制数 2。

^运算符能使特定位按位取反，方法是将这些特定位与 1 进行异或运算。

例如：

```
          11011010
  (^)     00001111
（结果）  11010101
```

凡是与1异或的位都取反了，而与0异或的位原封不动。

4．按位取反~

按位取反的规则是：

~0 = 1

~1 = 0

注意：

对于位逻辑反来说，~0x7 在16位机上的表示是1111111111111000即0xfff8，但在32位机上的表示是0xfffffff8，所以通常用~0x7 来表示7的逻辑非，而不用0xfff8或oxfffffff8表示。

5．移位运算符

C语言有两个移位运算符，即左移“<<”和右移“>>”。

左移和右移运算符为双目运算符，运算符右边的表达式表示移位的位数。

例如，x=x<<2表示对x进行左移以后赋值给x，注意不能只用x<<2，如果不用赋值号就只是计算了移位的值，并没有对存储单元赋值。

左移可以成指数级增大原数：左移一位扩大为两倍，左移两位扩大为四倍……右移可以成指数级缩小原数。右移时，若符号位为0，则右边填0。若符号位为1，则要根据计算机的不同区分算术移位（填充1）和逻辑移位（填充0）。

移位运算符的优先级低于算术运算符而高于关系运算符和逻辑运算符；按位与、或、异或三个运算符的优先级低于关系运算符而高于逻辑运算符；按位取反是在我们已经学过的运算符中除了特殊符号——圆括号以外优先级最高的运算符。按位与的优先级高于按位异或，按位异或的优先级高于按位或。

除了按位取反运算符的结合性是自右至左以外，其余位逻辑运算符的结合性都是自左至右。

3.9 其他运算符

3.9.1 逗号运算符

C语言中还提供了逗号运算符，逗号用于将两个表达式分隔开，形成一个表达式。逗号运算符属于双目运算符。

其语法格式为：

表达式1，表达式2

逗号表达式的求值过程是：先求解表达式1，再求解表达式2，并将表达式2的解作为逗号表达式的解。

表达式“x=(5,6);”被执行以后，x的值是6而不是5。

又例如，z=(y=3,x*y) 与 z =x*(y=3)是等价的。而 z=y=(3,x*y) 与 z =x*(y=3)却不等价，表达式 z=y=(3,x*y)相当于计算表达式 z =y=x*y，如果在此表达式运算之前还没有先为y单元赋值，z =y=x*y 将为不定值。

逗号运算符一般用于 for 循环语句，不提倡使用在其他表达式中。

3.9.2　求字节数运算符

sizeof 是一个比较特殊的单目运算符，也是一个非常有用的运算符，经常用于动态分配空间。

其语法格式为：

sizeof(表达式)

表达式可以是变量名、常量以及数据类型名。

它的功能是：求表达式中变量名所代表的存储单元所占的字节数；或是求表达式中常量的存储单元所占的字节数；或是求表达式中的数据类型表示的数据在内存单元中所占的字节数。

这里要注意运算结果是字节数，不是位（bit）数。

例如，int 类型的数据在内存中占 32 位，即四个字节。因此，sizeof(int)的结果是 4，而不是 32。

我们前面分析过，对于不同类型的计算机，相同类型的数据可能占不同长度的内存空间，使用 sizeof 运算符就可以了解自己所用的计算机中各种类型数据所占的存储空间。

sizeof 运算符比较灵活，同样是求整型（int）数据所占的字节数，可以使用三种方法：

- 求 sizeof(int)。
- 求 sizeof(10)。
- 使用“int a;”语句定义一个整型变量 a，求 sizeof(a)。

【例 3.8】求各种类型数据在内存中所占的位数。

```
/*-------------------------------文件名 exam_38---------------------------------*/
#include"stdio.h"
void main()
{
   printf("char=%d bit\n",8*sizeof(char));
   printf("short int=%d bit\n",8*sizeof(short int));
   printf("int=%d bit\n",8*sizeof(10));
   printf("float=%d bit\n",8*sizeof(float));
   printf("double=%d bit\n",8*sizeof(2.3));
   printf("\"china\"=%d bit\n",8*sizeof("china"));
}
```

运行结果：

```
char=8bit
short int=16bit
int=32bit
long int=32bit
float=32bit
double=64bit
"china"=48bit
```

说明：本例说明并不是所有类型的数据都可以用常量来计算所占的空间，因为常量 10 是 int 类型，2.3 则是 double 类型。其他的数据类型就要使用数据类型名或变量名来计算了。还有一点要说明的是，字符串常量的计算要包括字符串终结符'\0'所占的空间。

【例 3.9】求各种类型数据在内存中所占的位数。

```
/*------------------------------文件名 exam_39------------------------------*/
#include"stdio.h"
void main()
{
  char c='a';
  short m=5;
  int x=10;
  float y=20.0;
  double z=30.0;
  printf("\n%d bit\n",8*sizeof(c));
  printf("%d bit\n",8*sizeof(c+c));
  printf("%d bit\n",8*sizeof('a'));
  printf("%d bit\n",8*sizeof('a'+'a'));
  printf("%d bit\n",8*sizeof(m+x));
  printf("%d bit\n",8*sizeof(10+y));
  printf("%d bit\n",8*sizeof(x+y));
  printf("%d bit\n",8*sizeof(y+y));
  printf("%d bit\n",8*sizeof(2.0));
  printf("%d bit\n",8*sizeof(x+z));
}
```

运行结果:

```
8 bit
32 bit
8 bit
32 bit
32 bit
32 bit
32 bit
32 bit
64 bit
64 bit
```

说明：通过该程序的执行可以验证一个编译系统是如何对数据类型进行自动转换的。结果分析如表 3-2 所示。

表 3-2　例 3.8 的结果分析

表 达 式	所占位数	结　　论
c	8	一个字符型变量的长度是 8 位
c+c	32	字符型常量参与运算时自动转换为整型
'a'	8	一个字符型常量的长度是 8 位
'a'+'a'	32	字符型数据自动转换为整型参与运算
m+x	32	短整型与普通整型运算时将转换为整型
10+y	32	普通整型与单精度浮点数运算时将转换为单精度浮点数
x+y	32	同上
y+y	32	两个单精度浮点数运算时仍然是单精度浮点数
2.0	64	一个浮点常量的长度是 64 位，是双精度浮点数
x+z	64	普通整型与双精度浮点数运算时将转换为双精度浮点数

3.10　指针类型与指针运算符

指针是C语言的精髓，也是比较难掌握的一部分内容，所以在本书中我们尽早地介绍指针的概念，希望能帮助读者更好地掌握指针的相关内容。实质上，指针是地址，是一个存储单元的地址，存放地址的变量就是指针变量。

前面介绍过 scanf 的用法，“scanf("%d",&score);”语句中的符号“&”是取地址运算符。使用 scanf 函数读取数据时，必须提供存储单元的地址，如果将“scanf("%d",&score);”语句错写为“scanf("%d",score);”，该语句就不能正确地接收用户输入的数据。

下面程序中的错误是初学者经常容易犯的。

```
#include"stdio.h"
void main()
{
  int score;                                  /*定义整型变量 score*/
  printf("\nPlease enter one score:");        /*提示用户输入一个分数*/
  scanf("%d",score );                         /*接收用户输入的分数,错误的语句*/
  printf("score=%d\n",score);                 /*输出 score*/
}
```

执行上面的程序，运行情况如图3-3所示。

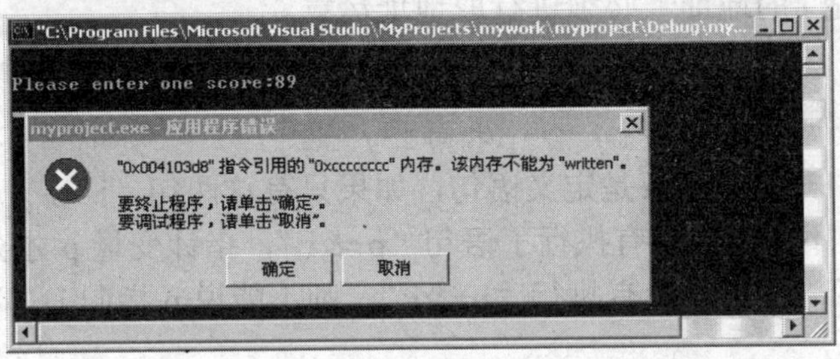

图3-3　运行情况

由于在“scanf("%d",score);”语句中没有给出正确的地址，系统不知道应该把数据存放在何处，因此引起了执行错误。

“scanf("%d",&score);”语句中的“&”实际是指针运算符。

3.10.1　指针数据类型

在程序运行时，所有的程序和数据都存放在内存中，内存是以一个字节为单位的连续的存储空间，每个内存单元都有一个编号，称为内存地址。每个变量都有自己的内存地址，系统对内存单元进行存取操作时，需要通过地址找到相应的内存单元。

假设变量i的地址是2000，变量i的内容是400。我们可以用如图3-4所示的存储图来表示内存情况。

2000 | 400 |
i

图3-4　存储情况

一般情况下，对于简单数据类型的变量，通过变量名就可以对内存单元进行操作，不需要考虑变量的地址。也就是说，“i=400;”是通过变量名i操作它所在的内存单元。然而，每个变量都有自己的内存地址。

很多高级程序设计语言都不允许通过变量的内存地址来访问内存单元，C语言则由于具有指针类型而允许通过地址来访问内存单元，只不过，这个地址的确切值并不需要程序员了解。

对于变量i，如果用另一个变量记住它的地址，那么这个记住了其他变量的地址的变量就是指针类型的变量，一般称为指针变量。

如图3-5所示，p是一个变量，它的内容是变量i的地址2000，也就是说，变量p记住了i的地址，变量p的数据类型就是指针类型。如果p的内容是i的地址，则可以说p指向变量i。

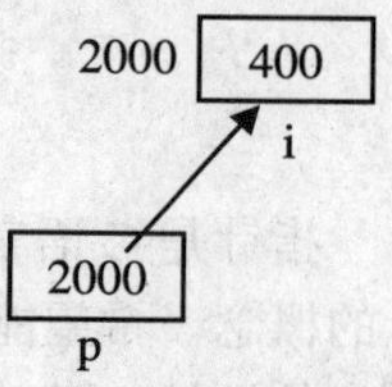

图3-5 指针的存储情况

严格地说，一个指针是一个地址值，是一个不能变化的值，例如1000和2000都是指针。而一个指针变量的内容是可以变化的，可以是不同的地址值。但是，为了叙述时方便，在不会引起混淆的情况下，经常把指针变量简称为指针。因此，当一个指针变量的值是某个内存单元的地址时，可以称这个变量为某内存单元的指针。例如，当p指向变量i时，可以说p是i的指针。

由于指针变量是一种变量，因此也需要在使用之前先定义，然后才能使用。

指针变量的定义格式：

指针所指对象的数据类型 *指针变量名1,*指针变量名2,…;

定义格式中的“*”表示变量是一个指针变量。

例如，“int *p;”表示p是一个指针变量，p指向的变量应该是整型的。

指针变量与其他变量一样，如果指针变量未被赋过值，指针变量的值将是不定值。所以，如果想让p的内容是i的地址，必须进行取地址运算。

```
int i;                  /*定义整型变量i*/
int *p;                 /*定义指针变量p*/
p=&i;                   /*p指向i*/
```

上面的程序段中开始的两条是定义语句，如果只有这两句，i与p之间是完全没有关系的。此时，p的值是不定值，只有执行了语句“p=&i;”，指针变量p才会有确定的值。这时，就可以称p指向i了，但是若没有执行“p=&i;”，则不能说p指向i。

3.10.2 指针运算符&和*的使用

指针运算符有两个，一个是我们上面提到的取地址运算符&，还有一个是取内容运算符*，使用取内容运算符*可以存取指针所指的存储单元的内容。这两个运算符都是单目运算符。

请看下例：

```
int i;                  /*定义整型变量i*/
int *p;                 /*定义指针变量p*/
p=&i;                   /*p指向i*/
*p=3;                   /*使i的内容为3*/
```

最后一句使用了取内容运算符，其含义是将3赋值给p指向的存储单元i，结果是变量i中的内容变成了3。

在定义指针和使用指针运算符时，要注意以下几点：

（1）如果有了定义“int *p;”，说明p是指针变量（也可以简称指针），p的内容应该是地址，通过取地址运算符&可以使其指向另外一个存储单元，p本身要占一个存储单元（这一点经常被初学者忽略）。

（2）在定义指针变量时，可以将其定义为指向任何一种基本类型数据的存储单元，当使用取地址运算符&为其赋值时，所指变量的数据类型应该与定义时一致。如果定义了“float

*q;”，则 q 只能指向单精度浮点型的数据单元，而不能指向整型数据。

```
int i;
float *p;
p=&i;                             /*错误*/
```

上述程序段中，i 是整型变量，p 则是指向单精度浮点型的指针变量，p 取 i 的地址是错误的，可能会导致预想不到的结果。

正确的程序段是：

```
float i;
float *p;
p=&i;                             /*正确*/
```

（3）要注意“*”号的不同含义，它可以作为算术运算符乘号，可以用于定义指针，还可以用于存取指针所指的存储单元的内容。

例如：

```
int i;                            /*定义整型变量 i*/
int *p;                           /*定义指针变量 p*/
p=&i;                             /*p 指向 i*/
*p=3*6;                           /*使 i 的内容为 3*6=18*/
```

（4）指针只是概念上的地址，写程序时，我们不必关心它的具体数值是 2000 还是 3000。因为对某个变量来说，内存空间是由系统分配的，在 C 程序中不可直接将内存地址值赋给一个指针变量，“int *p;p=2000;”是错误的。

（5）指向相同的数据类型的指针变量可以相互赋值，指向不同类型对象的指针一般不要相互赋值，除非进行强制转换。而且有时候，强制转换也有可能不能完全移植。

```
int i;
int *py=&i;
int *px;
px=py;
```

上面程序段执行以后，px 也指向 i。

【例 3.10】分析下面程序的运行结果。

```
/*-----------------------------文件名 exam_310-------------------------*/
#include"stdio.h"
void main()
{
   short int data,y,*pointer;
   data=7;
   pointer=&data;
   y=*pointer;
   printf("\ny=%ld ",y);
}
```

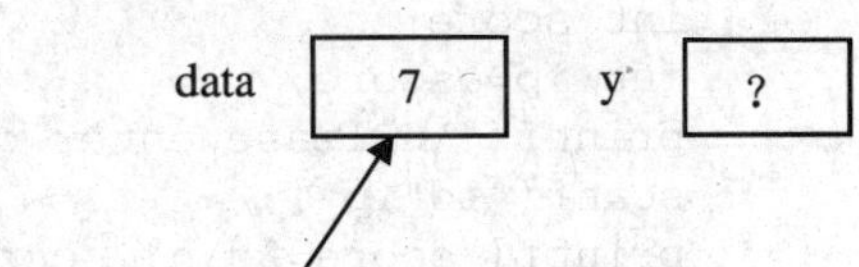

图 3-6　例 3.10 的存储图

运行结果：

```
y=7
```

分析程序结果时，一般可以画一个存储图，这样有助于得到正确的结论，如图 3-6 所示。

本例中有三个变量，data、y 是短整型变量，pointer 是指向短整型的指针变量。程序执行时，data 的内容被赋值为 7，pointer 指向 data，则*pointer 存取的是 data 的内容 7，将这个值赋值给 y 从而使 y 的值为 7。

使用指针运算符*和&时，要注意以下几点：

（1）使用指针运算符*和&时，必须注意运算符之间的优先级。*和&是同级的，单目运算符与操作数的结合方式是从右至左。*&d 的结果就是 d，形如*&和&*的两个操作符连用是没有意义的。

（2）运算符&只能用于普通变量，不能用于表达式或常量。

（3）&x 不能出现在赋值号的左边。

【例 3.11】分析下面程序的运行结果。

```
/*-------------------------------文件名 exam_311-------------------------------*/
#include"stdio.h"
void main()
{
   int beta=10;
   int *pointer,*q;
   pointer=&beta;                    /*使 pointer 指向 beta*/
   *pointer=20;                      /*将 20 赋值给 pointer 所指的单元*/
   beta=*pointer+30;                 /*将 pointer 所指的单元的值与 30 相加，赋值给 beta*/
   q=&beta;                          /*使 q 指向 beta*/
   printf("\n *q=%d ",*q);
}
```

运行结果：

```
*q=50
```

存储图如图 3-7 所示。

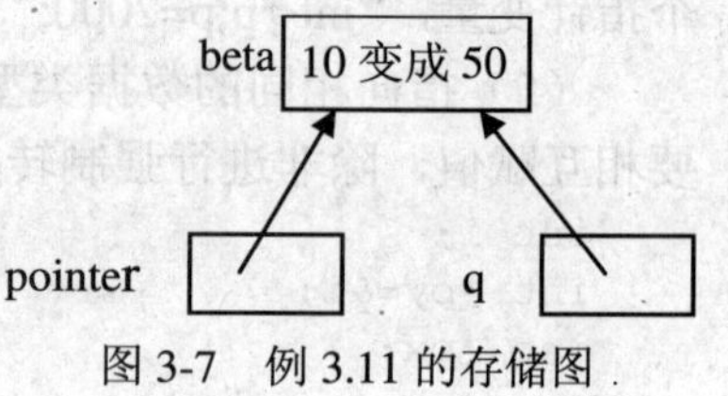

图 3-7　例 3.11 的存储图

本程序定义了一个整型变量 beta 以及两个指针变量 pointer 和 q。pointer 通过取地址运算符指向 beta，然后将 20 赋值给 pointer 所指的单元，也就是使 beta 的内容为 20；接下来，将 pointer 所指的单元的值与 30 相加，赋值给 beta，也就是使 beta 的内容在原来的基础上加 30；最后 q 指针也指向 beta，输出 q 指针所指的单元的内容，就是 beta 的内容。

【例 3.12】指针作为 scanf 函数的参数。

```
/*-----------------------------文件名 exam_312-----------------------------*/
#include"stdio.h"
void main()
{
   int score;                                /*定义整型变量 score*/
   int *p=&score;                            /*定义指针变量 p，p 指向变量 score*/
   printf("\nPlease enter one score:");      /*提示用户输入一个分数*/
   scanf("%d",p );                           /*接收用户输入的分数到 p 所指的单元*/
   printf("score=%d\n",score);               /*输出 score*/
}
```

本程序中 p 中存放的就是 score 的地址，所以在 scanf 中可以直接使用 p 作为参数，从键盘接收的数据将会存储在 score 变量中。从形式上看，scanf 中的参数 p 并未带有取地址符，实际上 p 的内容是地址。

本 章 小 结

（1）表达式是用运算符与圆括号将操作数连接起来所构成的式子。根据表达式进行运算，得到的数值即为表达式的解。在 C 语言中，在一个表达式的后面加上分号“;”就构成了简单语句。

（2）C 语言运算符分为以下几类：算术运算符、逻辑运算符、关系运算符、位逻辑运算符、移位运算符、赋值运算符、增/减 1 运算符、条件运算符以及一些特殊的运算符。

（3）表达式计算要考虑运算符的优先级和结合性。书写复杂表达式时最好使用圆括号来明确地指定运算的先后顺序。

（4）不同类型的数据在一起运算时，需要转换为相同类型的数据。转换的方式有两种：自动转换和强制转换。

（5）当赋值运算符左边的变量与赋值运算符右边的表达式的数据类型相同时，不需要进行数据类型的转换。当赋值运算符左边的变量与赋值运算符右边的表达式的数据类型不相同时，系统负责将右边的数据类型转换成左边的数据类型。

（6）如果用一个变量记住另一个普通类型变量的地址，该变量就是指针变量。因此，一个指针变量的值就是某个内存单元的地址，称为某内存单元的指针。指针变量的定义格式：

指针所指对象的数据类型　*指针变量名 1,*指针变量名 2,…;

（7）如果想让 p 的内容是 i 的地址，需要进行取地址运算：p=&i，这时可以说 p 指向 i。

运算符“*”写在指针变量的前面，就是通过该指针访问它所指向的存储单元。

习　题

1．什么是自动转换和强制转换？

2．通过定义变量求各种类型数据在内存中所占的位数。

3．举例说明将整型数据赋值给无符号整型变量的结果。

4．求下列表达式的值。

（1）1+2/3+4%5+(6>7)+(8,9)　　（2）4&5−3&&5+~2

5*．写出表示下列含义的逻辑表达式，并举例说明表达式中的每个变量是何值时，表达式的值为真？

（1）x 是奇数　　（2）x 能被 y 整除

（3）x 是小于 y 的奇数　　（4）x 在区间[−1,1]中

6．若给出说明“int i=3,j=5;”，确定下面表达式的值及执行后 i 和 j 的值：

（1）(i/2)+4　　（2）(j%3)*i　　（3）(i++)−(−−j)　　（4）j=(i+=2)

7*．用赋值表达式表示下列运算：

（1）$s=\dfrac{n(n-1)}{2}$　　（2）$y=x^{a+b^{c}}$

（3）$R=\dfrac{1}{\dfrac{1}{R_1}+\dfrac{1}{R_2}+\dfrac{1}{R_3}}$　　（4）$y=\dfrac{x}{1+\dfrac{x}{3+\dfrac{x}{(2x^2)}}}$

8．设 a=3，b=4，c=5，求下列表达式的值：

（1）a+b>c&&b==c　　（2）a||b+c&&b−c

（3）!(a>b)&&!c||1　　（4）!(x=a)&&(y=b)&&0

（5）!(a+b)+c−1&&b+c/2

9．设 x = 03，y = 02，z = 01，求下列表达式的值。

（1）x | y & z　　（2）x | y &–z

（3）x ^ y &–z　　（4）x & y & & z

10．设 x = 1，y = –1，求下列表达式的值。

（1）! x | x　　（2）~ x | x

（3）x ^ x　　（4）x << = 3

（5）y << 3

11*. 下面的每道小题有两个相似的表达式，指出它们是否是等价的？如果不等价要说明原因。

（1）d=a–c+b;和 d=a– (c+b);　　（2）e=g*f+h;和 e=g*(f+h);

（3）e=g+f*h;和 e=g+(f*h);　　（4）d=a<b&&b<c;和 d=a<(b&&b)<c;

12．设“int j=12;”，请问执行“j+=j–=j*j;”语句后，j 的值是多少？

13．设有语句“int i=2,j=3,k=4,a=4,b=5,c=3;”，请问执行表达式“(a=i<j)&&(b=j>k)&&(c=i,j,k)”后，a，b，c 值为分别是多少？

14*．在进行逻辑运算时，可以不计算整个表达式而得出操作结果，我们称之为惰性计算法。根据给定的初值，计算下面的表达式，标明使用惰性计算法可以跳过的部分。

（1）初值：s=1;u=5;v=1;

表达式：v&&s!=v&&u

（2）初值：s=1;u=5;v=3;

表达式：s<=u&&u<=v

（3）初值：s=3;u=0;v=0;

表达式：v!=0||u&&!s

（4）初值：s=5;t=0;u=5;v=0;

表达式：v||s||u&&!t

15．已给出下列变量说明：

```
short int s=6;
int i=35;
long int l=400L;
float f=0.4;
double d=5.5;
int x=4,y=3,z=2;
```

请确定下述表达式的值和数据类型：

（1）l+s*i–I　　（2）i/f+s*d　　（3）i/s*f　　（4）(double)i/s*f

（5）l/i+(int)(d/f)

16．编写程序，输入三个数，求它们的平均值并输出，用浮点数据处理。

17．编写程序，输入长方形的长和宽，求长方形的面积和周长并输出，用浮点数据处理。

18．编写程序，将输入数据的单位由 mile 转换到 km。已知 1mile 等于 5 280foot，1foot 等于 12in，1in 等于 2.54cm，1km 等于 100 000cm。

19. 假设美元与人民币的汇率是 1 美元兑换 8.27 元人民币，编写程序输入人民币的金额，并输出能兑换的美元金额。

20．编写程序，输入年利率 *I*（例如 2%）和存款总数 *S*（例如 50 000 元），计算一年后的本息合计并输出。

21*. 双层生日蛋糕有三层黄油，每层黄油的半径为 *R*，深度为 *H*。编写程序输入半径和深度，计算制作双层蛋糕所需使用的黄油的体积。

22. 请修改下面的程序，使其能够正确运行。

```
#include{stdio.h}
void main()
{
   integer I;
   long j;
   printf("Enter an integer:);
   scanf("%d",&i);
   j=I*I;
   printf("I=%d  j=%d\n,j);
}
```

23. 请修改下面的程序，使其能够正确运行。

```
#include"stdio.h"
void main()
{
   double f;
   printf("Enter an double:);
   scanf("%d",f);
   printf("f=%f\n",f);
}
```

24*. 请修改下面的程序，使其能够正确运行。

```
#include"stdio.h"
void main()
{
   int i;
   int *pi=i;
   scanf("%d",pi);
   printf("f=%d\n",*pi);
}
```

25. 分析下面的程序的结果，并说明原因。

```
#include"stdio.h"
void main()
{
   long data=10,y=20,*pointer;
   pointer=&data;
   *pointer=y;
   printf("\n data=%ld ",data);
}
```

26. 判断下面程序的运行结果。

```
#include"stdio.h"
void main()
{
   int i,j,k,q;
   i=9;
   j=10;
   k=i++;
   q=++j;
   printf("k=%d q=%d\n",k,q);
}
```

第4章 顺序和选择结构程序设计

在进行复杂的程序设计之前，我们有必要了解什么是结构化程序设计的三种基本结构，以及如何用流程图来表示这三种基本结构。结构化程序设计的三种基本结构是：顺序结构、选择结构和循环结构。

事实上，从第1章到第3章，我们看到的程序一直在使用结构化程序设计思想的顺序结构，通过大量的实例，读者一定对顺序结构的程序设计有了比较感性的认识。因此，本章在介绍了结构化程序设计思想以后，将重点对选择结构程序设计方法进行讨论。

4.1 结构化程序设计

4.1.1 结构化程序设计思想的产生

随着计算机软硬件的飞速发展，程序设计已经由最初的追求时间和空间效率演变为追求程序的清晰度。

以现在的观念看，一个好的程序首先应该具有良好的可读性，以方便检测、修改和维护。

在计算机系统发展的早期（20世纪60年代中期以前），通用硬件相当普遍，软件则是为具体应用而专门编写的。这时的软件通常是规模比较小的程序，编写者和使用者往往都是同一人，程序设计的自由度相当大。随着计算机应用的日益普及，软件规模和数量急剧膨胀，个体化的“软件作坊”式的开发使得软件开发和维护出现了一系列严重的问题，最终导致“软件危机”的出现。

20世纪60年代“软件危机”的出现，迫使人们围绕软件项目的开发，开展了有关开发模型、方法以及支持工具的研究。研究的主要成果就是开发了一些结构化程序设计语言（例如Pascal语言，Ada语言），并提出了结构化程序设计的思想。

结构化程序设计思想的产生与是否在程序设计中使用“goto”语句的争论有很大的关系。为了说明问题，下面来看一个带有“goto”语句的实例。

我们要解决的问题是：输入两个整数，计算并输出它们的和。

按照顺序结构程序设计的方法，要先读入两个数，再计算它们的和，最后输出计算结果。程序如下：

```
#include"stdio.h"
void main()
{
    int x,y,sum;                          /*定义三个整型变量*/
    scanf("%d%d",&x,&y);                  /*接收用户输入的两个整数*/
    sum=x+y;                              /*求和*/
    printf("sum=%d\n",sum);               /*输出结果*/
}
```

如果用 goto 语句，我们可以编写下面的程序解决求和问题。

```
#include"stdio.h"
void main()
{
   int x,y,sum;
   scanf("%d%d",&x,&y);          /*接收用户输入的两个整数*/
   goto s1;
s2:printf("sum=%d\n",sum);      /*输出结果*/
   goto s3;
s1:sum=x+y;                     /*求和*/
   goto s2;
s3:
}
```

本程序也能完成求两数之和的功能，执行步骤是：程序首先执行 scanf 函数调用接收键盘输入，然后执行 goto 语句转到 s1 指示的语句求两个数的和，接着又执行了 goto 语句转到 s2 指示的语句输出两个数的和，输出两个数的和以后，还要执行 goto 语句转到 s3 指示的程序结束处。不难看出，这是一个从结构上看非常混乱的程序。这个程序比顺序结构的程序可读性要差得多，所以它不是一个好的程序。

注意：这个程序没有实用价值，只是为了说明使用 goto 语句引起结构混乱的问题。

从 1968 年荷兰计算机科学家 Edsger W. Dijkstra 发表的一篇抨击 goto 语句的短文《Goto 语句看来是有害的》开始，到 1974 年 Donald Knuth 发表论文《带有 Goto 语句的结构化程序设计》结束，goto 语句曾经是震动程序设计界的长期论战的内容。这场论战，促进了关于程序结构化概念以及程序设计方法学的产生和发展。

其实，早在 1966 年，Corrado BÖhm 和 Guiseppe Jacopini 就证明了只要有顺序、选择和循环三种形式的控制结构，就足以导出其他各式各样的程序结构，这从理论上奠定了结构化程序设计的基础。

1971 年，Niklaus Wirth 发表了《通过逐步求精方式开发程序》，首次提出了“结构化程序设计”（Structured Programming）的思想。这个思想的重点是：不要求一步就编制成可执行的程序，而是要分若干步进行，也就是逐步求精。第一步编出的程序抽象程度最高；第二步编出的程序抽象程度有所降低……最后一步编出的程序即为可执行的程序。用这种方法编程，似乎复杂，实际上优点很多，可使程序易读、易写、易调试、易维护，也易于保证程序的正确性及验证其正确性。结构化程序设计方法又称为“自顶向下”法或“逐步求精”法。

4.1.2　结构化程序设计的三种基本结构

结构化程序设计思想要求程序只能用三种基本结构来描述，复杂的程序可以用这 3 种基本结构组合而成。

这三种基本结构是：顺序结构、选择结构和循环结构。

（1）顺序结构

顺序结构就是一组逐条执行的可执行语句。按照书写顺序，自上而下地执行。

（2）选择结构（分支结构）

选择结构是一种先对给定条件进行判断，再根据判断的结果执行相应命令的结构。

（3）循环结构

循环结构是指多次重复执行同一组命令的结构。

具有循环结构的程序一般必须指定循环的终止条件，以便对程序的循环进行有效的控制，以免进入无限循环（或称死循环）的状态。

结构化程序设计的三种结构可以用流程图来表示，直观形象，易于理解。流程图的画法有很多种，本书介绍最常见的两种，一种是传统的流程图，另一种是N-S结构图，专门为结构化程序设计而设计，又称"盒图"。

下面我们给出三种基本结构的流程图，并以生活中的例子来说明其用法。

顺序结构的流程图如图4-1所示，其中（a）是传统流程图，（b）是N-S结构图。两个流程图都表示了先执行A操作，再执行B操作的流程。

现在我们用流程图来描述这样一件事：从外面回家。如果假设门是锁好的，那么第一个动作应该是拿钥匙开锁，第二个动作才是把门打开，第三个动作就是进入房间了。这三个动作可以用流程图描述，如图4-2所示。

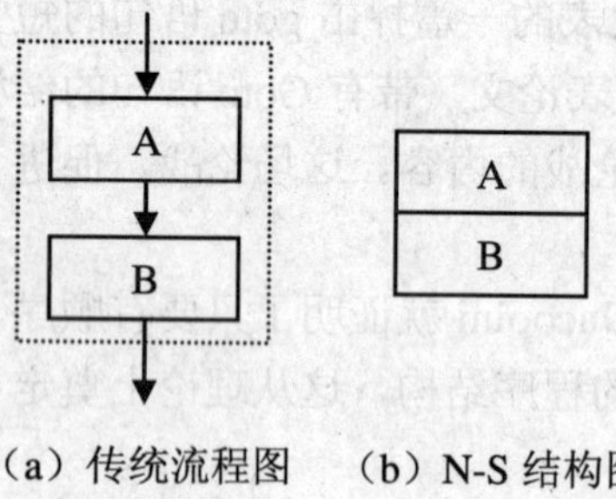

（a）传统流程图　（b）N-S结构图

图4-1　顺序结构的流程图

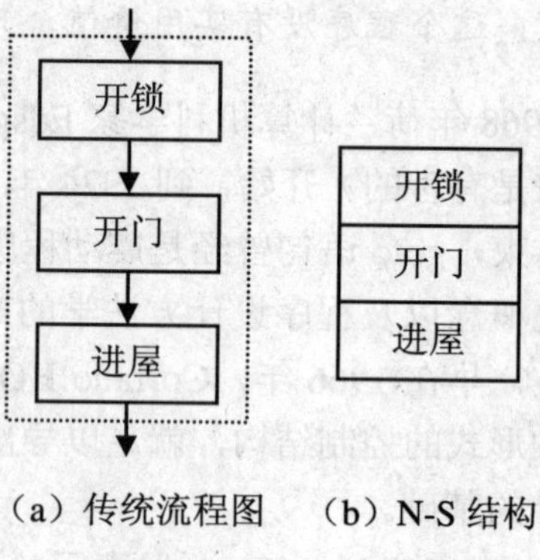

（a）传统流程图　（b）N-S结构图

图4-2 "回家"的流程图

选择结构的流程图如图4-3所示。选择结构的含义是：如果条件P成立（P为真），则执行A；否则，也就是条件P不成立（P为假），执行B。

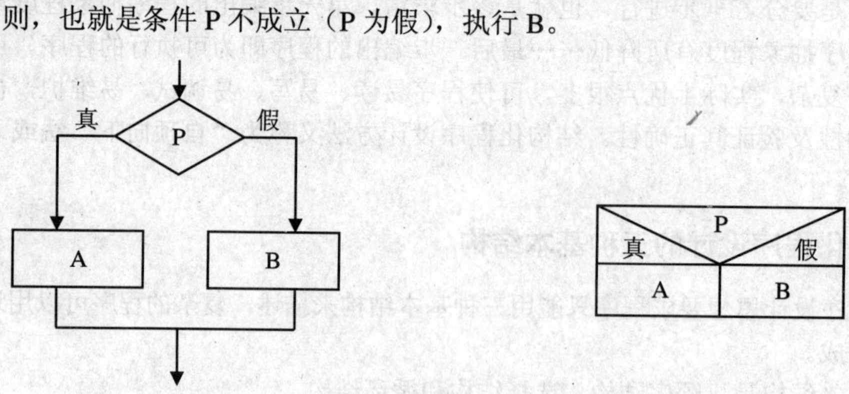

（a）传统流程图　（b）N-S结构图

图4-3　选择结构的流程图

我们还是通过生活中例子来说明选择结构。有两个好朋友在新东安市场逛累了，商量着休息一会儿，一个说去看电影，一个说去喝咖啡，商量的结果是：如果电影《满城尽带黄金甲》正好要开场，就去看电影；否则，就去喝咖啡。按照这个结果，我们可以画出如图 4-4 所示的流程图。

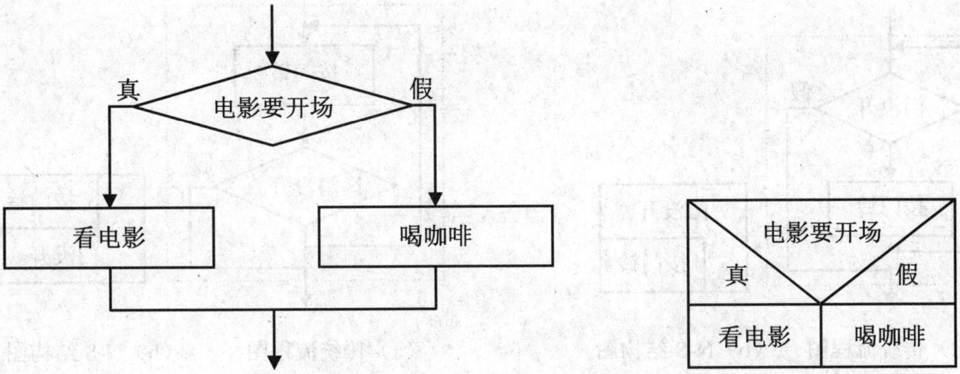

（a）传统流程图　　（b）N-S 结构图

图 4-4　选择结构的流程图

循环结构一般有两种，当型循环和直到型循环。当型循环的含义是：当条件 P 成立（P 为真）时，反复执行 A；当条件 P 不成立时（P 为假）结束循环。流程图如图 4-5 所示。直到型循环的含义是：反复执行 A，直到条件 P 不成立（P 为假）为止。也就是说，条件成立时一直执行 A。流程图如图 4-6 所示。

一般情况下，我们称条件 P 为循环条件或循环表达式，而将动作 A 称为循环体。

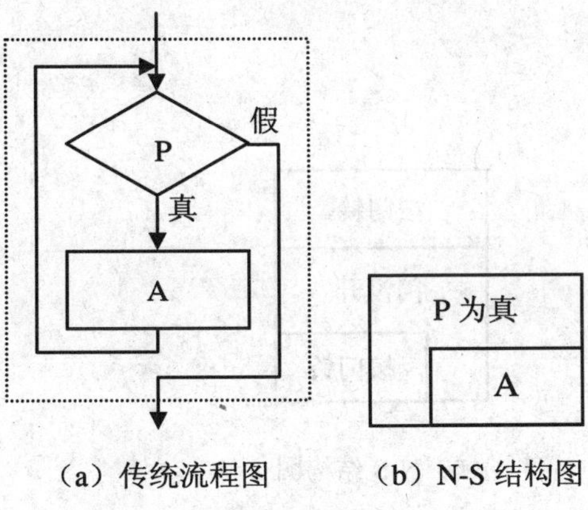

（a）传统流程图　　（b）N-S 结构图

图 4-5　当型循环结构的流程图

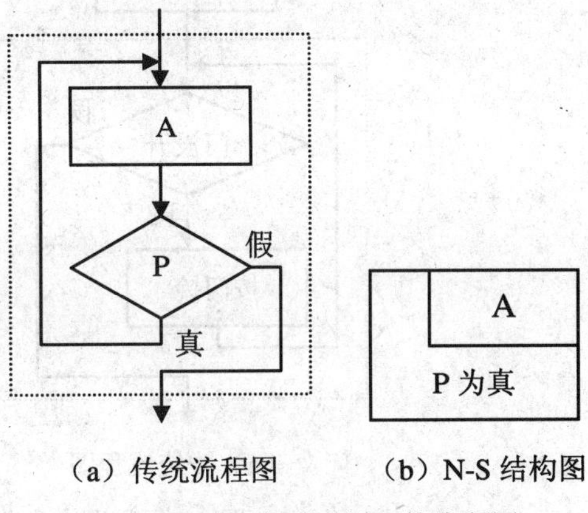

（a）传统流程图　　（b）N-S 结构图

图 4-6　直到型循环的流程图

生活中我们也经常遇到需要重复做的事情。例如，回家时忘了带钥匙或者拿着很多东西，需要按门铃通知屋里的人来开门。我们可以用图 4-7 和图 4-8 来描述。

用当型循环来描述回家按门铃的情况可以这样理解：我们首先要看看门是不是开着的，（也许刚好没锁，也说不定呢。）如果门开着，就不用按门铃，直接进屋；如果门没开，就要重复按门铃，等到门开了，才停止按门铃，可以进屋了。

直到型与当型循环略有不同，不论门是否开着，首先要按门铃，然后再看看门是否开了，若没开，就要一直按门铃，直到门开了为止。也就是说，直到型循环不用先判断条件 P，要先做完一次循环的动作，再判断条件；而当型循环要先判断条件，条件为真时，做循环的动作，如果条件为假，结束循环，如果第一次判断条件就为假，循环的动作就一次也不用做。

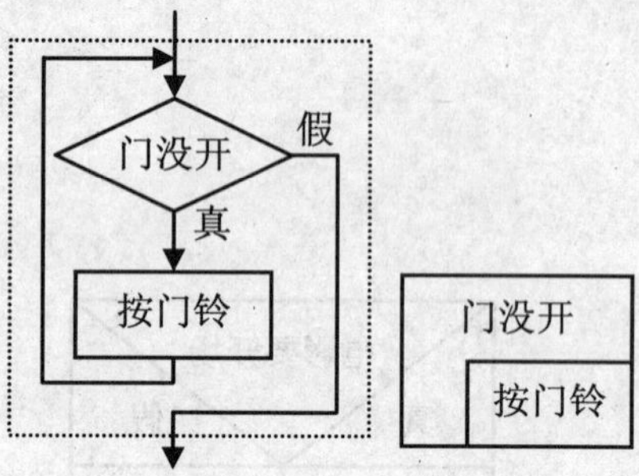

（a）传统流程图　（b）N-S 结构图

图 4-7　当型循环结构的流程图

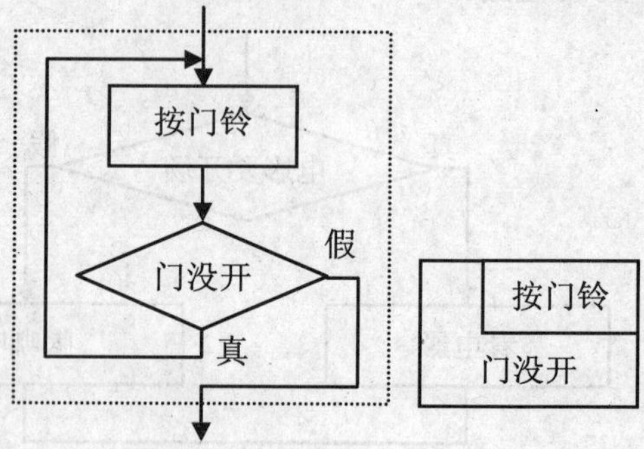

（a）传统流程图　（b）N-S 结构图

图 4-8　直到型循环的流程图

实际上，直到型循环可以用当型循环的变形来替代，图 4-9 描述的就是与图 4-8 功能相同的当型循环结构。也就是说，在当型循环之前，先做一次与循环体动作相同的动作，然后再对循环条件进行判断，这样就与直到型循环思想完全一样了。因此，直到型循环可以用当型循环来替代。

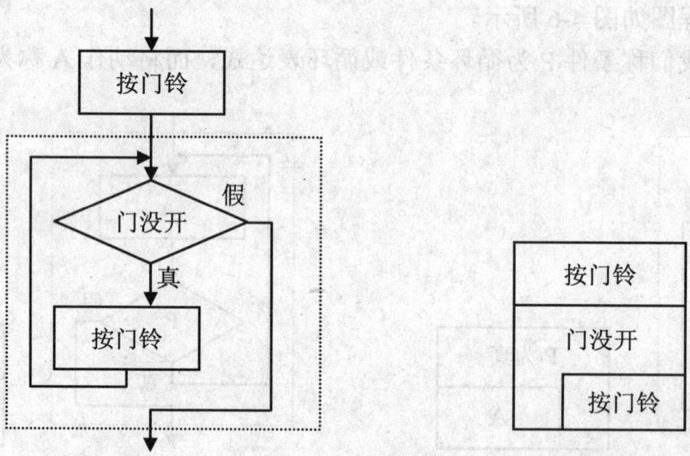

（a）传统流程图　（b）N-S 结构图

图 4-9　与图 4-8 功能相同的当型循环结构的流程图

在这里，我们还要强调一个概念，就是循环次数。循环次数是指循环动作做了几次。对于有些程序在循环执行之前是无法预知循环次数的，例如按门铃的次数就无法确定，也许一次，也许两次，如果家里根本就没有人，实际上就构成了无限循环（或称死循环），永远不会有人开门了（只好想别的办法了）。而对于另一些程序在循环执行之前就知道循环次数，例如，厨师要包 100 个饺子，流程如图 4-10 所示，也就是将包一个饺子的动作做 100 次。包饺子的循环次数是固定的，就是 100 次。

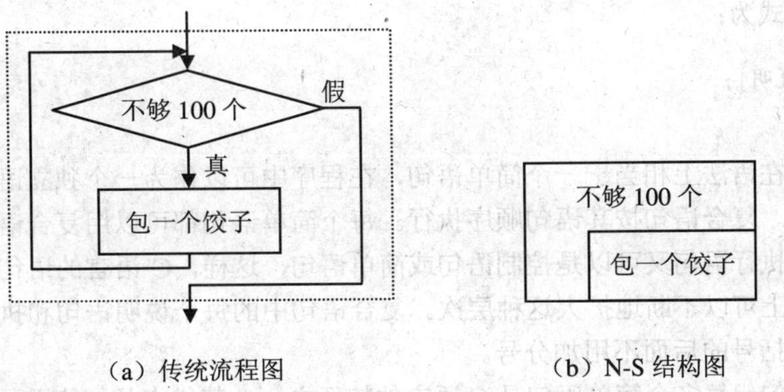

（a）传统流程图　　（b）N-S 结构图

图 4-10　包 100 个饺子的流程图

循环结构是程序设计的重中之重，重复计算可以说是计算机的优势所在。1+1 就不需要用计算机计算了，而计算复杂的算式如 1！+2！+3！+4！+…+10！是它的强项。

4.2　语句与分程序

C 程序的执行部分由执行语句构成，执行语句的种类主要有表达式语句、函数调用语句、控制语句、复合语句（或称分程序）和空语句等。

顺序结构就是按照执行语句的排列次序从上到下顺序执行，表达式语句和函数调用语句是常用的顺序结构语句。

1．表达式语句

表达式语句是最简单的可执行语句。只要在表达式后面加上分号就可以了。

例如：

```
++i;
x=y;
```

有效的表达式语句一般都要有赋值运算，否则，不作任何赋值运算的表达式语句是无意义的。例如，“x<<2;”将 x 左移两位，但没有存放到任何存储单元中，是无意义的。

2．函数调用语句

函数调用语句由函数名、实际参数以及分号构成。

例如：

```
printf("welcome");
```

printf 是函数名，“welcome”是实际参数。函数名既可以是 C 语言提供的库函数名，也可以是我们自己定义的函数名。自定义函数将在后面的章节中讲解。

3．控制语句

控制语句是用于控制程序流程的语句，控制语句一般指那些改变了顺序结构的语句。

C 语言的控制语句包括分支语句（if 和 switch）、循环语句（while、do…while、for）和转向语句（break、goto、continue、return）。

熟练掌握控制语句是学会程序设计的基础。

4．复合语句和分程序结构

复合语句是用“{”和“}”把数据说明语句和若干个有序的执行语句组合在一起而构成的。

其一般格式为：

```
{
   [数据说明];
   [语句];
}
```

复合语句在语法上相当于一个简单语句，在程序中可以作为一个独立语句来看待，因此又称为分程序。复合语句按其语句顺序执行。每个简单语句都可以用复合语句来代替，而复合语句的每个执行语句又可以是控制语句或简单语句，这样，C语言的语句就形成了一种层次结构，原则上可以不断地扩大这种层次。复合语句中的每个说明语句和执行语句都必须带分号，而在花括号的后面不用加分号。

用复合语句代替多个简单语句是C语言的特征之一。其优点是：使用灵活，并可以在分程序中说明局部变量。

5. 空语句

C语言中有一个很特殊的语句，即空语句。空语句，顾名思义，就是什么也不存在的语句，只有一个分号：

```
;
```

尽管空语句不会有任何命令执行，但仍然是一个有用的语句，常用于循环语句中，使循环体为空。如果没有空语句，当循环体内没有语句时，就无法表示了。

例如：

```
for (sum=0,i=0;i<=9;i++,sum=sum+i);
```

4.3 顺序结构程序设计

顺序结构程序设计，就是将语句按照正确的逻辑规则由上而下逐条编写。就像回家一样，开锁（假设门是锁好的）是第一步，打开门是第二步，最后才能进屋。如果要把这三个动作调换顺序，是不符合现实情况的。假如门是锁着的，必须先开锁才能开门，门打开了才能进屋（当然，从窗户进屋除外）。

顺序程序设计的步骤可以归纳为：

（1）用预处理命令包含文件或进行宏定义（不是必需的，根据具体情况而定）。

（2）定义变量（分配内存空间）。

（3）为变量赋初值（可以用赋值语句或输入函数）。

（4）计算。

（5）输出结果（用输出函数）。

【例 4.1】 编写程序，输入 x 和 y，交换它们的值，并输出交换前后的数。

```
/*----------------------------swap x and y--------------------------------*/
/*----------------------------文件名 exam_41------------------------------*/
#include"stdio.h"
void main()
{
   double x,y,temp;                                    /*定义三个双精度浮点变量*/
   printf("\nPlease input two double:");               /*提示用户输入两个双精度浮点数*/
   scanf("%lf%lf",&x,&y);                              /*接收两个双精度浮点数*/
   printf("\nbefore changed x=%6.2lf y=%6.2lf",x,y);  /*输出交换之前的变量值*/
```

```
    temp=x;                                        /*3 条语句作交换*/
    x=y;
    y=temp;
    printf("\nafter changed x=%6.2lf y=%6.2lf",x,y);  /*输出交换之后的变量值*/
}
```

运行结果：

```
Please input two double:10.2  34.6↙
before changed x= 10.20 y= 34.60
after changed x= 34.60 y= 10.20
```

说明：本程序利用第三个变量 temp 来完成交换工作。先将 x 赋值给 temp，再将 y 赋值给 x，由于 x 的值已经存放于 temp 中，最后将 temp（实际上原来是 x 的值）赋值给 y，这样就完成了交换。注意，这三条语句的顺序不能随便交换，请读者自己举例说明原因。

下面的程序也能解决变量交换值的问题，而且不需要第三个变量，但只适用于整数。

【例 4.2】编写程序，输入 x 和 y，交换它们的值，并输出交换前后的数，要求交换时不能使用第三个变量。

```
/*----------------------交换 x 和 y 的值，不能使用第 3 个变量--------------------*/
/*-------------------------------文件名 exam_42------------------------------*/
#include"stdio.h"
void main()
{
    int x,y,temp;                                 /*定义三个整型变量*/
    printf("\nPlease input two int:");           /*提示用户输入两个整型数*/
    scanf("%d%d",&x,&y);                          /*接收两个整型数*/
    printf("\nbefore changed x=%3d y=%3d ",x,y); /*输出交换之前的变量值*/
    x=x^y;                                        /*三条语句作交换*/
    y=y^x;
    x=x^y;
    printf("\nafter changed x=%3d y=%3d",x,y);   /*输出交换之后的变量值*/
}
```

说明：本程序未利用第三个变量就能完成两个数的交换工作。这里用到了位操作异或运算的可逆性，即：b⊕a⊕b=a（⊕是数学上使用的异或符号，用 C 语言的运算符可以写为 b^a^b==a）。假设 x 的原值是[x]，y 的原值是[y]，那么，做交换的过程是：首先将 x^y 赋值给 x，x 的内容变为[x]^[y]，再将 y^x 赋值给 y，y 中的值变为[y]^[x]^[y]，也就是[x]，此时，[x]已经存储到 y 中，最后将 x^y 赋值给 x，由于 x 此时的值是[x]^[y]，y 的值是[x]，x^y 的值就是[x]^[y]^[x]，也就是[y]，从而使[y] 存储到 x 中。

注意：由于异或运算只能用于整型数据，所以本程序的适用范围是整型数据（包括字符型），不能用于浮点数。

4.4　选择结构程序设计

如果我们希望计算机根据不同的情况采取不同的动作，就要使用条件语句。就像人下棋一样，要根据对手当前走的一步棋，来确定下一步自己该如何走。在 C 语言中，能实现选择结构程序设计的语句有 if 条件语句和 switch 多分支语句，而 switch 语句实际上可以用 if 语句来替代。本节主要讨论 if 条件语句。

C 语言中的 if 条件语句有三种形式：if 形式、if…else 形式和 else if 形式。

4.4.1 问题的提出与程序示例

目前，在国内的大学中，为了教学管理的需要，将课程分为三类：选修课、考查课和考试课。对于选修课，记录在学生档案中的总评成绩只有“及格”一档，成绩不及格不作记录；对于考查课，记录在学生档案中的总评成绩分为“及格”和“不及格”两档；对于考试课，记录在学生档案中的总评成绩分为“优”、“良”、“中”、“及格”和“不及格”（或者直接记录百分制的分数）。

在实际工作中，一般要根据学生的平时成绩、实验成绩和考试成绩（还可能包括其他成绩）计算出来一个百分制的成绩，然后再按照规则将其转换成登记在学生档案中的总评成绩。如何将百分制的成绩转换成总评成绩，就是我们提出的问题。

对于选修课，只要百分制成绩大于等于 60 分，就可以得到“及格”的总评成绩。

【例 4.3】编写程序，输入一个选修课成绩的分数，输出应登记到学生档案中的总评成绩。

```
/*-------------------------------选修课成绩处理--------------------------------*/
/*-------------------------------文件名 exam_43-------------------------------*/
#include"stdio.h"
void main()
{
  int score;                                          /*定义整型变量记录分数*/
  printf("\n Please enter score (0<=score<=100): ");
  scanf("%d",&score);                                 /*接收分数*/
  if(score>=60)                                       /*判断分数是否大于等于60*/
     printf("Passed\n");                              /*如果是,则输出"及格"*/
}
```

本例使用的是 if 形式的选择结构。

而对于考查课，如果百分制成绩大于等于 60 分，则总评成绩为“及格”；否则，总评成绩为“不及格”。

【例 4.4】编写程序，输入一个考查课成绩的分数，输出应登记到学生档案中的总评成绩。

```
/*-------------------------------考查课成绩处理--------------------------------*/
/*-------------------------------文件名 exam_44-------------------------------*/
#include"stdio.h"
void main()
{
  int score;                                          /*定义整型变量记录分数*/
  printf("\n Please enter score (0<=score<=100): ");
  scanf("%d",&score) ;                                /*接收分数*/
  if(score>=60)                                       /*判断分数是否大于等于60*/
     printf("Passed\n");                              /*如果是,则输出"及格"*/
  else
     printf("Failed\n ");                             /*否则输出"不及格"*/

}
```

本例使用的是 if…else 形式的选择结构。

对于考试课：如果百分制分数小于 60 分，总评成绩为“不及格”；如果分数小于 70 分，但是大于等于 60 分，总评成绩为“及格”；如果分数小于 80 分，但是大于等于 70 分，总评成绩为“中”；如果分数小于 90 分，但是大于等于 80 分，总评成绩为“良”；如果分数小于等于 100 分，但是大于等于 90 分，总评成绩为“优”。当然，实际工作中，考试课可能不需要进行这种转换，但是，可能需要统计不同分数段的学生的人数，这与成绩转换是非常相似的操作。

【例 4.5】编写程序，输入一个考试课成绩的分数，输出应登记到学生档案中的总评成绩。

```
/*------------------------------考试课成绩处理------------------------------*/
/*------------------------------文件名 exam_45------------------------------*/
#include"stdio.h"
void main()
{
   int score;                                   /*定义整型变量记录分数*/
   printf("\n Please enter score (0<=score<=100): ");
   scanf("%d",&score);                          /*接收分数*/
   if(score<60)
      printf("Failed\n");                       /*分数小于 60 分输出"不及格"*/
   else if(score<70)
      printf("Passed\n");                       /*否则分数小于 70 分输出"及格"*/
   else if(score<80)
      printf("Middling\n");                     /*否则分数小于 80 分输出"中"*/
   else if(score<90)
      printf("Fine\n");                         /*否则分数小于 90 分输出"良"*/
   else
      printf("Excellent\n ");                   /*否则分数小于等于 100 分输出"优"*/
}
```

本例使用的是 else if 形式的选择结构。

注意：在例 4.3、例 4.4 和例 4.5 中都有信息提示，要求用户输入一个正确的百分制的分数，这样才能保证程序的正确执行，如果用户输入的不是百分制的分数，这三个程序是不能正确处理的。这个问题将在后面解决。

通过例 4.3、例 4.4 和例 4.5，我们已经对 if 条件语句的 if 形式、if…else 形式和 else if 形式有了感性的认识，下面将分别介绍它们的语法和使用方法。

4.4.2 if 形式

if 形式是最简单的条件语句。

if 形式的语法格式为：

```
if(表达式)
   语句 1;
下一条语句;
```

if 形式的功能为：检测表达式，如果表达式的值为非 0（真），则执行语句 1，然后执行下一条语句；如果表达式的值为 0（假），则直接执行下一条语句。

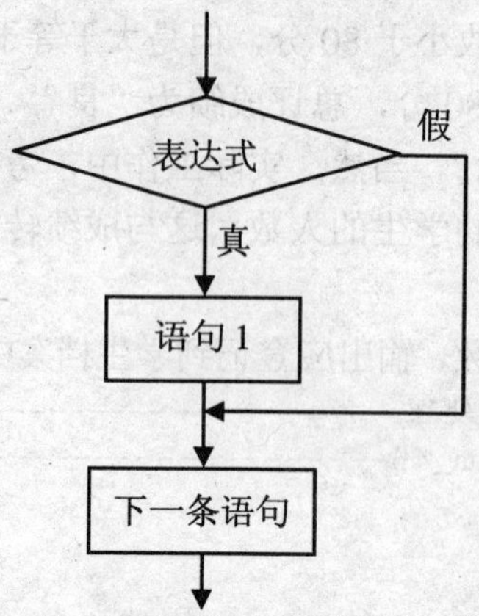

（a）传统流程图

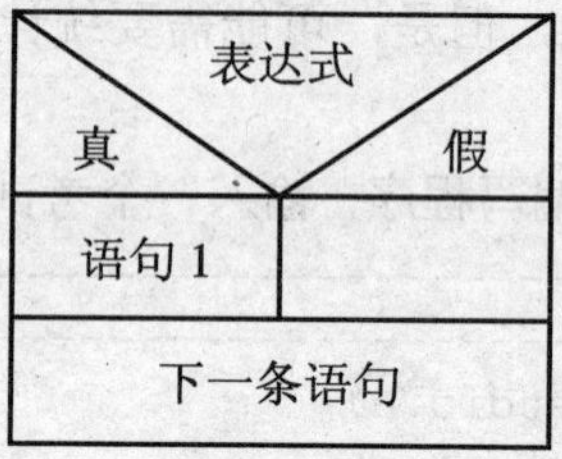

（b）N-S 结构图

图 4-11 if 形式的流程图

if 形式的流程图和 N-S 图如图 4-11 所示。我们称表达式为条件表达式。

if 形式属于单分支结构，只能判断一种情况，如果满足这种情况，就执行语句 1。

选修课的成绩就属于这种情况，“成绩大于等于 60”的条件成立，输出“及格”。当然，前提是此时的成绩一定是一个百分制的分数。

用如下程序段表示：

```
if(score>=60)                          /*判断分数是否大于等于 60*/
  printf("Passed");                    /*如果是，则输出"及格"*/
```

使用 if 形式选择结构需要注意以下几点：

（1）表达式必须用圆括号括起来，不能省略。不能将“if (score>=60)”写成“if score>=60”。

（2）表达式可以使用关系表达式，“if (score>=60)”表示“如果 score 大于等于 60”；也可以使用逻辑运算符连接关系表达式，“if ((a>b) &&(b==c))”表示“如果 a 大于 b 并且 b 等于 c”；还可以是一般的表达式，甚至使用一个常量或一个变量，“if (x)”和“if (checkstate())”都是正确的，只要 x 或 checkstate()的值为非 0，表达式的值即为逻辑真，也就是条件成立。

（3）要特别引起注意的是，要注意区分赋值号“=”与关系运算符“==”。“if (x=10)”中的表达式 x=10 不但将 10 赋值给了 x 单元，同时该表达式的值是 10，也就是逻辑真，因此 x=10 作为条件表达式是一个永远为真的表达式。而对于“if (x==10)”中的表达式 x==10，要看当时 x 单元存储的值是不是 10，如果是 10，则表达式的值为真，否则表达式的值为假。

（4）语句 1 既可以是单个语句，也可以是复合语句。使用单个语句时，一定要写语句结束符分号“;”，超过一条语句就必须使用复合语句，使用复合语句时则要用花括号{}将一组带分号的语句括起来。

【例 4.6】使用 if 形式编写程序：输入 x，求出并输出 x 的绝对值。

首先画出 N-S 结构图，如图 4-12 所示。

```
/*-------------------------------求 abs(x)--------------------- ---------*/
/*-----------------------------文件名 exam_46---------------------------------*/
#include"stdio.h"
void main()
{
   int x;                                /*定义一个整型变量*/
   printf("Please enter int: ");         /*提示用户输入一个整型数*/
   scanf("%d",&x);                       /*接收提示用户输入的一个整型数*/
   if(x<0)                               /*如果 x 小于 0*/
      x=-x;                              /*x 取负*/
   printf("|x|=%d\n",x);                 /*输出结果*/
}
```

运行情况一：

```
-3↙
|x|=3
```

运行情况二：

```
3↙
|x|=3
```

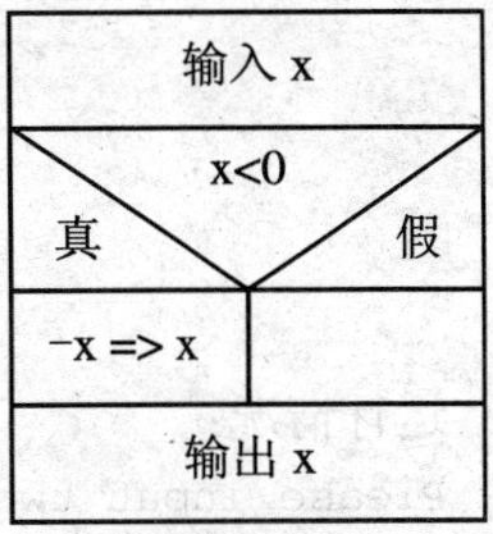

图 4-12　例 4.6 的 N-S 结构图

本程序尽管满足了题目的要求，但是改变了 x 原来的值。用什么办法能够保留 x 的值呢？只要将 x 的值赋值给另一个变量 y，对 y 求绝对值就行了。

```
/*---------------------------------abs(x)----- ---- -----------------------*/
/*-----------------------------文件名 exam_46------------------------------*/
#include"stdio.h"
void main()
{
   int x,y;                              /*定义两个整型变量*/
   printf("Please enter int: ");         /*提示用户输入一个整型数*/
   scanf("%d",&x);                       /*接收用户输入的一个整型数*/
   y=x;                                  /*x 的值先赋值给变量 y*/
   if (x<0)                              /*如果 x 小于 0*/
      y=-x;                              /*x 取负*/
   printf("|x|=%d\n",y);                 /*输出结果 y*/
}
```

下面的例子说明如何使用 if 形式的复合语句。

【例 4.7】使用 if 形式编写程序：若 a>b，则将两个数的位置调换；否则，保持不变。N-S 结构图如图 4-13 所示。

```
/*----------------------if(a>b) swap a and b-----------------------------*/
/*-------------------------文件名 exam_47--------------------------------*/
#include"stdio.h"
void main()
{
   int a,b,temp;                                  /*定义三个整型变量*/
   printf("\nPlease input two int number:");      /*提示用户输入两个整型数*/
   scanf("%d%d",&a,&b);                           /*接收用户输入的两个整型数*/
   if(a>b)                                        /*如果 a 小于 b*/
   {
```

```
        temp=a;                                    /*交换*/
        a=b;
        b=temp;
    }
    printf("%d,%d\n",a,b);                         /*输出结果*/
}
```

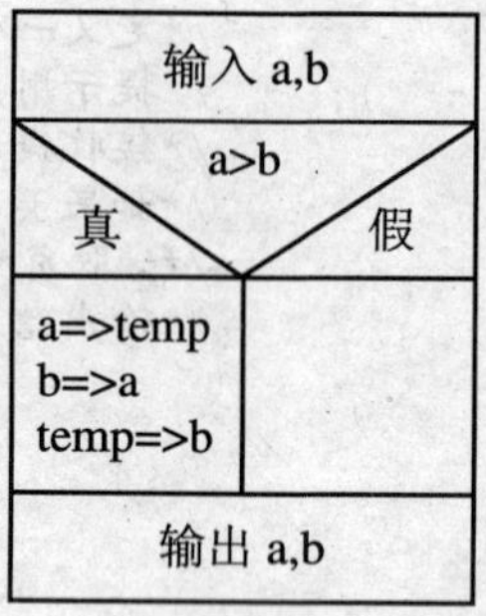

图 4-13　例 4.7 的 N-S 结构图

运行情况：

```
Please input two int number:6 4↙
4,6
```

【例 4.8】请判断下面程序的执行结果，并解释该程序的功能。

```
/*---------------------------文件名 exam_48-------------------------------*/
#include"stdio.h"
void main()
{
    int a=10,b=20,x;
    x=a;
    if(a<b)
      x=b;
    printf("%d\n",x);
}
```

本程序的执行结果是：20。程序功能是将 a 和 b 两个数中较大的数存入 x 中并输出。程序设计思路是：先假设 a 较大，将 a 赋值给 x；然后判断 a 是不是小于 b，如果是，则说明 b 大，用 b 覆盖 x，否则说明 a 大，由于这时 x 中已经是 a，因此不用做任何工作了。从 if 分支出来以后，输出 x。

现在我们稍微把程序修改一下，实现的功能与例 4.8 还相同吗？为什么？请读者思考。

```
#include "stdio.h"
void main()
{
    int a=10,b=20,x;
    x=a;
    if(a<b)
    {
        x=b;
        printf("%d\n",x);
    }
}
```

4.4.3 if...else 形式

if 形式只允许在条件为真时指定要执行的语句，而 if...else 形式还允许在条件表达式为假时指定要执行的语句。

if else 形式的语法格式是：

```
if(表达式)
    语句 1;
else
    语句 2;
下一条语句;
```

if...else 形式的功能为：检测表达式，如果值为非 0（真），则执行语句 1，然后执行下一条语句；如果值为 0（假），则执行语句 2，再执行下一条语句。

if...else 形式的流程图和 N-S 图如图 4-14 所示。

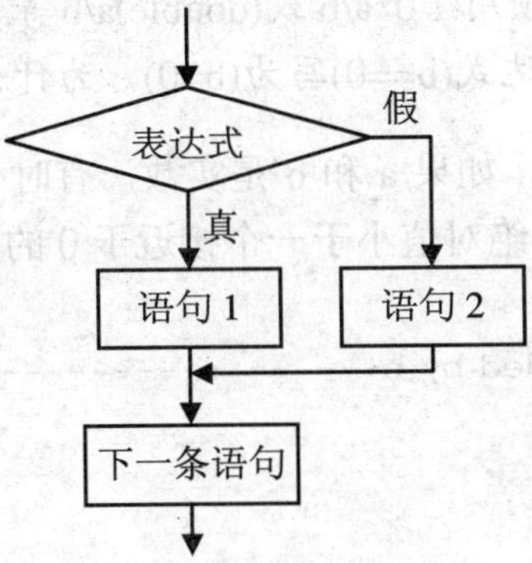

（a）传统流程图

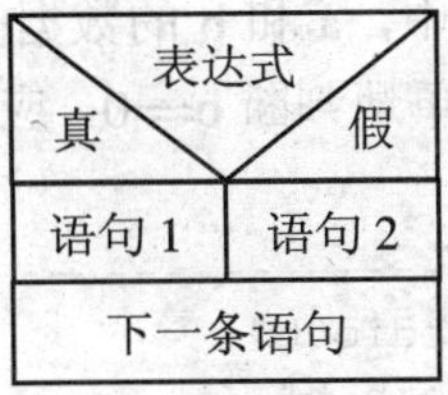

（b）N-S 结构图

图 4-14　if...else 形式的流程图

if...else 形式属于双分支结构，能判断两种情况，条件要保证非此即彼，满足条件时，执行语句 1，不满足时执行语句 2。

考查课的成绩就属于这种情况。“成绩大于等于 60”的条件成立，输出“及格”；否则，成绩将小于 60 分，就是“不及格”。前提仍然是输入的成绩一定是一个百分制的分数。

用如下程序段表示：

```
if(score>=60)                          /*判断分数是否大于等于 60*/
   printf("Passed");                   /*如果是,则输出"及格"/
else
   printf("Failed");                   /*否则输出"不及格"*/
```

【例 4.9】编写程序：输入两个数，求两个数的商，要求除数不为零时输出商，除数为零时，提示用户输入有误。其 N-S 结构图如图 4-15 所示。

```
/*----------------------------a divided by b-------------------------------*/
/*-----------------------------文件名 exam_49-------------------------------*/
#include"stdio.h"
void main()
{
   int a,b;                                        /*定义两个整型变量*/
   printf("\nPlease input two int number:");       /*提示用户输入两个整型数*/
```

```
    scanf("%d%d",&a,&b);                          /*接收用户输入的两个整型数*/
    if(b==0)                                      /*如果 b 为 0*/
       printf("Divided by zero!\n");              /*提示用户输入有误*/
    else                                          /*否则*/
       printf("%lf\n",1.0*a/b);                   /*输出商*/
 }
```

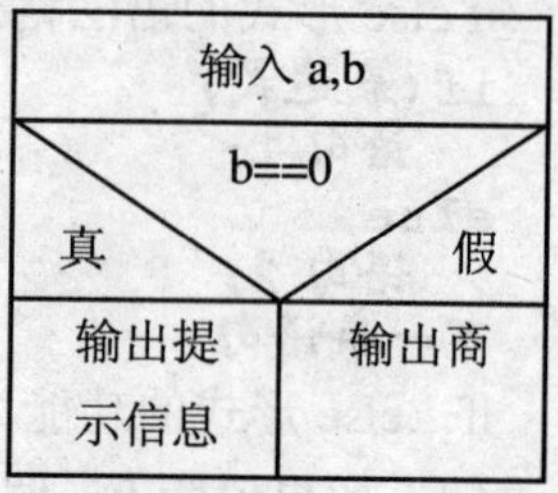

图 4-15 例 4.9 的 N-S 结构图

运行情况一：

```
Please input two int number:
6 3↙
2.000000
```

运行情况二：

```
Please input two int number:
6 0↙
Divided by zero!
```

说明：本例有两个问题需要注意，一是必须用 1.0*a/b 或(double)a/b 等形式求两个整数的商，因为 a/b 是整除；二是千万不要将条件表达式(b==0)写为(b=0)，为什么？请读者思考。

在上例程序中，a 和 b 的数据类型是整数，如果 a 和 b 是实数，有时（与使用的编译程序有关）不能简单地判断 b==0，应该判断 b 的绝对值小于一个接近于 0 的小数（例如 10^{-6}）。

程序应为：

```
/*----------------------------a divided by b-------------------------------*/
#include"stdio.h"
#include"math.h"
void main()
{
   float a,b;                                     /*定义两个浮点变量*/
   printf("\nPlease input two float number:");    /*提示用户输入两个浮点数*/
   scanf("%f%f",&a,&b);                           /*接收用户输入的两个浮点数*/
   if(fabs(b)<1e-6)                               /*如果 b 小于 10^-6*/
      printf("Divided by zero\n");                /*提示用户输入有误*/
   else                                           /*否则*/
      printf("%f",a/b);                           /*输出商*/
}
```

说明：#include "math.h"的作用是将 C 语言提供的数学函数包含进来，fabs(b)调用 C 编译提供的数学函数求 b 的绝对值。

if…else 形式的语句 1 和语句 2 都可以使用复合语句，用“{”和“}”括起，括号里的所有语句包括最后一个语句都要带分号，不加花括号，包含在 if…else 语句中的语句只能是一句，初学者经常会忘记写花括号，切记不写花括号与写花括号的结果是不同的。

【例 4.10】请判断下面程序的执行结果。

```
/*---------------------------------max--------------------------------------*/
/*----------------------------文件名 exam_410--------------------------------*/
#include"stdio.h"
void main()
{
   int a=30,b=20,x;
```

```
    if(a>b)
    {
        x=a;
        printf("%d\n",a);
    }
    else
        x=b;
        printf("%d\n",b);
}
```

运行结果:

```
30
20
```

说明：程序本来的目的是输出 a，b 两个数中较大的数并存入 x 中。但是却把两个数都输出了。错误的原因在于 else 分支的两条语句应该用花括号括起来，不能用上下对齐的方式来表示复合语句。

正确的程序是:

```
/*-------------------------------max-------------------------------*/
#include"stdio.h"
void main()
{
    int a=30,b=20,x;
    if(a>b)
    {
        x=a;
        printf("%d\n",a);
    }
    else
    {
        x=b;
        printf("%d\n",b);
    }
}
```

或:

```
void main()
{
    int a=30,b=20,x;                    /*定义三个变量*/
    if(a>b)                             /*如果 a 大于 b*/
        x=a;                            /*a 覆盖 x*/
    else                                /*否则*/
        x=b;                            /*b 覆盖 x*/
    printf("%d\n",x);                   /*输出*/
}
```

最后这个程序是比较好的程序，结构简单而又清晰。

4.4.4 else if 形式

if 语句的最后一种形式是 else if 形式，是一种可以判断多种情况的选择语句，又称为多分支结构。

else if 形式的语法：

```
if(表达式 1)  语句 1;
    else if(表达式 2) 语句 2;
   [else if(表达式 3) 语句 3;]
   …
   [else if(表达式 n) 语句 n;]
   [else 语句 n+1;]
下一条语句;
```

else if 形式的功能为：按表达式的顺序进行判断，最早值为真的表达式将引起相应语句 *n* 的执行，并且不再判断其他条件，跳转到下一条语句执行。若全部表达式为假，则执行语句 *n*+1。

else if 形式属于多分支结构。中括号“[”和“]”是描述高级程序语言语法的一种方式，表示括号中的语句可以写也可以不写。

else if 的传统流程图如图 4-16 所示。

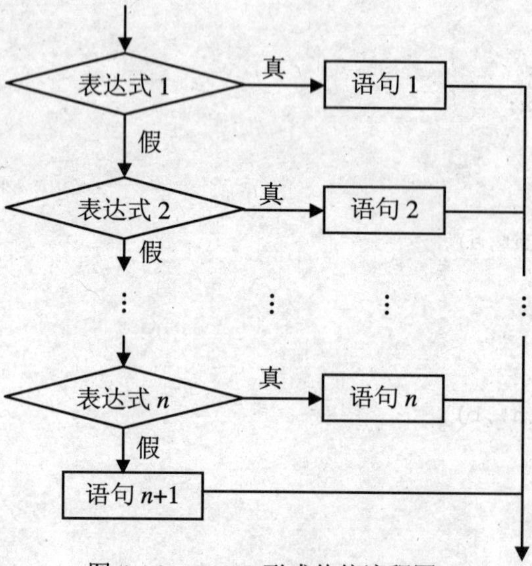

图 4-16　else if 形式传统流程图

考试课的成绩就属于这种情况，成绩一定是一个百分制的分数，此前提成立时，分数小于 60 就是“不及格”；否则，分数小于 70 就是“及格”；再否则，分数小于 80 就是“中”；等等。

用如下程序段表示：

```
if(score<60)
   printf("Failed");                  /*分数小于 60 分输出"不及格"*/
else if(score<70)
   printf("Passed");                  /*否则分数小于 70 分输出"及格"*/
else if(score<80)
   printf("Middling");                /*否则分数小于 80 分输出"中"*/
```

```
  else if(score<90)
    printf("Fine");                      /*否则分数小于 90 分输出"良"*/
  else
    printf("Excellent");                 /*否则输出"优"*/
```

注意：使用 else if 形式编写程序时，一定要保证程序的逻辑是正确的，这也是我们一再强调由用户输入的 score 必须是一个正确的百分制分数的原因。如果用户输入的分数不是一个正确的百分制分数，例如输入的是–60，那么，意味着条件 score<60 是成立的，程序将输出“Failed”（不及格），如果输入的是 102，则所有的条件都不成立，输出的结果将是“Excellent”（优），显然，这两个输出都是不合理的。–60 和 102 都不是正确的分数。

在实际应用中，程序员不能要求使用者每次的输入都是正确的，因此，上面的程序是有缺陷的，解决这个问题的方法请参考 4.4.5 小节的相关内容。

【例 4.11】编写程序解决“猜数游戏”问题：产生一个 10 以内的随机数，请用户猜这个数是几，接收用户输入以后，告诉用户他猜的这个数比程序产生的数是大了、小了，还是完全正确。N-S 结构图如图 4-17 所示。

```
/*------------------------------guess  x---------------------------------*/
/*---------------------------文件名 exam_411-------------------------------*/
#include"stdlib.h"
#include"stdio.h"
#include"time.h"
void main()
{
  int x,g;                                          /*定义变量*/
  srand((unsigned)time( NULL));                     /*初始化随机数生成器*/
  x=rand()%10;                                      /*生成一个 10 以内的随机数*/
  printf("\n Please enter number you guess: ");     /*请用户猜一个数*/
  scanf("%d",&g);                                   /*接收用户输入的数*/
  if(x==g)                                          /*如果 x 等于 g*/
     printf("Correct!\n");                          /*告诉用户猜对了*/
  else  if(x<g)                                     /*否则，如果 x 等于 g*/
     printf("High!\n");                             /*告诉用户猜的数大了*/
  else                                              /*否则*/
     printf("Low!\n");                              /*告诉用户猜的数小了*/
}
```

运行情况 1：

```
Please enter number you guess:
5↙
High!
```

运行情况 2：

```
Please enter number you guess:
3↙
Correct!
```

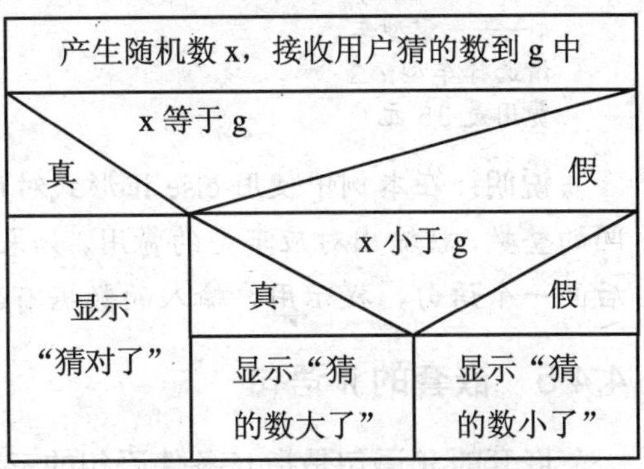

图 4-17　例 4.11 的 N-S 结构图

说明：在本例中为了产生随机数，首先调用了 srand 函数，它负责初始化随机数生成器，然后调用 rand 函数，并将结果模 10，则产生一个 10 以内的整数。使用这两个函数时，要分别将 time.h 和 stdlib.h 两个文件包含到源程序中。

【例 4.12】 假设某高速公路的一个节点处收费站的收费标准为：小型车 15 元/车·次、中型车 35 元/车·次、大型车 50 元/车·次、重型车 70 元/车·次。编写程序，首先在屏幕上显示一个列表如下：

```
1------小型车
2------中型车
3------大型车
4------重型车
```

然后请用户选择车型，根据用户的选择输出应交的费用。

```
/*---------------------------高速公路交费---------------------------------*/
/*---------------------------文件名 exam_412------------------------------*/
#include"stdio.h"
void main()
{
   int x;                                        /*定义变量*/
   printf("\n 1------小型车");                    /*输出列表*/
   printf("\n 2------中型车");
   printf("\n 3------大型车");
   printf("\n 4------重型车");
   printf("\n 请选择车型: ");
   scanf("%d",&x);                               /*接收用户输入的车型的类别*/
   if(x==1)                                      /*如果 x 等于 1*/
      printf("\n 费用是%d 元\n",15);
   else  if(x==2)                                /*否则，如果 x 等于 2*/
      printf("\n 费用是%d 元\n",35);
   else  if(x==3)                                /*否则，如果 x 等于 3*/
      printf("\n 费用是%d 元\n",50);
   else  if(x==4)                                /*否则，如果 x 等于 4*/
      printf("\n 费用是%d 元\n",70);
   else                                          /*否则，用户输入有误*/
      printf("\n 输入错误! \n");
}
```

运行情况：

```
1------小型车
2------中型车
3------大型车
4------重型车
请选择车型: 2
费用是 35 元
```

说明：在本例中使用 else if 形式对用户的输入值进行判断，如果用户输入的是 1 到 4 之间的整数，就输出对应车型的费用，如果用户输入的是其他的整数，程序将执行最后一个 else 后面一个语句，提示用户输入的数据有错误。

4.4.5 嵌套的 if 语句

嵌套的 if 语句是指 if 条件语句的三种形式的语句中又包含了一个或多个 if 条件语句。修改例 4.3、例 4.4 和例 4.5，排除不可能的分数。

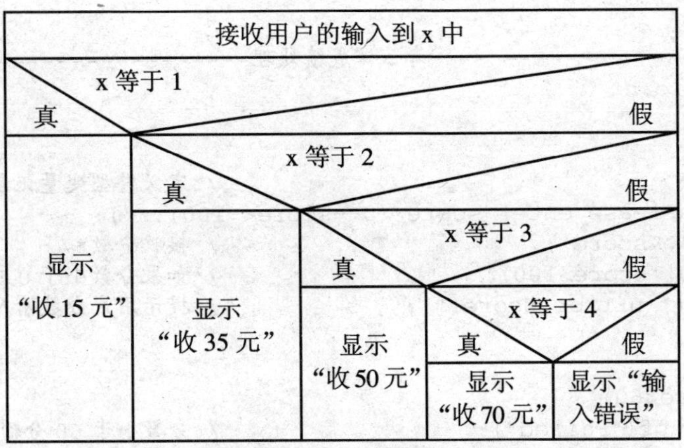

图 4-18　例 4.12 的 N-S 图

修改例 4.3：

```
/*----------------------------选修课成绩处理---------------------------------*/
#include"stdio.h"
void main()
{
   int score;                                /*定义整型变量记录分数*/
   printf("\nPlease enter score (0<=score<=100): ");
   scanf("%d",&score);                       /*接收分数*/
   if(score>=0&&score<=100)                  /*如果分数大于等于 0 并且小于等于 100*/
   {
       if(score>=60)                         /*判断分数是否大于等于 60*/
          printf("Passed");                  /*如果是输出“及格”*/
   }
   else
      printf("\nError Score!");              /*提示用户分数输入有误*/
}
```

本例是在 if else 形式中嵌套了 if 形式。

修改例 4.4：

```
/*----------------------------考查课成绩处理---------------------------------*/
#include"stdio.h"
void main()
{
   int score;                                /*定义整型变量记录分数*/
   printf("\n Please enter score (0<=score<=100): ");
   scanf("%d",&score);                       /*接收分数*/
   if(score>=0&&score<=100)                  /*如果分数大于等于 0 并且小于等于 100*/
   {
       if(score>=60)                         /*判断分数是否大于等于 60*/
          printf("Passed");                  /*如果是输出"及格"/
       else
          printf("Failed");                  /*否则输出"不及格"*/
   }
   else
      printf("\nError Score!");              /*提示用户分数输入有误*/
}
```

本例是在 if…else 形式中嵌套了 if…else 形式。

修改例 4.5：

```
/*----------------------------考试课成绩处理------------------------------------*/
#include"stdio.h"
void main()
{
   int score;                                       /*定义整型变量记录分数*/
   printf("\nPlease enter score (0<=score<=100): ");
   scanf("%d",&score);                              /*接收分数*/
   if(score<0||score>100)                           /*如果分数小于 0 或大于 100*/
      printf("\nError Score!");                     /*提示用户分数输入有误*/
   else
   {
      if(score<60)
         printf("Failed");                          /*分数小于 60 分输出"不及格"*/
      else if(score<70)
         printf("Passed");                          /*否则分数小于 70 分输出"及格"*/
      else if(score<80)
         printf("Middling");                        /*否则分数小于 80 分输出"中"*/
      else if(score<90)
         printf("Fine");                            /*否则分数小于 90 分输出"良"*/
      else
         printf("Excellent");                       /*否则输出"优"*/
   }
}
```

运行情况一：

```
Please input score:88↙
Fine
```

运行情况二：

```
Please input score:102↙
data error
```

本例是在 if...else 形式中的 else 分支中嵌套了一个 else if 形式的语句。if...else 语句负责判断输入的成绩是否在 0 到 100 之间，嵌套的 else if 语句则负责将分数分类。

使用嵌套的 if 语句时要注意防止程序在逻辑上出现二义性。那么什么是二义性呢？我们首先来看一个例子。

【例 4.13】请分析下列程序，输入什么数时程序输出 TRUE，输入什么数时程序输出 FALSE。

```
/*----------------------------文件名 exam_413--------------------------------*/
#include"stdio.h"
void main()
{
   int x;
   printf("Please input one integer:");
   scanf("%d",&x);
   if(x%3==0)
   {
      if(x%5==0)
      printf("TRUE \n");
   }
   else
      printf("FALSE \n");
}
```

我们分三次运行该程序：第一次输入 15，输出结果是 TRUE；第二次输入 10，输出结果是 FALSE；第三次输入 9，没有输出任何结果。

按照程序的逻辑，当输入的数既能被 3 整除也能被 5 整除时，输出 TRUE；不能被 3 整除时，输出 FALSE；而能被 3 整除，不能被 5 整除时，是没有输出结果的。也就是说，else 否定的是“x%3==0”（不能整除 3）。

现在，我们把例 4.13 程序稍微修改一下：

```
#include"stdio.h"
void main()
{
   int x;
   printf("Please input one integer:");
   scanf("%d",&x);
   if(x%3==0)
      if(x%5==0)
         printf("\n TRUE");
   else
      printf("FALSE \n");
}
```

这个程序的逻辑与例 4.13 相同吗？由于没有使用一对花括号将嵌套的 if 语句括起来，这个程序中的 else 否定的是哪个 if 的条件就不明确，这就产生了所谓的“二义性”。

我们还是先来看看运行情况，同样分三次运行该程序，第一次输入 15，输出结果是 TRUE，第二次输入 10，没有输出任何结果，第三次输入 9，输出结果是 FALSE。很显然，通过程序的运行，可以看出该程序与例 4.13 的逻辑是不同的。在此，“else”否定的是“x%5==0”，即：当输入的数能被三整除，不能被五整除时，输出 FALSE。

C 语言规定：在没有用花括号明确地表明嵌套关系的情况下，else 与离它最近的 if 配对。因此，修改以后的程序中“else”是与“if (x%5==0)”配对的。

使用正确的缩进格式书写上面的程序段，应该是：

```
if(x%3==0)
   if(x%5==0)
      printf("\n TRUE ");
   else
      printf("FALSE \n");
```

显然，它与下面的程序段等价。

```
if(x%3==0)
{
    if(x%5==0)
       printf("\n TRUE ");
    else
       printf("FALSE \n");
}
```

通过上面的分析，可以看出，下列两个矩形框里的程序是等价的。

```
if(表达式 1)
{
  if (表达式 2)
  语句 1;
}
else
  语句 2;
```

```
If((表达式 1)&&(表达式 2))
    语句 1;
if(!表达式 1)
    语句 2  ;
```

上面左边矩形框中 if…else 形式的 if 分支中嵌套了一个 if 形式，其含义是：如果表达式 1 成立并且表达式 2 成立，则执行语句 1；else 分支否定的是表达式 1，也就是说不满足表达式 1，则执行语句 2。

而下列 3 个矩形框里的程序是等价的。

```
if(表达式1)
{
   if(表达式2)
       语句1;
   else
       语句2;
}
```

```
if(表达式1)
    if(表达式2)
        语句1;
    else
        语句2;
```

```
If((表达式1)&&(表达式2))
    语句1;
if((表达式1)&&(!表达式2))
    语句2;
```

上面左边两个矩形框中 if 形式中嵌套了一个 if…else 形式，其含义是：如果表达式 1 成立并且表达式 2 成立，则执行语句 1；else 分支否定的是表达式 2，也就是说在满足表达式 1 的同时不满足表达式 2，则执行语句 2。

if 语句的使用是非常灵活的，相同的逻辑可能有好几种正确的写法，为了保证程序良好的可读性，应尽量使用花括号明确地描述嵌套关系。

4.5 switch 语句

switch 语句属于多路分支结构，可以用于判断多种情况。但是表示多种情况的条件表达式比较特殊，首先还是先给出其常用语法格式：

```
switch(表达式)
{
   case 常量表达式1: 语句1;break;
   case 常量表达式2: 语句2;break;
   case 常量表达式3: 语句3;break;
   …
   case 常量表达式n: 语句n;break;
   default  语句n+1; break;
}
```

switch 的功能：首先计算表达式的值，然后找到与其相等的常量表达式的 case 分支去执行语句，然后退出 switch 语句，若没有与条件表达式相等的常量表达式，则执行 default 语句后面的语句 n+1。default 语句可省略。若语句 i 后不含 break，则继续执行下一条语句 i+1，不用判断常量表达式。

表达式和常量表达式的数据类型应为整型或字符型，不能是浮点型。

switch 语句的传统流程图如图 4-19 所示。应注意，该流程图中假设每个语句 i 后面包括了 break 语句。

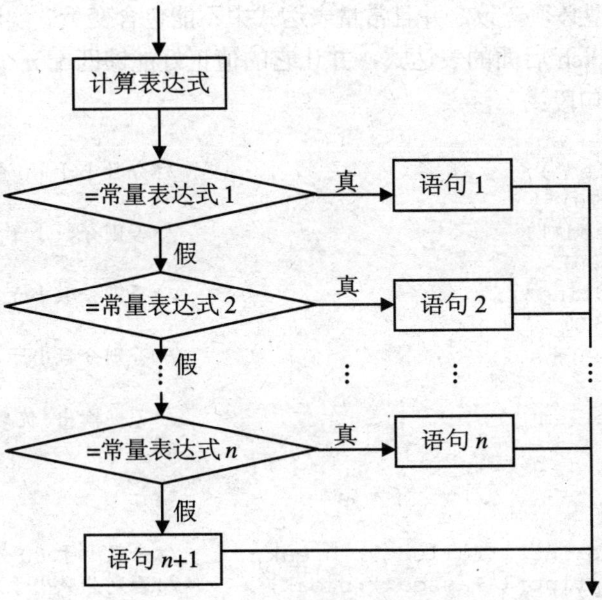

图 4-19　switch 语句的传统流程图

【例 4.14】使用 switch 语句完成例 4.12 的程序设计要求。

```
/*------------------------------高速公路交费------------------------------*/
/*-----------------------------文件名 exam_414----------------------------*/
#include"stdio.h"
void main()
{
  int x;                                        /*定义变量*/
  printf("\n 1------小型车");                    /*输出列表*/
  printf("\n 2------中型车");
  printf("\n 3------大型车");
  printf("\n 4------重型车");
  printf("\n 请选择车型: ");
  scanf("%d",&x);                               /*接收用户输入的车型的类别*/
  switch(x)
  {
     case 1: printf("费用是%d 元\n",15); break; /*如果 x 等于 1*/
     case 2: printf("费用是%d 元\n",35); break; /*如果 x 等于 2*/
     case 3: printf("费用是%d 元\n",50); break; /*如果 x 等于 3*/
     case 4: printf("费用是%d 元\n",70); break; /*如果 x 等于 4*/
     default: printf("输入错误! \n");            /*否则,提示输入有误*/
  }
}
```

说明：本程序的功能与例 4.12 完全相同，根据用户对车型的选择，计算出相应的费用。从程序中可以看出，使用 switch 语句编写程序可使程序的结构更加清晰，增强了可读性。

从语法上看，任何一个 switch 语句表示的多分支结构都可以用 else if 形式来替代，但是，并不是所有的用 else if 形式表示的程序段都能用 switch 语句来替代。switch 语句对条件的写法要求更苛刻。紧跟着 switch 后面的表达式的数据类型应为整型或字符型，它与 case 后面的常量表达式的数据类型必须一致，并且常量表达式中不能包含变量。实际上，switch 语句的重点就在于如何设计 switch 后面的表达式，并让它的值正好能够匹配 *n* 个常量表达式的值。

不能简单地将语句段：

```
if(score<60)
  printf("Failed");                          /*分数小于 60 分输出"不及格"*/
else if(score<70)
  printf("Passed");                          /*否则分数小于 70 分输出"及格"*/
else if(score<80)
  printf("Middling");                        /*否则分数小于 80 分输出"中"*/
else if(score<90)
  printf("Fine");                            /*否则分数小于 90 分输出"良"*/
else
  printf("Excellent");                       /*否则输出"优"*/
```

写为：

```
switch (score)
{
   case <60: printf("Failed"); break;        /*分数小于 60 分输出"不及格"*/
   case <70: printf("Passed");break;         /*否则分数小于 70 分输出"及格"*/
   case <80: printf("Middling"); break;      /*否则分数小于 80 分输出"中"*/
   case <90: printf("Fine");                 /*否则分数小于 90 分输出"良"*/
   default:  printf("Excellent");            /*否则输出"优"*/
}
```

这是一段错误的语句！即便写成“case score<60:”也是不对的！case 后面必须是常量表达式。正确的写法请参考下例。

【例 4.15】编写程序，用 switch 语句完成操作。输入一个百分制的成绩，将对应的五分制成绩输出。（分数小于 60 分对应 2 分，分数大于等于 60 分小于 80 对应 3 分，分数大于等于 80 分小于 90 对应 4 分，分数大于等于 90 分小于 100 对应 5 分）。

```
/*--------------------------exchange score--------------------------------*/
/*--------------------------文件名 exam_415--------------------------------*/
#include"stdio.h"
void main()
{
  int score,s,sum; char  grade;             /*定义变量*/
  printf("please input score:");            /*提示输入分数*/
  scanf("%d",&score);                       /*接收分数*/
  if(score>=0&&score<=100)                  /*如果是一个正确的百分制的分数*/
  {
     s=score/10;                            /*用 10 整除分数*/
     switch(s)
     {
        case 0:
        case 1:
        case 2:
        case 3:
        case 4:
        case 5: grade='2';break;            /*60 分以下的转换为 2 分*/
        case 6:
        case 7: grade='3';break;            /*否则 80 分以下的转换为 3 分*/
        case 8: grade='4';break;            /*否则 90 分以下的转换为 4 分*/
```

```
        case 9:                          /*否则 100 分以下和 100 分转换为 5 分*/
        case 10: grade='5';break;
      }
      printf("grade is %c\n",grade);     /*输出五分制成绩*/
    }
    else
      printf("data error!\n");
}
```

运行情况一：

```
Please input score:88↙
grade is 4
```

运行情况二：

```
Please input score:102↙
data error
```

说明：赋值语句 s=score/10 的功能是将分数除以 10 后取整，取整以后的结果有 11 种情况：0，1，…，9，10。

使用 switch 语句应该注意以下几点：

（1）case 分支中的每个语句 *i* 后面的 break 语句一般情况下不要省略，因为没有 break 语句，程序不能跳出 switch 语句，而是执行下一条 case 语句后面的语句，直到遇到 break 语句才能终止 switch 的执行。

例如：

```
switch(x)
{
  case 1: printf("\n 费用是%d 元",15);              /*如果 x 等于 1*/
  case 2: printf("\n 费用是%d 元",35); break;       /*如果 x 等于 2*/
  case 3: printf("\n 费用是%d 元",50); break;       /*如果 x 等于 3*/
  case 4: printf("\n 费用是%d 元",70); break;       /*如果 x 等于 4*/
  default: printf("\n 输入错误! ");                  /*否则,提示输入有误*/
}
```

如果 *x* 的值为 1，程序将输出两个费用，执行完“printf("\n 费用是%d 元",15);”以后，程序并不能跳出 switch 语句，要继续执行“printf("\n 费用是%d 元",35);”才能遇到 break 语句跳出 switch。

（2）多个 case 可以共同使用相同的一个语句 *i*。

```
switch(s)
{
  case 0:
  case 1:
  case 2:
  case 3:
  case 4:
  case 5: grade='2';break;                  /*60 分以下的转换为 2 分*/
  case 6:
  case 7: grade='3';break;                  /*否则 80 分以下的转换为 3 分*/
  case 8: grade='4';break;                  /*否则 90 分以下的转换为 4 分*/
  case 9:                                   /*否则 100 分以下和 100 分转换为 5 分*/
```

```
  case 10: grade='5';break;
}
```

本switch语句表示，*s*的值为0、1、2、3、4、5时，都会执行"grade='2';"和"break;"两条语句。

也可以写成如下形式：

```
switch(s)
{
  case 0: case 1: case 2: case 3: case 4:case 5: grade='2';break;
                                              /*60分以下的转换为2分*/
  case 6:case 7: grade='3';break;             /*否则80分以下的转换为3分*/
  case 8: grade='4';break;                    /*否则90分以下的转换为4分*/
  case 9: case 10: grade='5';break;           /*否则100分以下和100分转换为5分*/
}
```

但是

```
case 0: case 1: case 2: case 3: case 4:case 5: grade='2';break;
```

不能写成：

```
case 0,case 1,case 2,case 3,case 4,case 5: grade='2';break;
```

（3）每个常量表达式应不相等，因为它类似于语句标号的作用，case部分与default的顺序可自由书写。若每个case及default后面都包含break，则顺序不影响最后的执行结果；反之，则有可能影响执行结果。

```
switch(x)
{
  default: printf("\n输入错误！"); break;          /*否则,用户输入有误*/
  case 4: printf("\n费用是%d 元",70); break;       /*如果x等于4*/
  case 1: printf("\n费用是%d 元",15); break;       /*如果x等于1*/
  case 2: printf("\n费用是%d 元",35); break;       /*如果x等于2*/
  case 3: printf("\n费用是%d 元",50); break;       /*如果x等于3*/
}
```

与

```
switch(x)
{
  case 1: printf("\n费用是%d 元",15); break;       /*如果x等于1*/
  case 2: printf("\n费用是%d 元",35); break;       /*如果x等于2*/
  case 3: printf("\n费用是%d 元",50); break;       /*如果x等于3*/
  case 4: printf("\n费用是%d 元",70); break;       /*如果x等于4*/
  default: printf("\n输入错误！"); break;          /*否则,提示输入有误*/
}
```

的效果是一样的。

（4）语句*i*可以使用复合语句，而且允许省略花括号{}。但是，switch语句语法中的花括号{}不能省略。

```
switch(x)
  case 1: printf("\n费用是%d 元",15); break;       /*如果x等于1*/
  case 2: printf("\n费用是%d 元",35); break;       /*如果x等于2*/
  case 3: printf("\n费用是%d 元",50); break;       /*如果x等于3*/
  case 4: printf("\n费用是%d 元",70); break;       /*如果x等于4*/
  default: printf("\n输入错误！");                 /*否则,提示输入有误*/
```

这样使用是错误的。

（5）switch 语句可以嵌套，即在一个 switch 语句中嵌套另一个 switch 语句，但是要注意 break 只能跳出最内层的 switch 语句。

【例 4.16】根据输入字符（0~F，用%c 接收）显示与该字符所表示的十六进制数相对应的十进制数。（例如：输入 A，则输出 10；输入 0，则输出 0。）

```
/*--------------------输出与十六进制数相对应的十进制数----------------------*/
/*---------------------------文件名 exam_416-------------------------------*/
#include"stdio.h"
void main()
{
   char i;                                          /*定义变量*/
   printf("\nplease input 0~F :");                  /*提示用户输入一个十六进制数*/
   scanf("%c",&i);                                  /*接收用户输入*/
   switch(i)                                        /*根据用户输入判断*/
   {
       /*'0'~'9'之间的数直接输出 i-'0'*/
       case '0': case '1': case '2': case '3': case '4': case '5':
       case '6': case '7': case '8': case '9': printf("%d\n",i-'0');break;
       case 'A': case 'a':printf("%d\n",10);break;  /*'A'输出 10*/
       case 'B': case 'b':printf("%d\n",11);break;  /*'B'输出 11*/
       case 'C': case 'c':printf("%d\n",12);break;  /*'C'输出 12*/
       case 'D': case 'd':printf("%d\n",13);break;  /*'D'输出 13*/
       case 'E': case 'e':printf("%d\n",14);break;  /*'E'输出 14*/
       case 'F': case 'f':printf("%d\n",15);break;  /*'F'输出 15*/
       default:printf("error data");                /*其他情况,则是错误数据*/
   }
}
```

运行情况一：

```
please input 0~F :A↙
10
```

运行情况二：

```
please input 0~F :G↙
error data
```

说明：输入字母的大小写都要考虑。输入 a 和 A，输出都为 10。

4.6　条件运算符

C 语言中提供的唯一的三目运算符就是条件运算符“?:”，它的运算对象有 3 个。

条件运算符的语法格式是：

表达式 1 ? 表达式 2 : 表达式 3

条件运算符是一种特殊的运算符，由条件运算符与操作数构成的表达式也可以称为条件表达式。

包括了条件运算符的表达式的计算方法是：首先计算表达式 1 的值；若表达式 1 为真，条件表达式的解取表达式 2 的值；若表达式 1 为假，整个表达式的解取表达式 3 的值。

例如：

```
a=2; b=3;
c=a>b?a:b;
```

实际上，“c=a>b?a:b;”语句是将 a 和 b 两个数中较大的数存入 c 中，它与下面的 if 语句是等价的。

```
if(a>b)
  c=a;
else
  c=b;
```

将条件运算符用于程序中，会使程序看起来更简单、清晰。

又例如：“printf("%s\n", x ? "true":"false");”的含义是如果 x 为真（非零），输出字符串 true；如果 x 为假（零），输出字符串 false。

【例 4.17】使用条件运算符将输入的小写字母变大写字母。

```
/*------------------使用条件运算符将输入的字母小写变大写----------------------*/
/*---------------------------文件名 exam_417-------------------------------*/
#include"stdio.h"
#include"string.h"
void main()
{
  char c;                                /*定义变量*/
  puts("please input one char:");        /*提示用户输入一个字符*/
  c=getchar();                           /*接收一个字符*/
  c=(c<='z'&&c>='a'?(c+'A'-'a'):c);      /*如果是小写则变为大写*/
  putchar(c);                            /*输出*/
  putchar('\n');
}
```

说明：从 ASCII 表中看出，'A'～'Z'的值是连续的，'a'～'z'的值也是连续的，'A'的 ASCII 码的数值是 65，'a'的 ASCII 码数值是 97，两者相差 32，任何一对大写和小写字母都相差 32，从小写字母变成大写字母只要在原来的 ASCII 码数值上减去 32 即可，例如，'A'–'a'就是–32。

【例 4.18】用条件运算符求三个整数中的最大数。

```
/*--------------------用条件运算符求三个整数中的最大数-----------------------*/
/*------------------------文件名 exam_418----------------------------------*/
#include"stdio.h"
/*-------------------------------max-----------------------------------*/
void main()
{
  int a,b,c;                                              /*定义变量*/
  printf("\nPleae input three int:");                     /*提示用户输入三个整数*/
  scanf("%d%d%d",&a,&b,&c);                               /*接收用户输入的三个整数*/
  printf("Max is %d\n",((a>b?a:b)>c)?(a>b?a:b):c);        /*输出最大的数*/
}
```

运行情况一：

```
Pleae input three int: 4 6 7↙
Max is 7
```

运行情况二：

```
Pleae input three int: 6 8 7↙
Max is 8
```

条件运算符的优先级低于逻辑运算符，高于赋值和逗号运算符。

条件运算符的结合性是自右至左。例如，“a>b?a:b>c?b:c”实际上与“a>b?a:(b>c?b:c)”等价。因为 b>c 的左右各有一个条件运算符，应先向右结合，再向左结合。

4.7　程 序 举 例

【例 4.19】输入一个纳税人的个人月收入，并计算应缴个人所得税。

纳税是每个公民的义务。我国的个人所得税税率表（工资、薪金适用）如表 4-1 所示。

表 4-1　个人所得税税率表（工资、薪金适用）

级　数	全月应纳税所得额/元	税率/（%）	速算扣除数/元
1	不超过 500	5	0
2	500～2 000	10	25
3	2 000～5 000	15	125
4	5 000～20 000	20	375
5	20 000～40 000	25	1 375
6	40 000～60 000	30	3 375
7	60 000～80 000	35	6 375
8	80 000～100 000	40	10 375
9	100 000 以上	45	15 375

按照最新的规定，全月应纳税所得额=月收入−1 600。

应纳个人所得税税额的计算公式是：

应纳个人所得税税额=应纳税所得额×适用税率−速算扣除数

例如某人月收入为 8 000 元，减去 1 600 元，则全月应纳税所得额为 6 400 元，应纳个人所得税税额=6 400 元×20%−375 元=905 元。

```
/*---------------------------计算应纳个人所得税-------------------------------*/
/*----------------------------文件名 exam_419--------------------------------*/
#include"stdio.h"
void main()
{
   double salary,s,tax;                            /*定义变量*/
   printf("please input your salary one month:");   /*提示用户输入月收入*/
   scanf("%lf",&salary);                           /*接收用户输入的月收入*/
   if(salary>=0)                                   /*月收入大于 0,开始计算*/
   {
      s=salary-1600;                               /*计算全月应纳税所得额*/
      if(s<=0)
         tax=0;                                    /*小于 0,税额为 0*/
      else if(s<=500)                              /*否则小于等于 500,计算税额*/
         tax=s*0.05;
      else if(s<=2000)                             /*否则小于等于 2000,计算税额*/
         tax=s*0.1-25;
      else if(s<=5000)                             /*否则小于等于 5000,计算税额*/
         tax=s*0.15-125;
      else if(s<=20000)                            /*否则小于等于 20000,计算税额*/
```

```
            tax=s*0.20-375;
        else if(s<=40000)
            tax=s*0.25-1375;                          /*否则小于等于 40000,计算税额*/
        else if(s<=60000)
            tax=s*0.30-3375;                          /*否则小于等于 60000,计算税额*/
        else if(s<=80000)
            tax=s*0.35-6375;                          /*否则小于等于 80000,计算税额*/
        else if(s<=100000)                            /*否则小于等于 100000,计算税额*/
            tax=s*0.40-10375;
        else                                          /*100000 以上,计算税额*/
            tax=s*0.45-15375;
        printf("tax is %10.2f\n",tax);     /*输出计算结果*/
    }
    else
        printf("Error data!");
}
```

运行情况：

```
please input your salary one month:8000↙
tax is  905.00
```

说明：本例要处理多种情况，最适合使用 else if 形式。s 中存放的是应纳税所得额，根据应纳税所得额的值进行不同的运算。

【例 4.20】编写程序，输入一个用整数表示的年份，输出显示该年份是否为闰年。

判断一个用整数表示的年份是否为闰年的规则是，该数满足以下两个条件之一则是闰年：能被 400 整除；或能被 4 整除，但不能被 100 整除。

根据上述规则，我们可以画一个 N-S 流程图（图 4-20）来解决该问题。其中用到两个存储单元 year 和 flag，year 用于存放整数表示的年份，flag 是一个标记，其值为 1 则表示是闰年，其值为 0 则表示不是闰年。

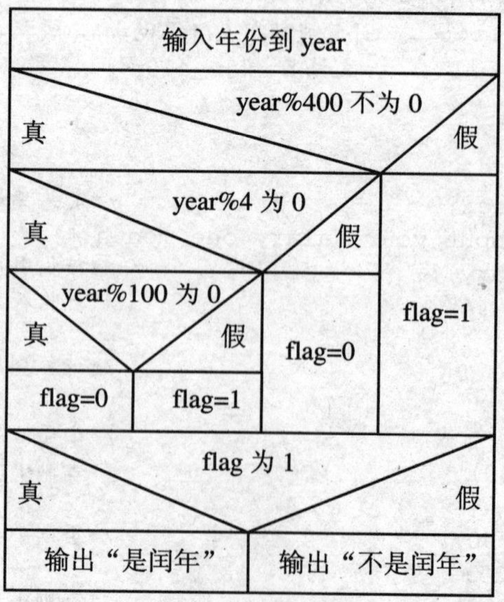

图 4-20　闰年的判断

判断闰年用 if 形式嵌套 if...else 形式，可编写程序如下：

```
/*---------------------------------leap year-------------------------------------*/
/*----------------------------文件名 exam_420--------------------------------*/
#include"stdio.h"
void main()
{
   int year,flag;                            /*定义变量*/
   printf("Pleae input a year:");            /*提示用户输入年份*/
   scanf("%d",&year);                        /*接收用户输入的年份*/
   if(year%400!=0)                           /*作判断*/
   {
      if(year%4==0)
      {
         if(year%100==0)
            flag=0;
         else
            flag=1;
      }
      else flag=0;
   }
   else
      flag=1;
   if(flag==0)                               /*输出结果*/
      printf("%d is not leap year\n",year);
   else
      printf("%d is leap year\n",year);
}
```

运行情况一：

```
Pleae input a year:2004↙
2004 is leap year
```

运行情况二：

```
Pleae input a year:2005↙
2005 is not leap year
```

判断闰年用 else if 和 if...else 形式，可编写程序如下：

```
#include"stdio.h"
void main()
{
   int year,flag;
   printf("Pleae input a year:");
   scanf("%d",&year);
   if(year%400==0) flag=1;
      else if(year%4!=0) flag=0;
      else if(year%100!=0) flag=1;
      else flag=0;
   if(!flag)
      printf("%d is not a leap year\n",year);
   else
      printf("%d is a leap year\n",year);
}
```

判断闰年用逻辑表达式，可编写程序如下：

```
#include"stdio.h"
void main()
{
   int year,flag;
   printf("Pleae input a year:");
   scanf("%d",&year);
   flag=(year%400==0)||(year%4==0&&year%100!=0);
   if(!flag)
      printf("%d is not a leap year\n",year);
   else
      printf("%d is a leap year\n",year);
}
```

以上三个程序可以用2000和1998来测试，2000是闰年，而1998不是闰年。

本章小结

（1）一个好的程序首先应该具有良好的可读性，以方便检测、修改和维护。只要有顺序、选择和循环三种形式的控制结构，就足以导出其他各种各样的程序结构。

（2）结构化程序设计的三种结构可以用流程图来表示。常用的流程图有两种，一种是传统的流程图，另一种是N-S结构图。

（3）C程序的执行部分由执行语句构成，执行语句的种类主要有表达式语句、函数调用语句、控制语句、复合语句（或称分程序）和空语句等。

（4）顺序结构就是按照执行语句的上下排列的次序从上到下顺序执行，表达式语句和函数调用语句是常用的顺序结构语句。

（5）C语言中的if条件语句有三种形式：if形式、if…else形式和else if 形式。

（6）switch语句可以解决多路分支问题。

（7）C语言中提供的唯一的三目运算符就是条件运算符“? :”。

习 题

1. 信函的重量不超过100g时，每20g付邮资80分，即信函的重量不超过20g时，付邮资80分，信函的重量超过20g，不超过40g时，付邮资160分，编写程序输入信函的重量，输出应付的邮资。(注意，本题不使用分支结构，使用顺序结构)

2. 编写程序，将输入的小写字母变为大写字母，大写字母不变，当输入的不是字母时，要提示出错信息。

3. 编写程序，从键盘接收一个简单的表示四则运算的表达式，计算结果并输出。例如，输入“20+32”时，输出“=52”。

4*. 编写程序，输入一个小于等于 12 的整数，将与该整数相对应的月份的英语名称输出。例如，输入1，输出Jannuary。

5. 编写程序，将输入的三个整数从大到小排列输出。

6*. 编写程序，输入三角形的三条边 *a*、*b* 和 *c*，如果这三条边能构成三角形，程序输出字符串“YES”，否则输出字符串“NO”。*a*、*b* 和 *c* 能够构成三角形的条件是：a+b>c、a+c>b 且 b+c>a，并且三条边都应该大于 0。

7. 编写程序，求二元一次方程 $ax^2+bx+c=0$ 的解。

8*. 假设摩天大楼的第一层从地面到天花板的距离是 3.6m，其他层从地面到天花板的距离是 2.4m，每层之间的地板厚度是 30cm。楼顶有一个 2.5m 的旗杆，旗杆上有一个红灯。编写程序输入建筑物的层数 *N*，计算并显示旗杆上的红灯离地面的高度（以 m 为单位）。要求对输入的 *N* 进行正确性测试。

9. 某地的出租车按如下方法收费：起步价 10 元，可行 3km（不含 3km）；3～8km（不含 8km）按每 1.6 元/km 计算（不足 1km，按 1 km 计算），8km 以后按每 2.2 元/km 计算（不足 1km，按 1km 计算）。编写程序，输入千米数，计算车费并输出。

10*. 假设垫圈的外直径是 D1，内直径是 D2，D2 与 D1 的比例必须大于 0.3 且小于 0.9。编写程序，输入垫圈的外直径和内直径，在数据满足上述条件的情况下，计算如图 4-21 所示的圆形垫圈的平面面积。

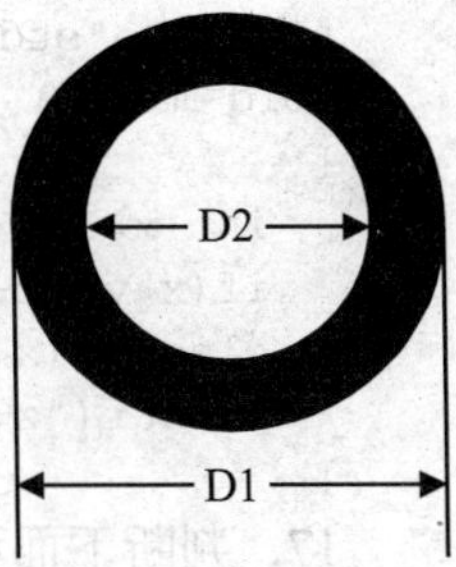

图 4-21　习题 10 图

11. 六个人做报数游戏，从第一个人开始报数，第六个人报完以后，又回到第一个人开始报数，请问谁报了 3 000？编写程序解决该问题。

12*. 编写程序，输入一个整数，判断它能否被 3、5、7 整除，并根据情况输出下列信息：

（1）能同时被 3、5、7 整除。

（2）能同时被 3、5、7 中的两个数整除，并输出这两个数。

（3）只能被 3、5、7 中的一个数整除，输出这个数。

（4）不能被 3、5、7 中的任何一个数整除。

13. 下面的程序是否能求出三个数中最大的数？为什么？如何修改？

```
#include"stdio.h"
void main()
{
   int x,y,z,max;
   if(z>y)
      if(z>x)
          max=z;
   else
      if(y>x)
         max= y;
   printf("\nmax=%d ",max);
}
```

14. 判断下面程序的运行结果，并说明原因。

```
#include"stdio.h"
void main()
{
   int x=1,a=0,b=0;
   switch(x)
   {
```

```
        case 0:b++;
        case 1:a++;
        case 2:a++;b++;
    }
    printf("\na=%d ,b=%d",a,b);
}
```

15．判断下面程序的运行结果。

```
#include"stdio.h"
void main()
{
    int x=1,y=2,z=0,i=3;
    if(x<y) z=1;
    if(x<i) z=2;
    printf("z=%d",z);
}
```

16．判断下面程序的运行结果。

```
#include"stdio.h"
void main()
{
    int x=1,y=2,z=0,i=3;
    if(x<y) z=1;
    else if(x<i) z=2;
    printf("z=%d",z);
}
```

17．判断下面程序的运行结果。

```
#include"stdio.h"
void main()
{
    int x=1,y=2,z=0,i=3;
    if(i<x) z=1;
    else if(i<y) z=2;
    else z=3;
    printf("z=%d",z);
}
```

18*．判断下面程序的运行结果。

```
#include"stdio.h"
void main()
{
    int x=3,y=4,z=5,temp=99;
    if(x>y&&x<z) temp=x;x=y;y=temp;
    if(x<z&&y>z) temp=y;y=x;x=temp;
    printf("z=%d",z);
}
```

19．修改下面的程序，使之能正确运行。

```
#include"stdio.h"
void main()
{
    char c;
    c=getchar()
```

```
  switch c
     case 0,1,2,3,4,5,6,7,8,9:  printf("%d",c-'0');break;
     default: putchar(c);
}
```

20. 下面的程序用来输出三个 int 数值中的中间的数，按照下面程序的思路对其进行修改，使之能正确运行。

```
#include"stdio.h"
void main()
{
   int x,y,z;
   scanf("%d%d%d",&x,&y,&z);
   if(x<y<z)
      printf("middle is %d",y);
   else if(y<x<z)
      printf("middle is %d",x);
   else
      printf("middle is %d",z);
}
```

21. 下面的程序用来输出三个 int 数值中的中间的数，按照下面程序的思路对其进行修改，使之能正确运行。

```
#include "stdio.h"
void main()
{
   int x,y,z;
   scanf("%d%d%d",&x,&y,&z);
   if(x<y)
      if(y<z) printf("middle is %d",y);
      if(z<y) printf("middle is %d",z);
   else
      if(x<z) printf("middle is %d",x);
      if(z<x) printf("middle is %d",z);
}
```

22. 下面的程序用来输出三个 int 数值中的中间的数，按照下面程序的思路对其进行修改，使之能正确运行。

```
#include"stdio.h"
void main()
{
   int x,y,z;
   scanf("%d%d%d",&x,&y,&z);
   if(x<y)
   {
      if(x<z);
         printf("middle is %d",x);
      else
         printf("middle is %d",z);
   }
   else
   {
```

```
      if(y<z);
         printf("middle is %d",y);
      else
         printf("middle is %d",z);
   }
   printf("middle is %d",y);
   else printf("middle is %d",z);
}
```

23．用 else if 形式代替下面程序段中的 switch 语句。

```
switch(k)
{
   case 2:
   case 9:printf("Error!\n");break;
   case 3:
   case 10:printf("Right!\n");break;
   default:printf("Try again!\n");
}
```

24．用 switch 形式代替下面程序段中的 else if 语句。（k 为整数）

```
if(k==0)
   printf("Error!\n");
else if(k>=1&&k<=3)
   printf("Right!\n");
else if(k==4||k==5)
   printf("Just OK!\n");
else
   printf("Try again!\n");
```

25．用条件运算符代替下面程序段中的 if...else 语句。

```
if(flag)
   printf("TRUE!\n");
else
   printf("FALSE!\n");
```

第 5 章 循环结构程序设计

对于初学程序设计的人来说，循环结构程序设计在三种结构中是最难掌握的。但是，循环结构程序设计也是非常重要的，因为计算机的优势就在于它可以不厌其烦地重复工作，而且还不出错（只要程序是对的）。其实，表示循环结构语句的语法并不难掌握，关键是如何使用循环程序设计的思想去解决实际问题。本章通过大量的实例来强化循环程序设计的思想。

5.1 问题的提出与程序示例

首先，我们提出两个实际问题，要大家解决。第一个问题是：在屏幕上输出整数 1～20，每两个整数中间空一个格。第二个问题是：计算 1+2+3+…+*n*。***n*** 由用户指定（在程序运行时输入）。

也许，有的读者会这样来解决第一个问题：

```
#include"stdio.h"
void main()
{
  printf("1 2 3 4 5 6 7 8 9 10 11 12 13 14 15 16 17 18 19 20\n");
}
```

毫无疑问，这个程序的语法是对的，它能够顺利地通过编译，也能够完成题目的要求，但是，这绝对不是一个好的程序，因为程序设计者没有掌握循环程序设计思想。如果题目是要求输出 1～2 000，那又如何呢？对循环程序设计来说，首先要掌握的是思想，而不是语法，只要是重复的工作，就要想办法用循环语句实现。这个问题的解决思路应该是：从输出 1 开始，每次输出一个比前一次大 1 的整数，重复 20 次。哪怕是只重复 10 次，或者 5 次，都是“重复”。重复就要用循环结构。

如图 5-1 所示是解决该问题的 N-S 结构图。

i 是循环变量，从 1～20，循环刚好进行 20 次。i 的初值是 1，当 i 小于等于 20 时，循环做两件事，输出 i 和 i 增 1。由于每次循环都使 i 增 1，因此 i 的值会越来越大，当 i 的值增加到 21 时，循环条件 i<=20 不成立，循环结束。在这个循环当中，重复的次数是用存储单元 i 记录的，称这个存储单元为循环计数器，在循环结构中又称循环变量。

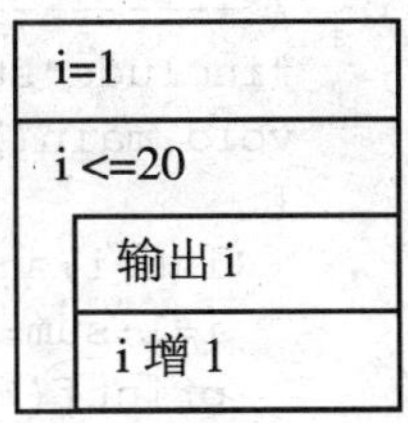

图 5-1 输出 1～20

【例 5.1】 用 while 语句解决“在屏幕上输出整数 1～20”的问题。

```
/*---------------------------display 1 2 … 20------------------------------*/
  #include"stdio.h"
  void main()
  {
     int i;                                        /*定义变量 i*/
     i=1;                                          /*设 i 的初值为 1*/
     while (i<=20)                                 /*i 小于等于 20 时，进行循环*/
     {
```

```
        printf("%d ",i);                         /*输出当前 i 的值*/
        i++;                                      /*i 的内容增 1*/
    }
    printf("\n");
}
```

运行结果：

1 2 3 4 5 6 7 8 9 10 11 12 13 14 15 16 17 18 19 20

第二个问题的解决则必须使用循环结构，不可能使用顺序结构，因为在程序执行之前，并不知道 *n* 是多少，所以不能写出类似于这样的程序：

```
#include"stdio.h"
void main()
{
  printf("%d\n",1+2+3+4+5+6+7+8+9+10);
}
```

这个程序的设计者也没有掌握循环程序设计思想，并且该程序并不能解决 1+2+3+⋯+*n* 的问题。因为不知道 *n* 的具体值（是由用户输入的），如何将其罗列出来呢？

解决这个问题的基本思路是：使用一个初值为 0 的存储单元（这个存储单元叫作累加器），从加 1 开始，每次加一个比前一次大 1 的整数，重复 *n* 次。

循环体的工作包括：将 i 的值累加到 sum（累加器）中，并将循环变量 i 的值增 1。在循环前，要赋给累加器和循环变量正确的初值。

解决该问题的 N-S 结构图如图 5-2 所示。

sum 是累加器，每次循环累加 i 当时的值。sum 的初值一定要为 0。i 仍然是循环计数器，从 1 到 *n* 循环 *n* 次。

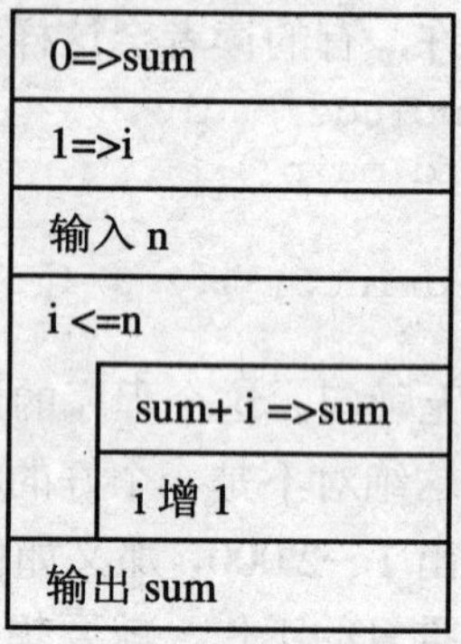

图 5-2　1+2+3+⋯+*n* 问题的 N-S 结构图

【例 5.2】用 while 语句解决“1+2+3⋯+*n*”的问题。

```
/*----------------------------sum of 1+2+3⋯+n---------------------------*/
/*----------------------------文件名 exam_52.cpp--------------------------*/
#include"stdio.h"
void main()
{
   int i,sum,n;                                  /*定义变量*/
   i=1;sum=0;                                    /*赋初值*/
   printf("\nPlease input a integer:");          /*提示用户输入一个整数*/
   scanf("%d",&n);                               /*接受用户输入的整数到 n*/
   while (i<=n)                                  /*i 小于等于 n 时，进行循环*/
   {
        sum=sum+i;                               /*累加*/
        i++;                                     /*i 的内容增 1*/
   }
   printf("sum=%d\n",sum);                       /*输出结果*/
}
```

本程序的运行结果与用户的输入有关，假如用户输入 10，结果为 sum=55；假如用户输入 0，结果为 sum=0。

循环语句除了 while 语句，还有 do…while 和 for 语句。

5.2　while 语句

5.2.1　while 语句的语法和流程图

while 语句的语法是：

```
while(表达式)
  语句;
```

while 语句的功能：首先计算表达式的值，如果表达式的值非零（真），执行"语句"，并再次计算表达式的值，此过程重复执行，直到表达式的值为零（假），循环结束。

重复执行的语句被称为循环体，表达式被称为循环表达式。

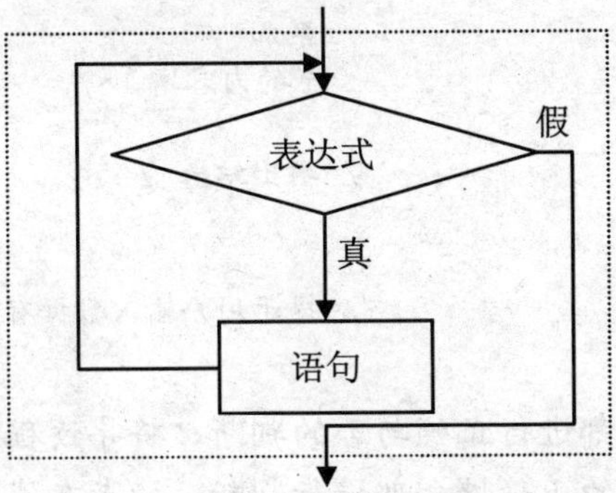

（a）传统流程图

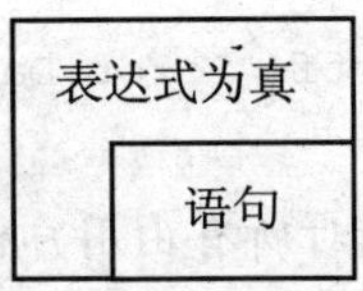

（b）N-S 结构图

图 5-3　while 语句的流程图

最常见的循环语句是通过计数控制循环的执行次数。

通过计数控制循环时，while 语句的常规用法是：

```
i=1;                          /*循环前的初始赋值*/
while(i<=20)                  /*i 小于等于 20 时，进行循环*/
                              /* i<=20 是循环表达式 */
{
  printf("%d ",i);            /* 循环体开始，输出当前 i 的值*/
  i++;                        /*i 的内容增值 1，循环体中循环变量的更新*/
                              /* 循环体结束*/
}
```

循环体中的语句超过一句时，要使用分程序结构，即用"{"和"}"将循环体中的语句括起来。

while 语句的流程图如图 5-3 所示。while 语句的结构就是我们在第 4 章中提到的"当型循环结构"。

为了更好地说明 while 循环语句的特点，例 5.2 的程序编写得比较简单，该程序在运行时，用户输入的数值必须大于等于 0，如果用户输入的值是负数，运行结果是 sum=0，从理论上讲，这不是一个好的程序。

一个好的程序必须保证在用户输入数据错误的情况下，程序也能正常运行，不能得出非正常的结论或使系统出错。

正确的程序是：

```
/*---------------------------sum of 1+2+3…+n------------------------------*/
#include"stdio.h"
void main()
{
   int i,sum,n;                               /*定义变量*/
   i=1;sum=0;                                 /*赋初值*/
   printf("\nPlease input a integer:");       /*提示用户输入一个整数*/
   scanf("%d",&n);                            /*接受用户输入的整数到n*/
   if(n>=0)
   {
      while(i<=n)                             /*i小于等于n时，进行循环*/
      {
         sum=sum+i;                           /*累加*/
         i++;                                 /*i的内容增1*/
      }
      printf("sum=%d\n",sum);                 /*输出结果*/
   }
   else
      printf("Error Data!\n");                /*提示用户输入数据有误*/
}
```

说明：如果对所有由用户输入的数据都进行正确与否的判断，将导致程序复杂化，为了精简篇幅，本书中的程序并未对输入数据的正确性全部进行判断。读者在使用这些程序时，可以修改以后再使用！

还有一种常见的控制循环的方式，是使用用户输入的一个特殊值来结束循环。请看下例。

【例5.3】 执行下列程序时，若输入为wel↙ come$↙，程序的运行结果是什么？

```
/*---------------------------文件名exam_53.cpp----------------------------*/
#include"stdio.h"
void main()
{
   char c;                               /*定义变量c*/
   printf("\nPlease input a string ended with $ :\n");
                                         /*提示用户输入一串以$为终止标记的字符*/
   c=getchar();                          /*输入第一个字符到变量c中*/
   while(c!='$')                         /*如果输入的字符不是$*/
   {
      putchar(c);                        /*输出c*/
      c=getchar();                       /*读一个字符到变量c中*/
   }
   putchar('\n');                        /*换行*/
}
```

运行情况：

```
Please input a string:
wel↙
wel
come$↙
come
```

说明：本程序是在接收一个字符后，马上输出该字符，每输入一个字符都要覆盖前面的内容。'$'是用户输入的、可以使循环结束的标记，我们称这种特殊值为哨兵值。这种通过不断对输入的数据进行判断，直到遇到程序员事先指定的哨兵值时，循环才能终止的循环控制方法也称为哨兵循环。

本例的可执行程序与用户进行交流的字符是回车，所以只有输入回车符，运行程序才开始接收输入，并输出。如果只输入 wel，不输入回车符，程序则不能开始接收字符，也就不能开始判断接收的字符是什么。

在本例中，'$'符号是不输出的。请读者分析如果将循环语句修改成：

```
while((c=getchar())!='$') putchar(c);
```

执行结果如何？为什么？再将循环语句修改成：

```
while(putchar(getchar())!='$');
```

执行结果又如何？原因是什么？

5.2.2　使用 while 语句需要注意的问题

使用 while 语句需要注意以下几点：

（1）循环次数的控制要正确。使用循环结构程序设计，有时可以通过循环变量来控制循环次数，例 5.1 和例 5.2 都是通过循环变量 i 来控制循环次数的，一个是 20 次，一个是 *n* 次，只不过 *n* 是程序执行时由用户决定的；有时不需要通过循环变量来控制次数，而是通过一些特殊的条件来终止循环，例 5.3 就是如此。那么使用循环变量控制循环次数时，要保证控制的准确性。1～10 是 10 次，0～9 也是 10 次。请看例 5.4。

【例 5.4】输入 20 个整数，求它们的和以及平均值。

循环体的工作包括：读一个数并将其值累加到累加器中，同时循环变量的值增 1。在循环前，累加器 sum 和循环变量 i 要赋给正确的初值。本题与例 5.2 的区别在于，每次累加的数是从键盘输入的，与循环控制变量无关。

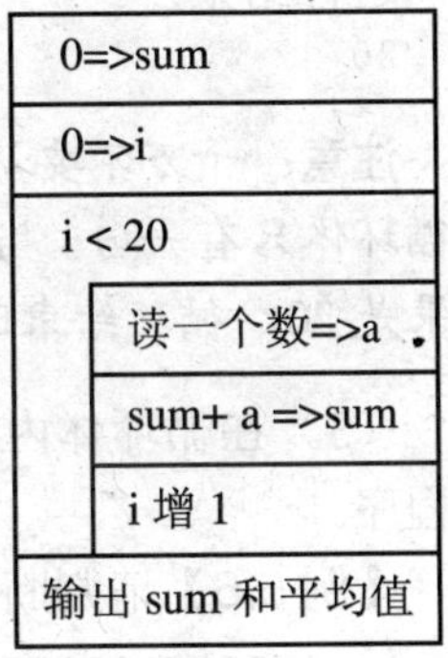

图 5-4　例 5.4 的 N-S 结构图

```
/*---------------------------文件名 exam_54.cpp-------------------------*/
#include"stdio.h"
void main()
{
   int i,sum,a;                                        /*定义变量*/
   sum=0;                                              /*赋初值*/
   i=0;
   printf("Please enter 20 int:");                     /*提示用户输入 20 个整数*/
   while(i<20)                                         /* i 小于 20 时，进行循环*/
   {
      scanf("%d",&a);                                  /*接收输入到 a*/
      sum=sum+a;                                       /*累加 a 的值到 sum*/
      i++;                                             /*i 增 1*/
   }
   printf("sum=%d aver=%lf\n",sum,sum/20.0);           /*输出平均值*/
}
```

运行情况：

```
Please enter 20 int:
1 2 3 4 5 6 7 8 9 10 10 9 8 7 6 5 4 3 2 1
sum=110 aver=5.500000
```

本程序的计数是 0～19（20 次），所以 i 的初值是 0，循环表达式是 i<20，而不是 i<=20。

（2）循环体包含一个以上的语句时，一定要用花括号括起来，否则，可能与程序要求不符。

【例 5.5】请判断下列程序的结果。

```
/*----------------------------文件名 exam_55.cpp-------------------------*/
#include"stdio.h"
#include"stdio.h"
void main()
{
   int i;
   i=0;
   while(i<20)
      i++;
   printf("%d ",i);
   printf("\n");
}
```

运行结果：

```
20
```

注意：千万不要认为“printf("%d ",i);”被包含在循环体中！由于没有使用花括号，实际上循环体只有一句：“i++;”，而“printf("%d ",i);”是在循环体之外的语句。因此本题的执行结果是 20，循环结束时 i 已经为 20 了。

（3）在循环体内要有使循环趋向于结束的语句，否则，可能引起无限循环。请看下面的程序。

【例 5.6】请判断下列程序的结果。

```
/*----------------------------文件名 exam_56.cpp-------------------------*/
#include"stdio.h"
void main()
{
   int i;
   i=1;
   while(i<=20)
      printf("%d ",i);
   i++;
   printf("\n ");
}
```

程序运行的结果是：不断地在显示器上显示 1。

本程序看上去与例 5.5 差不多，但是由于 i++在循环体外，循环中的 i 不会发生变化，实际上构成了无限循环。

（4）循环表达式可以是真，可以通过在循环体中加入 if 语句对循环进行控制。

【例 5.7】在循环中使用 break 语句跳出循环。

```
/*----------------------------文件名 exam_57.cpp-------------------------*/
#include"stdio.h"
void main()
```

```
{
   int i,sum,a;                                 /*定义变量*/
   sum=0;                                       /*赋初值*/
   i=0;
   printf("Please enter 20 int:");              /*提示用户输入 20 个整数*/
   while(10)                                    /*循环表达式为真 */
   {
       if(i<20)                                 /*如果 i 小 20*/
           i++;                                 /*i 增 1*/
       else                                     /*否则*/
           break;                               /*从循环体跳出*/
       scanf("%d",&a);                          /*接收输入到 a*/
       sum=sum+a;                               /*累加 a 的值到 sum*/
   }
   printf("sum=%d aver=%f\n",sum,sum/20.0);     /*输出平均值*/
}
```

说明：本程序与例 5.4 的功能完全一样，i>=20 时，执行 break 语句跳出循环。break 用于循环语句中的作用是跳出包含它的最内层循环。

5.3　do…while 语句

5.3.1　do…while 语句的语法和流程图

do…while 语句的语法是：

```
do
{
   语句;
} while(表达式);
```

do…while 语句功能：执行“语句”，计算表达式的值，如果表达式的值为非零（真），继续执行“语句”，直到表达式的值为零（假），循环结束。

do…while 与 while 语句的区别是：do…while 总是要先进行一遍循环，再进行表达式的判断，因此循环体中的语句肯定要循环一次。在设计程序时，如果不知道重复执行的次数，而且第一次必须执行时，常采用 do…while 语句。

do…while 语句的流程图如图 5-5 所示。

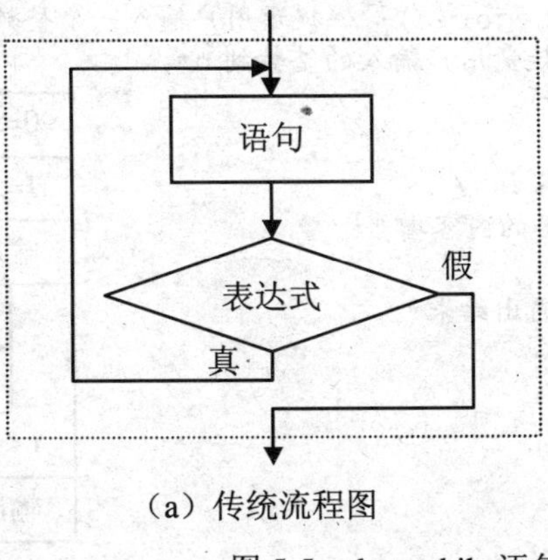

（a）传统流程图

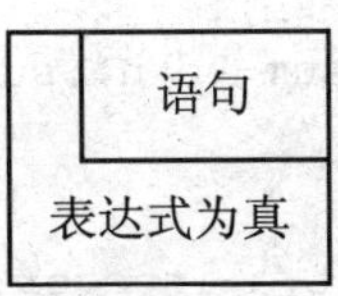

（b）N-S 结构图

图 5-5　do…while 语句的流程图

5.3.2 使用 do…while 语句解决问题

【例 5.8】用 do…while 语句解决“在屏幕上输出整数 1～20”的问题，其 N-S 结构图如图 5-6 所示。

```
/*--------------------------display 1 2 … 20------------------------------*/
/*--------------------------文件名 exam_58.cpp----------------------------*/
#include"stdio.h"
void main()
{
   int i;                    /*定义变量 i*/
   i=1;                      /*设 i 的初值为 1*/
   do                        /*进行循环*/
   {
      printf("%d ",i);       /*输出当前 i 的值*/
      i++;                   /*i 的内容增 1*/
   }while(i<=20);            /*i 小于等于 20 时，继续循环*/
   printf("\n");
}
```

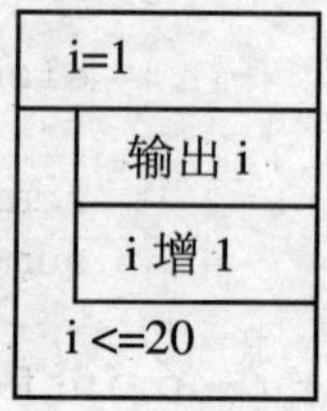

图 5-6　输出 1～20

使用计数循环时，do…while 循环语句的常规用法是：

```
i=1;                         /*循环前的初始赋值*/
do
{                            /*循环体开始*/
   printf("%d ",i);          /*输出当前 i 的值*/
   i++;                      /*i 的内容增值 1，循环变量的更新*/
}while(i<=20)                /*i 小于等于 20 时，循环继续*/
/*循环表达式*/
```

使用 do…while 语句，进入循环时不对循环表达式作任何判断，直接执行一遍循环体中的语句，然后对循环表达式作判断。

【例 5.9】用 while 语句解决“1+2+3+…+*n*”的问题，其 N-S 结构图如图 5-7 所示。

```
/*---------------------------sum of 1+2+3+…+n-----------------------------*/
/*---------------------------文件名 exam_59.cpp---------------------------*/
#include"stdio.h"
void main()
{
   int i,sum,n;                              /*定义变量*/
   i=1;sum=0;                                /*赋初值*/
   printf("\nPlease input a integer:"); /*提示用户输入一个整数*/
   scanf("%d",&n);           /*接受用户输入的整数到 n*/
   do
   {
      sum=sum+i;             /*累加*/
      i++;                   /*i 的内容增 1*/
   }while(i<=n);
   printf("sum=%d\n",sum);   /*输出结果*/
}
```

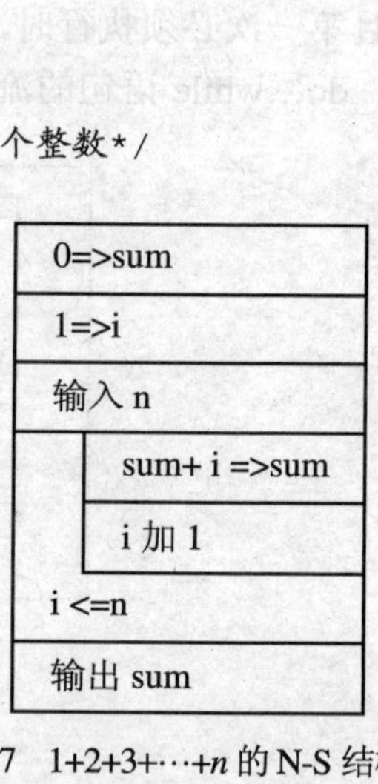

图 5-7　1+2+3+…+*n* 的 N-S 结构图

运行情况一：

```
Please input a integer:10↙
55
```

运行情况二：

```
Please input a integer:0↙
1
```

从运行情况看，当用户的输入为 55 时，程序的运行结果是正确的；当用户的输入为 0 时，程序的运行结果是错误的！而使用 while 语句编写程序时，输入 0 是不会出错的。为什么呢？这是因为 do…while 语句是先执行循环体，再判断循环表达式。所以，不论 *n* 的值是 0 还是其他的数值，循环体必然被执行一遍。请读者自己修改程序。

【例 5.10】执行下列程序时，若输入为 wel↙come$↙，程序的执行结果是什么?

```
/*-----------------------------文件名 exam_510.cpp-------------------------*/
#include"stdio.h"
void main()
{
   char c;
   printf("\nPlease input a string ended with $:");
   do
   {
       c=getchar();
       putchar(c);
   }while(c!='$');
}
```

运行情况:

```
Please input a string:
wel↙
wel
come$↙
come$
```

说明：本例最能说明 while 语句和 do…while 语句的区别，在例 5.3 中，循环语句的外面必须先使用 c=getchar()接收一个用户输入的字符，才能判断 c 是不是'$'，因为有可能用户输入的第一个字符就是'$'。本例也同时说明，do…while 语句实际上可以由 while 语句代替，代替的方法是将循环体的语句写在 while 循环的上面，再使用 while 语句。需要注意的是，本程序的运行结果包括了字符'$'，因为只有在'$'被输出以后，程序才会判断 c 是不是'$'。

5.3.3 使用 do…while 语句需要注意的问题

使用 do…while 语句需要注意以下几点：

（1）为了避免编译系统把 do…while 语句的 while 当作 while 语句的开始，do…while 循环体中的语句即使只有一句，也需要采用分程序结构（用花括号括起来）。例如，下面程序的功能与例 5.10 相同。

```
#include"stdio.h"
void main()
{
   char c;
   printf("\nPlease input a string ended with $:");
   do
```

```
    {
       putchar(c=getchar());
    }while(c!='$');
}
```

但是，千万不能将 do…while 语句写成：

```
do
   putchar(c=getchar());
while(c!='$');
```

（2）由于 do…while 语句是先执行循环体，再判断表达式，因此有些程序不能用 do…while 语句编写。例如，输入某门功课的若干个同学的成绩，以-1 作为循环终止的哨兵值，计算平均成绩。也就是说，不能将-1 计算在内。如果用 do…while 语句编写，程序如下。

【例 5.11】求平均值的错误程序。

```
/*----------------------------文件名 exam_511.cpp--------------------------*/
#include"stdio.h"
void main()
{
   int sum,i,score;                                   /*定义变量*/
   sum=0;
   i=0;
   printf("\nPlease input a string ended with -1:");
   do                                                 /*循环*/
   {
      scanf("%d",&score);                             /*输入成绩*/
      sum=sum+score;                                  /*累加*/
      i++;                                            /*i 增 1*/
   }while(score!=-1);                                 /*score 不等于-1 时，继续循环*/
   printf("aver=%f\n",1.0*sum/i);                     /*输出平均成绩*/
}
```

这个程序的逻辑是错误的，因为-1 也被累加到 sum 中了，并且不能解决输入的第一个数就是-1 的问题。例如，若输入 1 2 3 4 5 6 7 8 9 10 -1，则结果不是 5.5，而是 4.909 091。

正确的程序应该使用 while 语句编写，或者在 do…while 语句中加入 if 语句与 break 语句跳出循环（参见例 5.17）。

5.4 for 语句

5.4.1 for 语句的语法和流程图

for 语句的语法是：

```
for(表达式 1; 表达式 2; 表达式 3)
   语句;
```

for 语句的功能可以用下面的过程来描述：

（1）计算表达式 1。

（2）计算表达式 2，判断表达式 2 是否为“真”，若为“真”，执行循环体中的“语句”，若为“假”，循环结束，跳转到 for 语句下面的一个语句。

（3）计算表达式 3。

（4）跳转到第（2）步执行。

for 语句的流程图如图 5-8 所示。

由流程图可以看出，for 语句实际等价于下面的 while 语句：

```
表达式 1;
while(表达式 2 )
{
   语句;
   表达式 3;
}
```

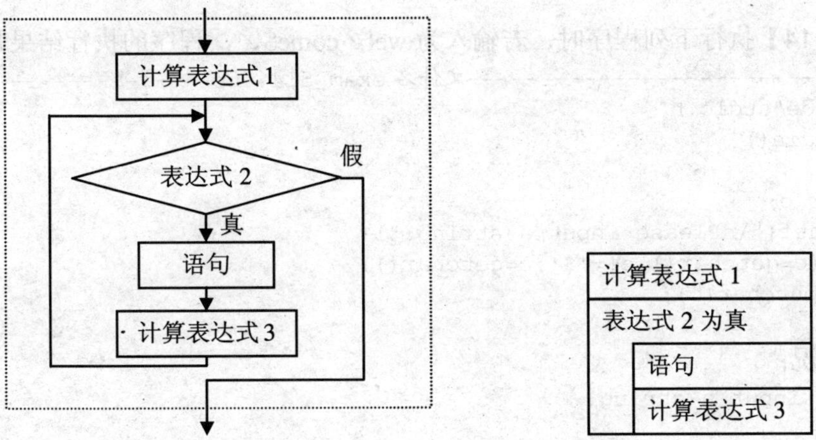

（a）传统流程图　　（b）N-S 结构图

图 5-8　for 语句的流程图

5.4.2　使用 for 语句解决问题

【例 5.12】用 for 语句解决“在屏幕上输出整数 1～20”的问题，如图 5-9 所示。

```
/*------------------------------display 1 2 …  20-----------------------------*/
/*----------------------------文件名 exam_512.cpp----------------------------*/
#include"stdio.h"
void main()
{
   int i;                        /*定义变量*/
   for(i=1;i<=20;i++)            /*循环变量从 1 开始到 20 结束，每次增加 1*/
      printf("%d ",i);           /*显示 i 的值*/
   printf("\n");                 /*换行*/
}
```

使用计数循环时，for 循环语句的常规用法是：

```
for (i=1; i<=20; i++)
   printf("%d ",i);              /*输出当前 i 的值*/
```

“i=1”是循环前的初始赋值，“i<=20”是循环表达式，“printf("%d ",i);”是循环体，“i++”是循环变量的更新。

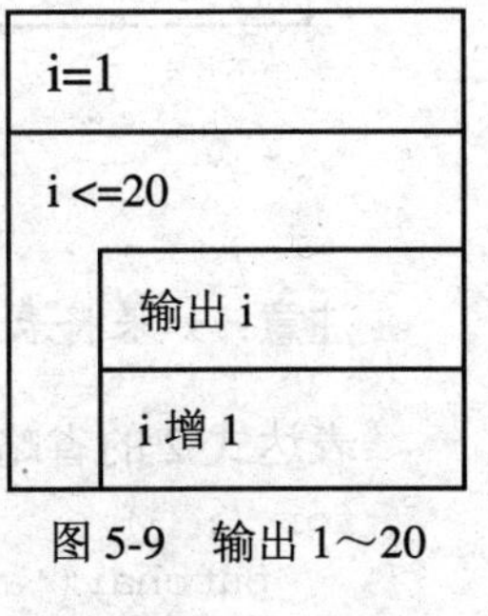

图 5-9　输出 1～20

【例 5.13】用 for 语句解决“1+2+3+…+n”的问题。

```
/*---------------------------sum of 1+2+3+…+n---------------------------*/
/*--------------------------文件名 exam_513.cpp--------------------------*/
#include"stdio.h"
void main()
{
  int i,sum,n;                              /*定义变量*/
  printf("\nPlease input a integer:");      /*提示用户输入一个整数*/
  scanf("%d",&n);                           /*接收用户输入的整数*/
  for(i=1,sum=0;i<=n;i++)                   /*循环*/
     sum=sum+i;                             /*累加*/
  printf("sum=%d\n",sum);                   /*输出结果*/
}
```

【例 5.14】执行下列程序时，若输入为 wel↙ come$↙，程序的执行结果是什么？

```
/*----------------------------文件名 exam_514.cpp-------------------------*/
#include"stdio.h"
void main()
{
  char c;
  printf("\nPlease input a string:");
  for(c=getchar();c!='$';c=getchar())
     putchar(c);
}
```

运行情况：

```
Please input a string:
wel↙
wel
come$↙
come$
```

通过上面的三个例子是不是可以看出 for 语句使用起来比 while、do…while 语句更简练？

5.4.3 使用 for 语句需要注意的问题

使用 for 语句需要注意以下几点：

（1）for 语句写起来很灵活，表达式 1、表达式 2、表达式 3 都可以省略，但是即使三个表达式都省略了，两个“;”也不可省略。

例如，下面三个程序段是完全等价的。

```
for(j=sum=0;j<5;j++)
   sum=sum+j;
```

```
j=sum=0;
for(;j<5;j++)
   sum=sum+j;
```

```
j=sum=0;
for(;j<5;)
{
   sum=sum+j;
   j++;
}
```

注意：如果将表达式 3 省略了，应将相应的语句写进循环体，以保证循环能正确地结束。

表达式 2 的省略可以构成无限循环，例如：

```
for (; ;)
   putchar('a');
```

（2）在表达式 1 和表达式 3 中可以使用逗号运算符把执行语句并列在一起，并且循环体可以为空。

例如，for(i=1,sum=0;i<=100;sum+=i,i++);

是一个空循环体的语句，该句的功能是求 1+2+3+…+100。

例 5.14 也可以编写成空循环体：

```
#include"stdio.h"
void main()
{
    char c;
    printf("\nPlease input a string:");
    for(;(c=getchar())!='$';putchar(c));
}
```

有的初学者会这样写程序：

```
for(i=1;i<=20;i++);
    printf("%d  ",i);
```

随意在 for 语句后面加一个分号，以为无关紧要，但实际上，这个 for 循环的循环体语句是空语句，“printf("%d ",i);”则是与之并列执行的语句，因此，本程序段只输出了 21，而不是输出 1～20。

5.5 多重循环

多重循环也叫作循环的嵌套，就是在一个循环体内包含了另一个循环体。例如，编写程序在一行内输出整数 1～20，并连续输出五行。解决此问题的思路是：把“在一行内输出整数 1～20”的工作重复五次。

在这里我们使用逐步求精的方法来实现。把“在一行内输出整数 1～20”重复五次的 N-S 图如图 5-10 所示。在图 5-10 左边的流程图中，用循环变量 i 控制循环执行了五次，而循环体是“在一行内输出整数 1～20”，这里，它只是一个简单的功能说明，但是程序的功能非常清楚。接下来，我们要把“在一行内输出整数 1～20”细化，变成图 5-10 右边的流程图。字体加黑的部分就是细化的部分。

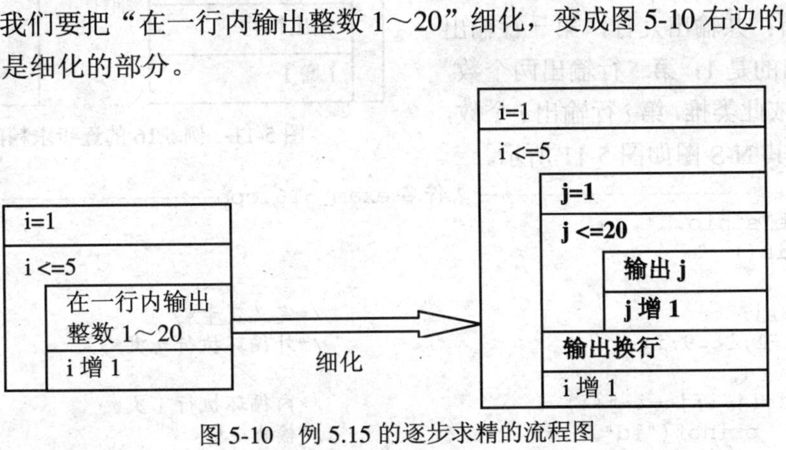

图 5-10　例 5.15 的逐步求精的流程图

由 i 循环变量控制的执行五次循环体的循环是外层循环，由 j 循环变量控制的执行 20 次循环体的循环是内层循环，外层循环与内层循环的循环变量名不能相同。如果相同，会引起循环次数的混乱。

【例 5.15】编写程序，在一行内输出整数 1～20，并连续输出五行。

根据如图 5-10 所示的流程编写程序如下。

```
/*--------------------------文件名 exam_515.cpp---------------------------*/
#include"stdio.h"
void main()
{
   int i,j;                                           /*定义变量*/
   for(i=1;i<=5;i++)                                  /*外循环执行 5 次*/
   {
      for(j=1;j<=20;j++)                              /*内循环执行 20 次*/
         printf("%d ",j);                             /*输出内循环控制变量的值*/
      printf("\n");                                   /*换行*/
   }
}
```

运行结果：

```
1 2 3 4 5 6 7 8 9 10 11 12 13 14 15 16 17 18 19 20
1 2 3 4 5 6 7 8 9 10 11 12 13 14 15 16 17 18 19 20
1 2 3 4 5 6 7 8 9 10 11 12 13 14 15 16 17 18 19 20
1 2 3 4 5 6 7 8 9 10 11 12 13 14 15 16 17 18 19 20
1 2 3 4 5 6 7 8 9 10 11 12 13 14 15 16 17 18 19 20
```

在语法上，内层循环和外层循环可以使用 for、while 和 do…while 这三种语句中的任何一个。

【例 5.16】编写程序输出下列图形：

```
1
22
333
4444
55555
666666
7777777
88888888
999999999
```

题目分析：共输出九行，第一行输出一个数，输出的是 1；第二行输出两个数，输出的是 2，依此类推，第 *i* 行输出 *i* 个数，输出的是 *i*。其 N-S 图如图 5-11 所示。

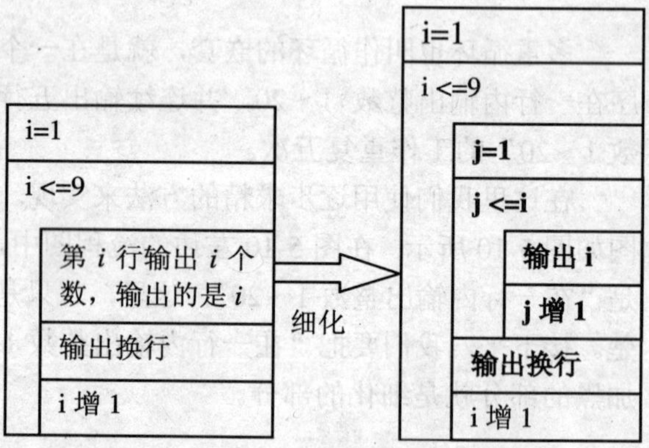

图 5-11 例 5.16 的逐步求精的流程图

```
/*--------------------------文件名 exam_516.cpp---------------------------*/
#include"stdio.h"
void main()
{
   int i,j;                                 /*定义变量*/
   for(i=1;i<=9;i++)                        /*外循环执行九次*/
   {
      for(j=1;j<=i;j++)                     /*内循环执行 i 次*/
         printf("%d",i);                    /*输出 i*/
     printf("\n");                          /*输出换行*/
   }
}
```

5.6　break 语句在循环语句中的用法

break 语句不但可以用于 switch 语句，也可以用于循环语句。

break 语句的语法格式为：

break;

break 语句用在循环体中的功能是：终止最内层循环。从包含它的最内层循环语句（while、do…while、for）中退出，执行包含它的循环语句的下一条语句。

【例 5.17】编写程序，输入某门功课的若干个同学的成绩，以-1 作为循环终止的哨兵值，计算平均成绩。不把-1 计算在内。

```
/*-------------------------文件名 exam_517.cpp-------------------------*/
#include"stdio.h"
void main()
{
   int sum,i,score;                                    /*定义变量*/
   sum=0;
   i=0;
   printf("\nPlease enter scores ended with -1");
   do                                                  /*循环*/
   {
      scanf("%d",&score);                              /*输入成绩*/
      if(score== -1) break;                            /*score 为-1 时跳出循环*/
         sum=sum+score;                                /*累加*/
      i++;                                             /*i 增 1*/
   }while(1);                                          /*不断循环*/
   if(i!=0)
      printf("aver=%5.2lf\n",1.0*sum/i);              /*输出平均成绩*/
   else
      printf("\nNo data!");
}
```

运行情况 1：

```
Please enter scores ended with -1
88 89 90 91 92 93 -1↙
aver=90.50
```

运行情况 2：

```
-1
No data!
```

本例是对例 5.11 的修改。例 5.11 中的程序逻辑是错误的，读第一个百分制分数是在进入循环以后，如果不使用 break 语句，无法解决读的第一个百分数是-1 的问题。

【例 5.18】求 3～100 之间的所有素数。

题目分析：假设一个数是 m，判断它是素数的方法是：它不能被 2～(m-1)中中的任何一个数整除。

```
/*----------------------------文件名 exam_518.cpp-------------------------*/
#include"stdio.h"
void main()
{
   int i,j;                                    /*定义变量*/
```

```
    for(i=3;i<=100;i++)                          /*i 从 3 到 100，对每个 i 进行判断*/
    {
        for(j=2;j<=i-1;j++)                      /*j 从 2 到 i-1，j 增 1*/
            if(i%j==0)                           /*若 i 能被 j 整除*/
                break;                           /*从内循环跳出*/
        if(i==j)                                 /*i 与 j 相等，i 是素数*/
            printf("%4d",i);                     /*输出 i*/
    }
    printf("\n");
}
```

运行结果：

```
  3   5   7  11  13  17  19  23  29  31  37  41  43  47  53  59  61  67  71  73
 79  83  89  97
```

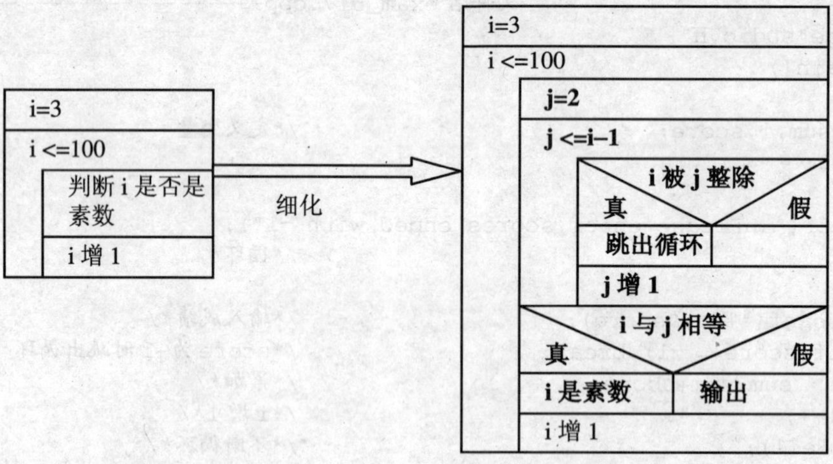

图 5-12　例 5.18 的逐步求精的流程图

说明：如果内层循环是从 break 语句中跳出的，此时的 j 必然小于 i，说明 i 能被 j 整除，则 i 不是素数；如果一直到内循环结束，都没有跳出，表明 i 不能被 2 ~ i-1 中的任何一个数整除，则 i 是素数。

5.7　continue 语句

5.7.1　continue 语句的用法

continue 语句的语法格式为：

continue;

continue 语句的功能：使包含它的最内层循环立即开始下一轮循环（即本次循环体中 continue 后面的部分不执行）。continue 用在 while 和 do…while 语句中与用在 for 语句中略有不同。在 for 语句中将终止本次循环体运行，但是要计算表达式 3。

【例 5.19】输入十个整数，将正数累加。

```
/*----------------------------文件名 exam_519.cpp-----------------------*/
#include"stdio.h"
void main()
{
```

```
    int i,j,s=0;                                /*定义变量*/
    printf("Please enter 10 integer:");         /*提示输入10个整数*/
    for(i=0;i<10;i++)                           /*循环10次*/
    {
        scanf("%d",&j);                         /*读入j*/
        if(j<0)                                 /*j小于0,继续循环*/
            continue;
        s=s+j;                                  /*求和*/
    }
    printf("sum is %d",s);                      /*输出结果*/
}
```

5.7.2　break 与 continue 的区别

break 与 continue 都可以用在循环体中，使用时要注意它们的区别。

（1）在循环语句中使用 break 是使内层循环立即停止循环，执行循环体外的第一条语句，而 continue 是使本次循环停止执行，执行下一次循环。

（2）break 语句可用在 switch 语句中，continue 语句则不能。

下面通过两个例子说明它们的不同。

【例 5.20】在循环体中使用 break 语句。

```
/*------------------------------文件名 exam_520.cpp--------------------------*/
#include"stdio.h"
void main()
{
  int i=0;
  while(i<=9)
  {
     i++;
     if(i==5)
       break;
     printf("%d\n",i);
  }
}
```

运行结果：

```
1
2
3
4
```

在例 5.20 和例 5.21 中，表面上看 while 循环是执行了十次，循环变量 i 从 0 变到 9，但是实际上例 5.20 中的循环体中有 break 语句，当 i 为 5 时就跳出了循环，因此只输出了 1、2、3、4；而例 5.21 中的循环体中有 continue 语句，当 i 为 5 时本次循环不执行，接着执行下一次循环，从而输出了 1、2、3、4、6、7、8、9、10。

【例 5.21】在循环体中使用 continue 语句。

```
/*------------------------------文件名 exam_521.cpp--------------------------*/
#include"stdio.h"
void main()
{
  int i=0;
```

```
    while(i<=9)
    {
        i++;
        if(i==5)
            continue;
        printf("%d\n",i);
    }
}
```

运行结果：

```
1
2
3
4
6
7
8
9
10
```

5.8 控制循环的实用方法

仅仅学会循环语句的语法，并不能很好地掌握循环思想，下面将通过一些范例总结控制循环的方法。控制循环的方法大致可以分为以下几种：计数循环、哨兵循环、计数哨兵循环、询问循环、输入验证循环、查找循环和延时循环等。

5.8.1 计数循环和哨兵循环

计数循环和哨兵循环是最常见的控制循环的方法，我们已经在介绍三个循环语句的语法时介绍过。

```
for(i=1,sum=0;i<=99;i=i+2)
   sum=sum+i;
```

就是计数循环。i 是计数器，1 是它的初值，100 是它的终值，在每次循环中将 i 的值增 2，这个 2 又称为步长。

使用计数循环时，要注意将计数器的初值、终值以及步长设置正确，计数循环的 N-S 结构图如图 5-13 所示。

```
for(i=1,sum=0;i<=99;i=i-2)
   sum=sum+i;
```

是错误的。由于步长是-2，i 的值会越来越小，从理论上讲，将会构成死循环。由于 C 语言对数据溢出的处理比较特殊，因此循环可以结束。但是，该程序段从逻辑上讲是不正确的。读者可以在该循环中加一条输出 i 值的语句，上机运行时观察一下 i 值的变化情况。

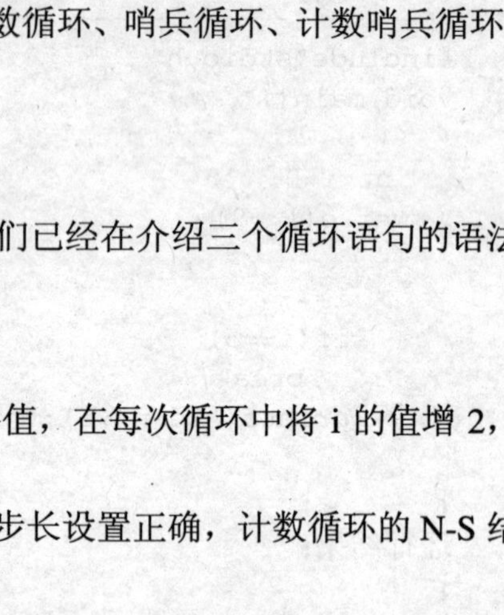

图 5-13 计数循环的 N-S 结构图

```
for(i=99,sum=0;i>=1;i=i-2)
   sum=sum+i;
```

是正确的，并且与上面的第一个 for 语句完成的任务是完全相同的。

for 语句最适合用于计数循环。

下面的程序段属于哨兵循环。

```
c=getchar();                          /*输入第一个字符到变量 c 中*/
while(c!='$')                         /*如果输入的字符不是$*/
{
   putchar(c);                        /*输出 c*/
   c=getchar();                       /*读一个字符到变量 c 中*/
}
```

循环程序不断地读入数据，并检查该数据是否与哨兵值相等，一旦输入数据与哨兵值相等，循环终止。本程序段的哨兵值是'$'。使用本例哨兵循环时，程序员和使用者都应该了解哨兵值的具体数值。程序员应在程序中明确提示哨兵值。

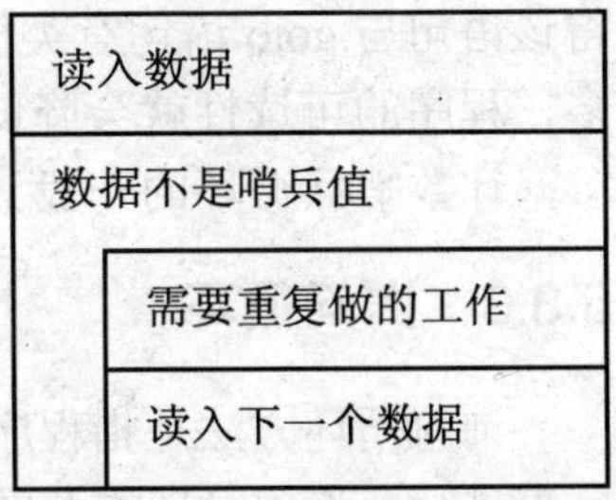

图 5-14　哨兵循环的 N-S 结构图

哨兵循环的一般用法如图 5-14 所示。

while 语句和 for 语句比较适合用于哨兵循环，而 do…while 语句不适合，因为，用户输入的第一个数就有可能是哨兵值。

另外，还有一种哨兵循环，哨兵值不是由使用者直接输入的，而是由程序员自己设定的一个值，具有特殊的含义。参见例 5.22。

5.8.2　计数哨兵循环

下面我们介绍计数哨兵循环方法。这种方法的特征是在使用计数器的同时，再使用一个哨兵值来控制循环的结束。

【例 5.22】编写程序，使用计数哨兵循环方法控制循环（不使用 break 语句跳出），求 3～100 之间的所有素数。

```
/*-------------------------文件名 exam_522.cpp-------------------------*/
#include"stdio.h"
void main()
{
   int i,j,flag;                          /*定义变量*/
   for(i=3;i<=100;i++)                    /*i 从 3 到 100，对每个 i 进行判断*/
   {
      flag=1;                             /*哨兵值设为 1*/
      for(j=2;(j<=i-1)&&(flag);j++)       /*计数器和哨兵值同时用于控制循环的结束*/
         if(i%j==0)                       /*若 i 能被 j 整除*/
            flag=0;                       /*哨兵值改为 0*/
      if(flag==1)                         /*仍然为 1，说明 i 是素数*/
         printf("%4d",i);
   }
   printf("\n");
}
```

运行结果：

```
  3   5   7  11  13  17  19  23  29  31  37  41  43  47  53  59  61  67  71  73
 79  83  89  97
```

本例中内层循环的控制方法属于计数哨兵循环方法。内层循环的控制条件是 (j<=i–1)&&(flag)，表明在 j 小于 i–1 并且 flag 非 0 的情况下，循环继续，那么一旦 j 大于 1 或者 flag 为 0，则循环终止执行。其中 j 为计数器，flag 是哨兵值。判断素数时，如果 i%j==0 条件成立，就已经说明 i 不是素数，应该跳出内循环，此时我们把 flag 赋值为 0，那么循环

表达式(j<=i–1)&&(flag)就变成了 0，内循环不能继续。

实际上，如果学会了使用哨兵值和计数器来控制循环，break 语句在循环语句中就失去了意义。这样的程序结构要好于使用 break 语句跳出循环的结构，因为尽管结构化程序设计允许使用 break 语句从循环中跳出，但是总让人觉得该语句与 goto 语句有类似的地方，如果循环的层数比较多，程序的可读性就会降低。

计数哨兵循环的一般 N-S 结构图如图 5-15 所示。

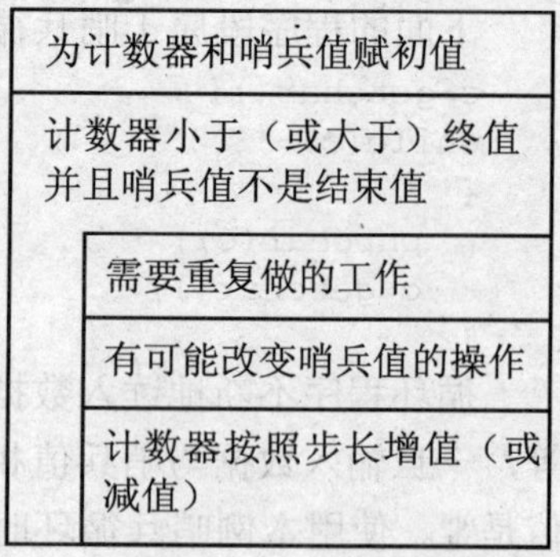

图 5-15 计数哨兵循环的 N-S 结构图

5.8.3 询问循环

询问循环方法是指程序需要询问用户是否结束循环，如果用户不同意结束循环，则循环一直进行。询问循环方法的控制方式有两种，一种是在程序中直接询问用户是否需要结束某种操作，另一种是提供一个包含“退出”选项的菜单供用户选择。

【例 5.23】编写程序输入某门功课的若干个同学的成绩，通过询问循环方法来控制输入是否停止。

```
/*---------------------------文件名 exam_523.cpp---------------------------*/
#include"stdio.h"
void main()
{
   int sum,i,score,c;                                      /*定义变量*/
   sum=0;
   i=0;
   printf("Do you want to input data (Y/N):");             /*询问用户是否输入数据*/
   c=getchar();                                            /*接收用户输入*/
   getchar();                                              /*跳过回车键*/
   while(c=='Y'|| c=='y')                                  /*用户需要输入数据则循环一直进行*/
   {
      printf("\nplease enter score:");
      scanf("%d",&score);                                  /*接收输入成绩*/
      getchar();                                           /*跳过回车键*/
      sum=sum+score;                                       /*累加*/
      i++;                                                 /*i 增 1*/
      printf("\nDo you want to continue input data (Y/N)");
                                                           /*询问用户是否继续输入数据*/
      c=getchar();                                         /*接收用户输入*/
      getchar();                                           /*跳过回车键*/
   }
   if(i!=0)
      /*输出平均成绩*/
      printf("aver=%5.2lf\n",1.0*sum/i);
   else
      printf("\nNo data!");
}
```

本程序在每次接收用户输入的分数以前，都要询问用户是否需要输入数据。如果用户回答“是”，则循环继续；如果用户不回答“是”，则循环结束。

一种询问循环的 N-S 结构图如图 5-16 所示。

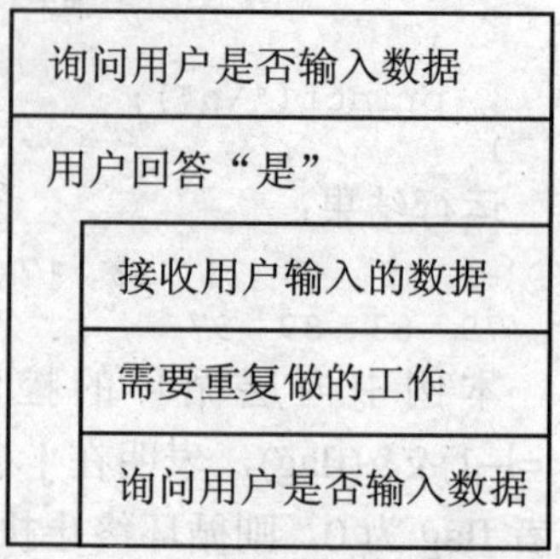

图 5-16 一种询问循环的 N-S 结构图

【例 5.24】编写程序，不断地显示下列菜单：

```
1------calculate sin(x)
2------calculate cos(x)
3------calculate tan(x)
4------calculate atan(x)
5------exit
```

若用户选择 1～4，则请用户输入一个浮点数，并计算出相应的函数值；如果用户选择 5，则程序结束循环；若用户选择其他数字，则提示用户输入有误。

```
/*---------------------------文件名 exam_524.cpp---------------------------*/
  #include"stdio.h"
  #include"math.h"
  void main()
  {
     int i=0;double x;                                    /*定义变量*/
     while(i!=5)
     {
        printf("\n1-calculate sin(x)");                   /*输出一个简易菜单*/
        printf("\n2-calculate cos(x)");
        printf("\n3-calculate tan(x)");
        printf("\n4-calculate atan(x)");
        printf("\n5-exit");
        printf("\nPlease input your choice:");            /*请用户选择*/
        scanf("%d",&i);                                   /*接收用户选择*/
        if(i>=1&&i<=4)                                    /*i 在 1～4 之间*/
        {
           printf("\nPlease input x:");
           scanf("%lf",&x);                               /*接收 x 的值*/
        }
        switch(i)                      /*根据用户的选择进行相应的运算*/
        {
           case 5:break;               /*若用户的选择为退出，则跳出 switch 语句*/
           case 1:printf("sin(%lf)=%lf\n",x,sin(x)); break;
           case 2:printf("cos(%lf)=%lf\n",x,cos(x)); break;
           case 3:printf("tan(%lf)=%lf\n",x,tan(x)); break;
           case 4:printf("atan(%lf)=%lf\n",x,atan(x)); break;
           /*若用户的选择错误，提示用户*/
           default: printf("Error choice!\n");
        }        /*switch 语句结束*/
     }           /*while 语句结束*/
  }              /*程序结束*/
```

本例中只要用户不选择功能 5，循环将一直进行下去。

另一种询问循环的 N-S 结构图如图 5-17 所示。

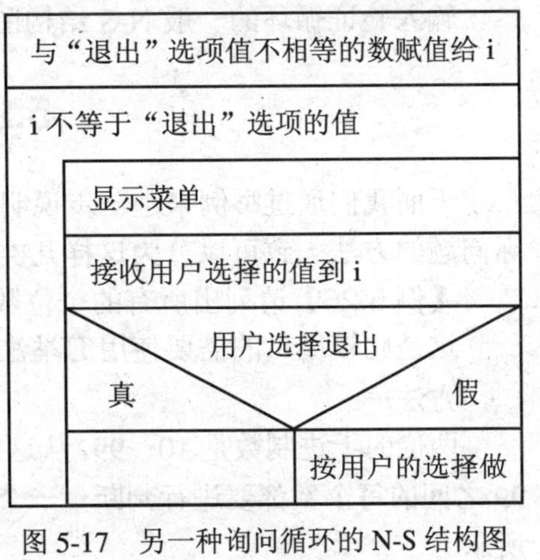

图 5-17　另一种询问循环的 N-S 结构图

5.8.4　输入验证循环

在例 5.23 中有两条语句与接收的分数有关，即：

```
printf("\nplease enter score:");
scanf("%d",&score);                /*输入成绩*/
```

该程序假设用户输入的分数是正确的，如果用户输入的分数不是正确的百分制分数，程序将无法正确处理。需要使用输入验证循环的方法保证用户的输入是正确的。

【例 5.25】修改例 5.23，使其能够正确地处理百分制的成绩。

```
/*---------------------------文件名 exam_525.cpp-------------------------*/
#include"stdio.h"
void main()
{
   int sum,i,score,c;                               /*定义变量*/
   sum=0;
   i=0;
   printf("Do you want to input data (Y/N):");  /*询问用户是否输入数据*/
   c=getchar();getchar();
   while(c=='Y'|| c=='y')                        /*用户需要输入数据则循环继续*/
   {
      printf("\nPlease enter score:");              /*输入验证循环*/
      scanf("%d",&score);                           /*接收输入成绩*/
      while(score>100||score<0)
      {
          printf("\nDate error!Please enter score again:");
          scanf("%d",&score);                       /*接收输入成绩*/
      }
      getchar();                                    /*跳过回车键*/
      sum=sum+score;                                /*累加*/
      i++;                                          /*i 增 1*/
      printf("\nDo you want to continue input data (Y/N)");
                                                    /*询问用户是否继续输入数据*/
      c=getchar();
      getchar();                                    /*跳过回车键*/
   }
   if(i!=0)
      /*输出平均成绩*/
      printf("aver=%5.2lf\n",1.0*sum/i);
   else
      printf("\nNo data!");
}
```

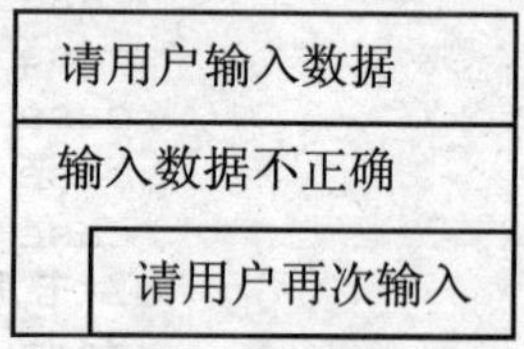

图 5-18　输入验证循环的 N-S 结构图

输入验证循环的一般 N-S 结构图如图 5-18 所示。

5.9 程序举例

下面我们通过举例来进一步说明循环语句在解决实际问题时的用法。用循环结构解决实际问题的方法大致可以分为这样几类：求和（积）、迭代和穷举等。

【例 5.26】请列出所有的个位数是 6，且能被 3 整除的两位数。

这是比较简单的需要使用穷举法编程的问题。

方法一：

两位的十进制数是 10～99，从这些数中找出个位数是 6，且能被 3 整除的数，就是对 10～99 之间的每个数都要进行判断，一个也不能少，这就是所谓穷举法了。N-S 结构图如图 5-19 所示。

```
/*----------------------------文件名 exam_5261.cpp-----------------------*/
#include"stdio.h"
void main()
{
   int i;                                     /*定义变量*/
   for(i=10;i<=99; i++)                       /*i 在 10～99 之间,步长为 1*/
      if(i%10==6&&i%3==0)
      printf("%3d\n",i);
                                              /*值符合要求输出*/
}
```

表达式(i%10==6&&i%3==0)为真的意义是：i 的个位数是 6，且 i 能被 3 整除。

方法二：

个位数为 6，十位数是在 1～9 之间进行穷举，使用公式(十位数)*10+6，形成一个两位的十进制数，从这些数中找出能被 3 整除的数。N-S 结构图如图 5-20 所示。

```
/*---------------------------文件名 exam_5262.cpp---------------------------*/
#include"stdio.h"
void main()
{
   int i;                                        /*定义变量*/
   for(i=1;i<=9; i++)                            /*i 在 1～9 之间,步长为 1*/
      if((i*10+6)%3==0)
         printf("%3d\n",i*10+6);
                                                 /*输出符合要求的值*/
}
```

运行结果：

```
36
66
96
```

显然，方法二的执行效率要高于方法一，因为方法二循环语句执行的次数是 9 次，而方法一循环语句执行的次数是 90 次。

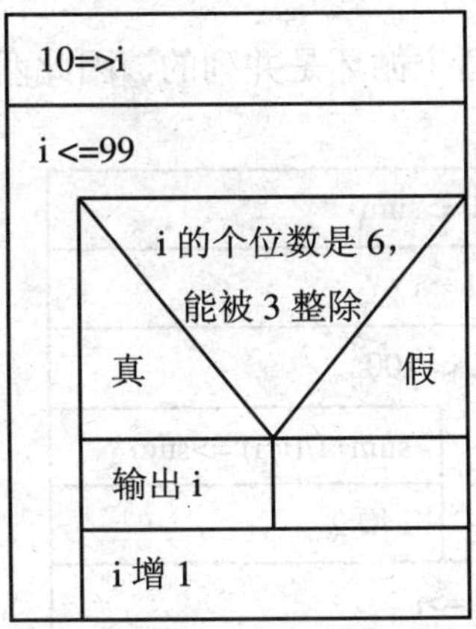

图 5-19　例 5.26 方法 1 的 N-S 结构图

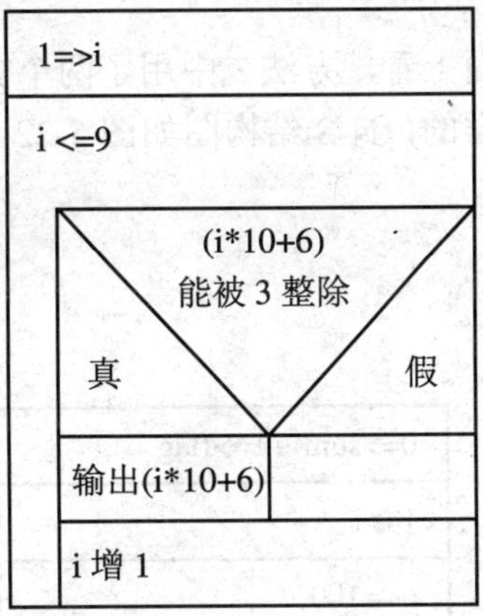

图 5-20　例 5.26 方法 2 的 N-S 结构图

【例 5.27】 计算 $1-\frac{1}{2^2}+\frac{1}{3^2}-\frac{1}{4^2}\cdots-\frac{1}{100^2}$。

这道题与 1+2+…+100 很相似，只是累加的数是 $1/i^2$，同时，数的符号是正、负、正……我们可以考虑用一个变量 flag 记录符号的变化，流程图如图 5-21 所示。求和或求积是循环结构程序设计中最常用的。解决这种问题的关键是要寻找循环体中求和（或求积）的公式以及正确地控制循环变量。例如 1+2+…+100 使用的求和公式是 sum=sum+i，i 从 1 变化到 100，增量是 1；而 1+3+5+…+99 的求和公式可以是 sum=sum+i，i 从 1 变化到 99，增量是 2；对于 1+3+5+…+99，求和公式还可以是 sum=sum+ 2*i–1，i 从 1 变化到 50，增量是 1。

方法一的程序：

```
/*-------------------------文件名 exam_5271.cpp-------------------------*/
/*------------------sum of 1-1/2^2+1/3^2-1/4^2+…-1/100^2------------------*/
#include"stdio.h"
void main()
{
   int i,flag;                                              /*定义变量*/
   float sum;
   for(i=1,sum=0,flag=1;i<=100; flag=-flag,i++) /*i从1到100循环，步长1*/
      sum=sum+flag*1.0/(i*i);                      /*求和*/
   printf("sum=%f\n",sum);                          /*输出结果*/
}
```

方法二的程序：

```
/*-------------------------文件名 exam_5272.cpp-------------------------*/
#include"stdio.h"
void main()
{
   int i,flag;                                  /*定义变量*/
   float sum;
   for(i=1,sum=0;i<=100; i=i+2)                 /* i从1到100循环，步长2*/
      sum=sum+1.0/(i*i);                        /*求和*/
   for(i=2;i<=100; i=i+2)                       /* i从1到100循环，步长2*/
      sum=sum-1.0/(i*i);                        /*求差*/
   printf("sum=%f\n",sum);                      /*输出结果*/
}
```

运行结果：

```
0.822417
```

从表面上看，方法二中用了两个循环，但由于两个循环是并列的，因此两个算法的执行效率是一样的，N-S 结构图如图 5-22 所示。

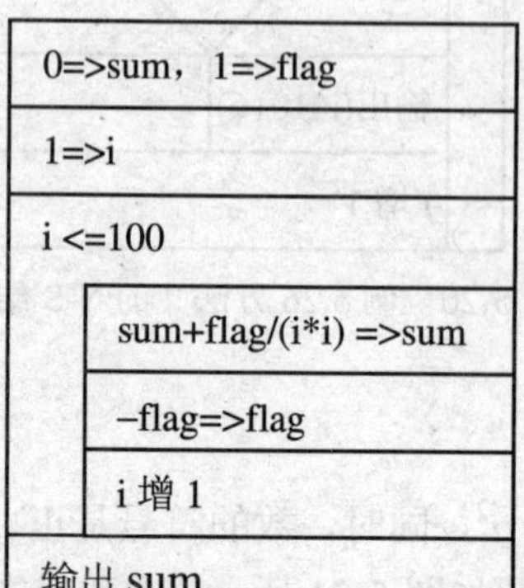

图 5-21 例 5.20 方法一的 N-S 结构图

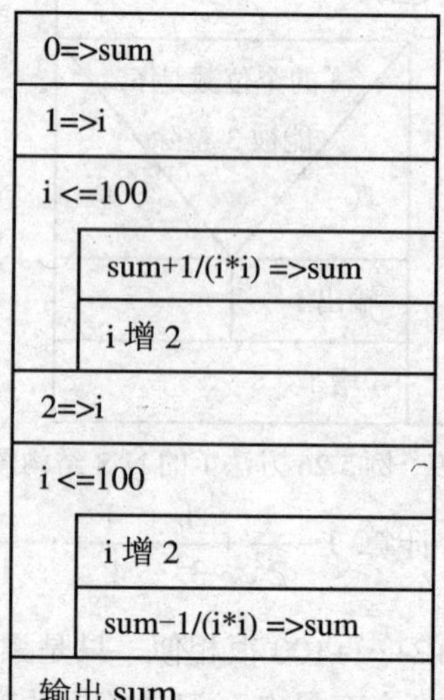

图 5-22 例 5.20 方法二的 N-S 结构图

【例 5.28】编写程序解决下面的问题：用 1 分、2 分和 5 分硬币组合成 1 元钱，请问分别需要几个 1 分硬币、几个 2 分硬币以及几个 5 分硬币？并列出所有的组合情况。

这是一个典型的使用穷举法的题目。

根据题意，我们可以列出一个方程，假设 x，y，z 分别代表 1 分、2 分、5 分的硬币个数，则 $x+2y+5z=100$，x、y 和 z 将有很多组解。x 的取值范围是 0～100（100 个 1 分硬币是 1 元钱），y 的取值范围是 0～50（50 个 2 分硬币是 1 元钱），z 的取值范围是 0～20（20 个 5 分硬币是 1 元钱）。也就是说，x、y 和 z 分别是 0～100、0～50、和 0～20 中的任何一个数，这三个数满足 $x+2y+5z=100$ 就是题目的一组解。所谓"任何一个数"就是所有取值范围内的数。因此必须用循环列出所有的可能。

方法一：

```
/*----------------------------文件名 exam_5281.cpp-------------------------*/
#include"stdio.h"
void main()
{   int i,j,k;                                        /*定义变量*/
  for(i=0;i<=100; i++)                                /*对 1 分钱的个数进行穷举*/
     for(j=0;j<=50; j++)                              /*对 2 分钱的个数进行穷举*/
        for(k=0;k<=20; k++)                           /*对 5 分钱的个数进行穷举*/
           if(i+2*j+5*k==100)  printf("%3d%3d%3d\n",i,j,k);
                                                      /*输出满足条件的组合*/
}
```

本程序是三重循环。可以将其优化为双重循环的程序：

方法二：

```
/*----------------------------文件名 exam_5282.cpp-------------------------*/
#include"stdio.h"
void main()
{
  int i,j,k;                                          /*定义变量*/
  for(j=0;j<=50; j++)                                 /*对 1 分钱的个数进行穷举*/
     for(k=0;k<=20; k++)                              /*对 2 分钱的个数进行穷举*/
        if(2*j+5*k<=100)  printf("%3d%3d%3d\n",100-2*j-5*k,j,k);
                                                      /*输出满足条件的组合*/
}
```

100−2*j−5*k 表示 1 分的硬币个数。

由于方法二使用的是双重循环，执行效率要高于方法 1。

【例 5.29】编写程序列出斐波那契（Fibonacci）数列的前 20 项。斐波那契数列源自一个有趣的问题：一对小兔，一个月后长成中兔，第三个月长成大兔，长成大兔以后每个月生一对小兔。第 20 个月有多少对兔子？

斐波那契数列的规律是：每个数等于前两个数之和。

斐波那契数列可以用数学上的递推公式来表示：

$F_1=1$

$F_2=1$

$F_n=F_n-F_{n-2}\quad(n\geqslant3)$

解决数学上的递推问题，在程序设计时一般要使用迭代思想。

解决斐波那契数列问题的程序并不复杂，关键是迭代思想。所谓迭代就是不断用新值覆盖旧值。

方法一：

使用f、a和b这三个变量，a和b的初值均为1，在循环中，不断用a+b覆盖f，而不断用新的b和新的f覆盖a和b。那么，f是每次循环求出的新的斐波那契数列的数；a和b是当前所求f的前两个数，因此，数列中的当前数求出以后，a已经没用了，此时的b和f为数列中下一个数的前两个数，因此要用b覆盖a，用f覆盖b，其流程如图5-23所示。

方法一的程序：

```
/*--------------------------文件名 exam_5291.cpp-----------------------*/
#include"stdio.h"
void main()
{
   int a,b,j,f;                                      /*定义变量*/
   a=1;b=1;                                          /*输出数列的头两个值*/
   printf("%10d%10d",a,b);
   for(j=3;j<=20; j++)                               /*从3到20循环*/
   {
      f=a+b;                                         /*求最新的数列值覆盖 f*/
      a=b;                                           /*用 b 覆盖 a*/
      b=f;                                           /*用 f 覆盖 b*/
      printf("%10d",f);                              /*输出 f*/
      if(j%4==0)
         printf("\n");                               /*每输出五个数字换行*/
   }
}
```

运行结果：

```
  1         1         2         3         5
  8        13        21        34        55
 89       144       233       377       610
987      1597      2584      4181      6765
```

方法二：

使用a和b两个变量，a和b的初值均为1，在循环中，不断用a+b覆盖新的a，不断用刚刚更新的a加上原来的b覆盖新的b。那么，新的a是每次循环求出的新的斐波那契数列的第一个数；新的b是每次循环求出的新的斐波那契数列的第二个数。循环一次求出两个数，其流程如图5-24所示。

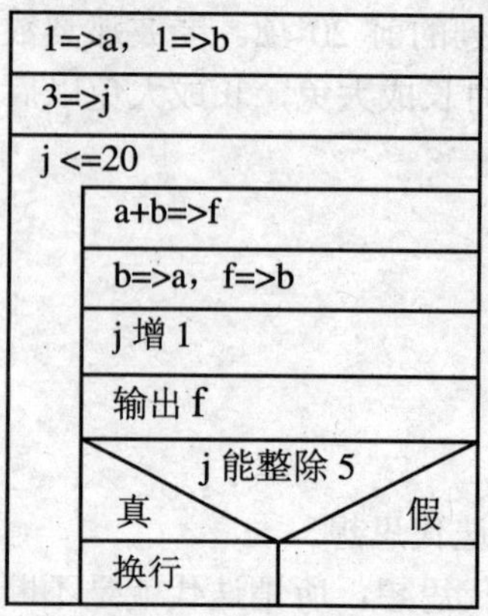

图 5-23 例 5.22 方法一的 N-S 结构图

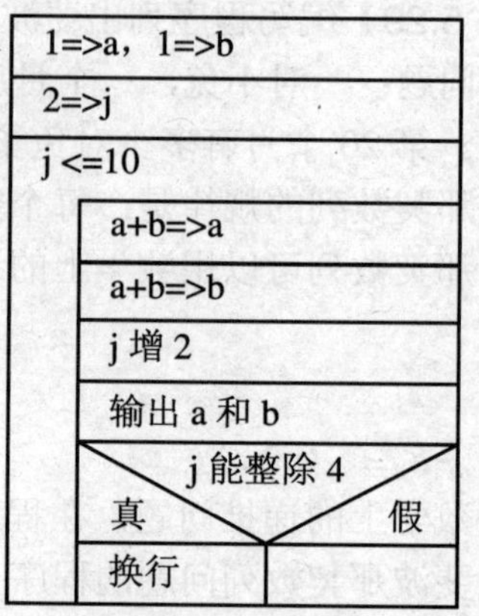

图 5-24 例 5.22 方法二的 N-S 结构图

方法二的程序：

```
/*----------------------------文件名 exam_5292.cpp-----------------------*/
#include"stdio.h"
void main()
{
  int a,b,j;                                      /*定义变量*/
  a=1;b=1;                                        /*输出数列的前两个值*/
  printf("\n%10d%10d",a,b);
  for(j=2;j<=10; j++)                             /*从 3 到 20 循环*/
  {
     a=a+b;                                       /*求最新的数列值覆盖 a*/
     b=a+b;                                       /*求第二个新的数列值覆盖 b*/
     printf("%10d%10d",a,b);                      /*输出 a 和 b*/
     if(j%2==0)
       printf("\n");                              /*每输出 4 个数字换行*/
  }
}
```

运行结果：

```
   1         1         2         3
   5         8        13        21
  34        55        89       144
 233       377       610       987
1597      2584      4181      6765
```

方法二的执行效率要略高于方法一，因为其循环次数要少于方法一。但是笔者认为，方法一的可读性更好一些。

【例 5.30】编写程序，求解两个整数的最大公约数。

方法一：

使用辗转相除法。以 24 和 10 为例，讲解辗转相除法。第一次除法，24 除以 10，商为 2，余数为 4；第二次除法，用前一次的除数 10 作为新的被除数，前一次的余数 4 作为新的除数，即 10 除以 4，商为 2，余数为 2；依此类推，直到余数为 0；最后的除数 2 为最大公约数。

用数学算式可以这样表示：

$24=2\times10+4$

$10=2\times4+2$

$4=2\times2+0$

很显然，“用前一次的除数 10 作为新的被除数，前一次的余数 4 作为新的除数”描述的就是用新的值覆盖旧的值，迭代法非常适用于本题，其流程图如图 5-25 所示。

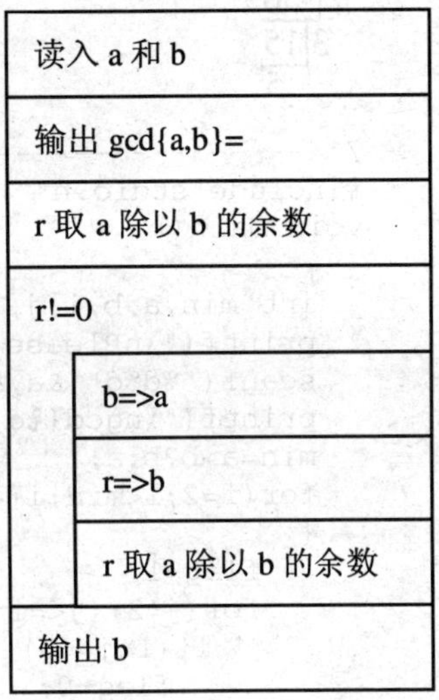

图 5-25　例 5.30 方法 1 的流程图

程序如下：

```
/*-----------------------------文件名 exam_5301.cpp-----------------------*/
#include"stdio.h"
void main()
{
  int a,b,r;                                      /*定义变量*/
```

```
    printf("Please input two integer:");
    scanf("%d%d",&a,&b);                          /*接收输入两个整数*/
    printf("\ngcd{%d,%d}=",a,b);                  /*输出 a 和 b*/
    r=a%b;                                        /*r 取 a 除以 b 的余数*/
    while(r!=0)                                   /*当 r 不等于 0 时，循环*/
    {
        a=b;                                      /*b 赋值给 a*/
        b=r;                                      /*r 赋值给 b*/
        r=a%b;                                    /*r 取 a 除以 b 的余数*/
    }
    printf("%d",b);                               /*输出最大公约数*/
}
```

运行结果：

```
Please enter 2 integer: 60 36↙
gcd{60,36}=12
```

方法二：

使用分解质因数（素因数）的方法。

分解质因数的实例：

60=2×2×3×5

36=2×2×3×3

由于 2、2、3 是 36 和 60 的共有质因数，因此最大公约数是 2×2×3=12。

手工算法演示：

```
2|60          2|36
 2|30          2|18
  3|15          3|9
     5             3
```

```
/*----------------------------文件名 exam_5302.cpp----------------------------*/
#include"stdio.h"
void main()
{
    int min,a,b,i,j, r=1,flag;                    /*定义变量*/
    printf("\nPlease enter 2 integer: ");
    scanf("%d%d",&a,&b);                          /*接收输入两个整数*/
    printf("\ngcd{%d,%d}=",a,b);                  /*输出 a 和 b*/
    min=a>b?b:a;                                  /*min 取 a 与 b 中较小的数*/
    for(i=2;i<min;i++)                            /*i 从 2 到 min，步长为 1*/
    {
        flag=1;                                   /*哨兵值设为 1*/
        for(j=2;(j<=i-1)&&(flag);j++)             /*同时采用计数器和哨兵值控制循环结束*/
            if(i%j==0)                            /*若 i 能被 j 整除*/
                flag=0;                           /*哨兵值改为 0*/
        if(flag==1)                               /*如果 i 为素数*/
            while(a%i==0&&b%i==0)                 /*当 i 能同时整除 a 和 b，继续循环*/
            {
                r=r*i;                            /* r 重新赋值*/
                a=a/i;b=b/i;                      /* a/i 赋值给 a， b/i 赋值给 b */
            }
    }
    printf("%d",r);                               /*输出最大公约数*/
}
```

运行结果：

```
Please enter 2 integer: 60 36↙
gcd{60,36}=12
```

本 章 小 结

（1）循环结构是非常重要的，因为计算机的优势就在于它可以不厌其烦地重复进行工作。

（2）循环语句包括 while、do…while 和 for 语句。

（3）重复执行的语句被称为循环体，表达式被称为循环表达式，控制循环次数的变量被称为循环变量，

（4）循环次数的控制要正确，否则，要么逻辑不对，要么可能构成死循环。使用循环结构程序设计，有时可以通过循环变量来控制循环次数，有时不需要通过循环变量来控制次数，而是通过一些特殊的条件来终止循环。

（5）多重循环也叫作循环的嵌套，就是在一个循环体内包含了另一个循环体。很多问题需要采用多重循环才能加以解决。

（6）控制循环的实用方法有：计数循环、哨兵循环、计数哨兵循环、询问循环和输入验证循环等。

（7）用循环结构解决实际问题的方法大致可以分为这样几类：求和（积）、迭代和穷举等。

习　　题

1．编写程序，输入某门功课的若干个同学的成绩，以–1 作为终止值，计算平均成绩并输出。

2．编写程序，计算如果每年按照年利率 I（例如 2%）投资 S（例如 50 000 元），在第 Y（例如 10）年得到的总钱数 M。公式如下：

$$M=S(1+I)^{Y}$$

3．编写程序，用循环语句控制输出如图 5-26 所示的图形。

```
ABCDEFGHIJKLM*NOPQRSTUVWXYZ
 BCDEFGHIJKLM*NOPQRSTUVWXY
  CDEFGHIJKLM*NOPQRSTUVWX
   DEFGHIJKLM*NOPQRSTUVW
    EFGHIJKLM*NOPQRSTUV
     FGHIJKLM*NOPQRSTU
      GHIJKLM*NOPQRST
       HIJKLM*NOPQRS
        IJKLM*NOPQR
         JKLM*NOPQ
          KLM*NOP
           LM*NO
            M*N
             *
```

图 5-26　习题 3 的输出图形

4*. 编写程序，用循环语句控制输出如图 5-27 所示的图形。

```
A B C D E F G
B C D E F G A
C D E F G A B
D E F G A B C
E F G A B C D
F G A B C D E
G A B C D E F
```

图 5-27 习题 4 的输出图形

5. 编写程序，输出九-九乘法表。

```
1*1=1  1*2=2  1*3=3  1*4=4  1*5=5   1*6=6   1*7=7   1*8=8   1*9=9
2*1=2  2*2=4  2*3=6  2*4=8  2*5=10  2*6=12  2*7=14  2*8=16  2*9=18
...
```

6. 编写程序，输入一组字符（以#号结尾），对该组字符进行统计，统计字母、数字和其他字符的个数，输出统计结果。

7. 编写程序，通过计算 100 个矩形的面积得到函数 $f(x)$的数值积分。$f(x)=x^2+x$，其中 $0\leqslant x\leqslant b$。

8. 求$1-\frac{1}{2}+\frac{1}{3}-\frac{1}{4}+\cdots+\frac{(-1)^{n+1}}{n}$的值并输出。结束条件为$\left|\frac{1}{n}\right|<10^{-5}$。

9. 若口袋里放 12 个球，3 个红的，3 个白的，6 个黑的，从中任取 8 个，编写程序，列出所有可能的取法。

10. 编写程序，输入一个正整数，计算并显示该整数的各位数字之和，例如整数 1 987 各位数字之和是 1+9+8+7=25。

11. 编写程序，用循环语句解决下面的问题：一球从 100m 高度自由落下，每次落地后反跳回原高度的一半，再落下。求它在第十次落地时共经过多少 m？第十次反弹多少 m？

12. 请为“百鸡问题”编写程序。百鸡问题：“鸡翁一，值钱五；鸡母一，值钱三；鸡雏三，值钱一。百钱买百鸡，问鸡翁、母、雏各几只”。

13. 编写程序，求解 1 000!的末尾有多少个 0（注意，不能连乘，否则会导致溢出）。

14. 编写程序求 $a+aa+aaa+\cdots+\overbrace{aa\cdots a}^{n个a}$，其中 a 是一个数字。例如：3+33+333+3 333+33 333（此时 n 为 5）。要求 a 和 n 从键盘输入，输出格式为：

```
3+33+333+3333+33333=37035
```

15. 编写程序，求 $1!+2!+3!+\cdots+n!$，n 为输入的整数并且 $3\leqslant n\leqslant 20$。

16*. 假设标准金属杆的长度是 10cm，编写程序，输入经过测量的 20 根金属杆的长度，计算并输出超过标准长度的根数和低于标准长度的根数，以及这批金属杆的平均长度。

17. 猴子吃桃问题。猴子第一天摘下若干个桃子，当即吃了一半，还不过瘾，又多吃了一个。第二天又将剩下的桃子吃掉一半，又多吃了一个。以后每天将前一天剩下的桃子吃掉一半，再多吃了一个。到第十天只剩下一个桃子了，求第一天共摘了多少桃子。

18*. 假设某高速公路的一个节点处收费站的收费标准为：小型车 15 元/车·次、中型车 35 元/车·次、大型车 50 元/车·次、重型车 70 元/车·次。

编写程序，循环显示下面的列表，请用户选择车型，根据用户的选择输出应交的费用，直到用户选择“退出”，程序结束。

```
1------小型车
2------中型车
3------大型车
4------重型车
5------退出
```

19．编写程序，输出如图 5-28 所示的图形。

```
                1
              2 2
            3 3 3
          4 4 4 4
        5 5 5 5 5
      6 6 6 6 6 6
    7 7 7 7 7 7 7
  8 8 8 8 8 8 8 8
9 9 9 9 9 9 9 9 9
```

图 5-28　习题 19 的输出图形

20*．编写程序，解决“猜数游戏”问题：产生一个 10 以内的随机数，请用户猜这个数是几，接收用户输入以后，如果用户猜错了，则提示用户所猜的这个数比程序产生的数是大还是小，然后继续让用户猜，直到用户猜对，程序结束。用一个计数器记录用户猜数的次数，当用户猜对时，将他猜数的次数输出。

21．判断下面程序的运行结果，并用 for 语句代替 while 语句重新编写程序，确保输出结果相同。

```
#include"stdio.h"
void main()
{
   int i,sum;
   i=sum=0;
   while(i<=5)
   {
      sum+=i;
      i++;
   }
   printf("i=%d,sum=%d\n",i,sum);
}
```

22．判断下面程序的运行结果，并用 while 语句代替 do…while 语句重新编写程序，确保输出结果相同。

```
#include"stdio.h"
void main()
{
   int i,sum;
   i=5;
```

```
    sum=0;
    do
    {
        sum+=2*i;
        i--;
    }
    while(i>0);
    printf("i=%d,sum=%d\n",i,sum);
}
```

23．判断下面程序的运行结果，不用 break 语句重新编写程序，确保输出结果相同。

```
#include"stdio.h"
void main()
{
    int i,sum;
    for(i=sum=1;i<5;i++)
    {
        sum*=i;
        if(sum>5*i)
            break;
    }
    printf("i=%d,sum=%d\n",i,sum);
}
```

24．判断下面程序的运行结果。

```
#include"stdio.h"
void main()
{
    int i,j;
    i=0;
    j=2;
    while(i<=3)
    {
        i++;
        j=j*2;
    }
    printf("i=%d,j=%d\n ",i,j);
}
```

25．判断下面程序的运行结果，并说明原因。

```
#include"stdio.h"
void main()
{
    int i,j;
    for(i=j=1;j<=50;j++)
    {
        if(i>=10) break;
        if(i%2)
        {
            i+=5;
            continue;
        }
        i-=3;
    }
    printf("j=%d\n",j);
}
```

26*. 判断下面程序的运行结果，并说明原因。

```
#include<stdio.h>
#define SIZE 5
void main()
{
   int i,j;char c='B';
   for(i=1;i<=SIZE;i++)
   {
       for(j=1;j<=SIZE-i+1;j++,c++)
          putchar(c);
       printf("\n");
   }
}
```

27. 判断下面程序的运行结果，并说明原因。

```
#include"stdio.h"
void main()
{
   int k=4,n=0;
   for(;n<k;)
   {
       n++;
       if(n%2==0)
          continue;
       k--;
   }
   printf("k=%d,n=%d",k,n);
}
```

28. 判断下面程序的运行结果，并说明原因。

```
#include"stdio.h"
void main()
{
   int i;
   for(i=1;i<=5;++i)
       switch(i)
       {
           case 1:printf("i=1\n ");
                continue;
           case 2:i=1;
           case 3:printf("i=3\n ");
                i+=2; continue;
           case 4:printf("i=%d\n ",i++);
                break;
       }
   printf("i=%d\n ",i++);
}
```

29*. 判断下面程序的运行结果，并说明原因。

```
#include"stdio.h"
void main()
{
  int r=1,p=2,n=10;
  while(n!=0)
  {
     while(n%2==0)
     {
        n=n/2;
        p=p*p;
     }
     n=n-1;
     r=r*p;
  }
  printf("r=%d\n",r);
}
```

第 6 章　函　数

在第 1 章中我们就见过一个带有自定义函数的例子，也使用过由系统定义的函数 printf、scanf 等。

一般来说，使用函数的目的有三个，第一是为了方便地使用其他人编写的代码，就像我们调用系统提供的库函数一样；第二是为了在新的程序中使用自己编写过的代码，这样可以避免重复的脑力劳动；第三，也是最重要的目的，是为了通过这种方式将一个大型程序分割成小块的程序，当程序员面临一个较大的、复杂的问题时，应该将问题分解，分成若干个较小的、功能简单的、相对独立但又相互关联的模块（通常称为子程序）来进行程序设计，这是模块化程序设计的基本思想。对这些独立的部分可以单独进行编译和调试。这样设计出来的程序，逻辑关系明确，结构清晰，可读性好，便于查错和修改。

6.1　问题的提出与程序示例

首先，我们来看一段程序：

```
flag=1;                                 /*将哨兵值设为 1*/
for(j=2;(j<=i-1)&&(flag);j++)           /*采用计数器和哨兵值同时控制循环的结束*/
    if(i%j==0)                          /*若 i 能被 j 整除*/
       flag=0;                          /*哨兵值改为 0*/
```

这段程序的功能是：判断 i 是否是素数。如果 i 是素数，则 flag 的值是 1，如果 i 不是素数，则 flag 的值是 0。这个程序段在例 5.22 和例 5.30 中都用到了。

这一段程序被整段地加到例 5.22 和例 5.30（方法二）的程序中，很明显是在重复利用一段相同的代码，那么是否是有办法像调用库函数一样，调用自己以前设计过的一段程序，而不是将整个编写过的程序再全部编辑输入到主函数中呢？回答是肯定的，这个办法就是使用模块化设计思想，将一个程序按照功能分解成一个一个的模块。

首先，将这段程序写成一个自定义函数如下。

```
int prime(int i)                        /*函数 prime 的功能是求 i 是否为素数*/
{
   int j,flag;
   flag=1;                              /*将哨兵值设为 1*/
   for(j=2;(j<=i-1)&&(flag);j++)        /*采用计数器和哨兵值同时控制循环的结束*/
      if(i%j==0)                        /*若 i 能被 j 整除*/
         flag=0;                        /*哨兵值改为 0*/
   return flag;                         /*返回是否是素数的标记*/
}
```

然后，在主函数中调用 prime 函数。

例 5.22 的主函数可以编写为：

```
void main()
{
   int i;                               /*定义变量*/
```

```
    for(i=3;i<=100;i++)                    /*i 从 3~100,对每个 i 进行判断*/
    {
        /*调用自定义函数函数 prime,若返回值是 1,说明 i 是素数*/
        if(prime(i)==1)
            printf("%4d",i);
    }
    printf("\n");
}
```

现在，例5.22程序中的一个主函数能够实现的功能，要用主函数main和自定义函数prime两个函数实现。这两个函数可以由不同的程序员来编写。对于大型程序来说，由一个程序员来完成全部的任务几乎是不可能的。因此，需要将程序按照功能分解成不同的模块，由不同的程序员来完成。在C语言中，一个函数就是一个模块。

为了使 main 函数能够正确调用自定义的 prime 函数，可以将这两个函数编辑到一个 C 源程序中。编辑时，prime 函数的定义既可以在主函数的前面实现也可以在主函数的后面实现，但是，如果 prime 函数的定义在主函数后面实现，则需要在主函数的最前面加函数说明语句：

```
int prime(int i);
```

函数定义、函数调用和函数说明是程序员使用自定义函数的基础。

6.2 函数基础

在C语言中，程序从主函数main开始执行，到main函数结束处终止执行。其他函数在由main函数、其他的函数或自身进行调用后方能执行。下面是解决素数问题的完整程序。

【例6.1】编写程序，求3～100之间的所有素数。使用自定义函数求i是否为素数，如果i是素数，函数返回1，否则返回0。

```
/*---------------------------使用自定义函数求 i 是素数---------------------------*/
/*-----------------------------文件名 exam_61.cpp-----------------------------*/
#include"stdio.h"
int prime(int i);                      /*对函数 prime 的说明*/
void main()
{
    int i;                             /*定义变量*/
    for(i=3;i<=100;i++)                /*i 值从 3 增长到 100,对每个 i 进行判断*/
    {
        /*调用函数 prime,此时的 i 称为实际参数*/
        if(prime(i)==1)
                                       /*调用自定义函数prime,若返回值是 1,说明 i 是素数*/
            printf("%4d",i);
    }
    printf("\n");
}
/*定义函数 prime,功能是求 i 是否是素数,此时的 i 称为形式参数*/
int prime(int i)
{
    int j,flag;
    flag=1;                            /*将哨兵值设为 1*/
```

```
    for(j=2;(j<=i-1)&&(flag);j++)      /*采用计数器和哨兵值同时控制循环的结束*/
        if(i%j==0)                     /*若 i 能被 j 整除*/
            flag=0;                    /*哨兵值改为 0*/
    return flag;                       /*返回是否是素数的标记*/
}
```

在上面的程序中，我们标明了三处：函数定义、函数调用和函数说明。这是使用模块化程序设计思想进行C程序设计时需要做的三件事，函数说明可以根据具体情况选择写或不写。

下面讨论函数定义、函数说明和函数调用的职能。

函数定义，即定义函数的功能。未经定义的函数不能使用。

在 C 语言中，从函数定义的角度看，函数可分为库函数和用户定义函数两种。

库函数的函数定义由 C 编译系统提供，不需要进行函数定义就可以使用。printf、scanf、getchar、putchar、gets、puts 和 strcat 等函数均属此类。

用户定义函数是由程序员按照逻辑功能自己编写的函数。

例 6.1 中包括了对函数 prime 的定义。

函数说明的功能是通知编译系统该函数已经定义过了。对于 C 编译提供的库函数，一般不用明确地写出函数说明，只要在程序前用#include 语句包含具有该函数原型的头文件即可。

对于用户自定义函数，一般要在调用以前对被调用函数进行函数说明，然后才能调用，尤其当自定义函数的位置在调用它之后时。

函数调用是执行一个函数，调用函数时，程序跳转到被调用函数的第一句开始执行，执行到被调用函数的最后一句，然后程序返回到调用该函数处。

函数的最后一句肯定是返回语句 return，有些函数需要返回给调用它的函数一个值，就像例 6.1 中的“return flag;”，有的函数则不需要返回值。不管是否带返回值，return 语句的一个主要功能是使程序回到调用该函数的语句的下一句执行。如果程序员在函数定义中未明确使用 return 语句，系统自动隐含一个不带返回值的 return 语句。

形式参数是变量，需要在函数定义时对其进行定义。在例 6.1 中，形式参数只能在 prime 内部使用，在 prime 的函数定义中定义了一个形式参数 i，其数据类型是整型。

实际参数是一个可以包含变量、常量和运算符的表达式，函数调用时，实际参数的值被传给被调用函数的形式参数。“if (prime(i)==1)”中的 prime(i)是对函数 prime 的调用，i 是实际参数，传送的是当时主函数中循环变量 i 的值。主函数中循环变量 i 的值是 3 时，调用 prime 函数，传递的是 3，3 被赋值给 prime 函数的形式参数 i，prime 函数会计算 3 是否是素数，并用结果标记 flag 的值（此时为 1）返回；循环变量 i 的值是 4 时，再次调用 prime 函数，传递的是 4，prime 函数会计算 4 是否是素数，并用结果标记 flag 的值（此时为 0）返回；依此类推。

6.3 函数的定义

6.3.1 函数定义的形式

在 C 语言中，函数定义的形式有两种。

第一种形式为：

函数返回值的数据类型说明　函数名称（带有类型说明的参数表）

{

函数内部数据说明；

语句；

}

第二种形式为：

函数返回值的数据类型说明　函数名称（不带类型说明的参数表）

参数的类型说明；

{

函数内部数据说明；

语句；

}

第一种方式是最新的ANSI C的标准格式，称为现代格式。第二种方式是传统格式，推荐使用现代格式。函数定义时的参数称为形式参数。

```
int prime(int i)                          /*函数prime的定义*/
{
   int j,flag;
   flag=1;                                /*将哨兵值设为1*/
   for(j=2;(j<=i-1)&&(flag);j++)          /*采用计数器和哨兵值同时控制循环的结束*/
      if(i%j==0)                          /*若i能被j整除*/
         flag=0;                          /*哨兵值改为0*/
   return flag;                           /*返回是否是素数的标记*/
}
```

是现代格式。形参i的数据类型被直接在圆括号中定义。

```
int prime(i)                              /*函数prime的定义*/
int i;
{
   int j,flag;
   flag=1;                                /*将哨兵值设为1*/
   for(j=2;(j<=i-1)&&(flag);j++)          /*采用计数器和哨兵同时控制循环的结束*/
      if(i%j==0)                          /*若i能被j整除*/
         flag=0;                          /*哨兵值改为0*/
   return flag;                           /*返回是否是素数的标记*/
}
```

是传统格式。形参i的数据类型被单独定义。

函数名必须是C语言的合法标识符，并且是用户定义字。函数定义用圆括号作标志，后面不带分号。

【例6.2】编写一个函数实现求x^n。

使用现代格式：

```
/*----------------------------文件名exam_62.cpp----------------------------*/
double power(double x,int n)
{
   double p;                              /*定义变量*/
   if(n>0)                                /*判断n的值*/
      for(p=1.0;n>0;n--)                  /*循环求x的n次方*/
         p=p*x;
   else
      p=1.0;                              /*如果n小于等于0,p取0*/
   return(p);                             /*返回值*/
}
```

使用传统格式：

```
double power1(x,n)
double x;
int n;
{
   double p;                          /*定义变量*/
   if(n>0)                            /*判断 n 的值*/
      for(p=1.0;n>0;n--)              /*循环求 x 的 n 次方*/
          p=p*x;
   else
      p=1.0;                          /*如果 n 小于等于 0,p 取 0*/
   return(p);                         /*返回值*/
}
```

函数定义中的函数体是用花括号括起来的语句。在函数体中，数据说明要放在执行语句的前面。

函数体可以是空的，称为空函数。空函数并不是完全没有意义，可以起形式上的作用，这样的函数只是暂时没有代码，等待进一步的扩充。这样有利于模块化程序设计，防止遗漏某些功能。

有一点需要强调：函数定义中不能包含另一个函数的定义。也就是说，函数定义不能嵌套。在 C 语言中，函数定义是并列的关系，不能一个包含另一个。

例如，下面的定义是错误的，该程序试图在 print 函数的定义中定义另一个函数 prnline。

```
void print()
{
   putchar('*');
   void prnline()                     /*错误*/
   {
      putchar('\n');
   }
}
```

6.3.2　函数的返回值

模块化程序设计思想中的子程序一般分为两种，一种是带返回值的，称为函数；另一种是不带返回值的，称为过程。但是在 C 语言中并不区分子程序是函数还是过程，而是将函数分为带返回值的函数和不带返回值的函数两种。

如果一个函数带有返回值，此类函数必须使用显式的返回语句向调用者返回一个结果，称为函数返回值。如果用户定义的函数需要返回函数值，必须在函数定义中明确指定返回值的数据类型。

例 6.2 中 power()函数定义的第一行是“double power(double x,int n)”，其中，double 为该函数返回值的数据类型，并且该函数最后有一条显式的返回语句“return(p);”用于向调用者返回一个结果。

如果一个函数无返回值，此类函数用于完成某项特定的处理任务，函数的任务完成后不向调用者返回结果，一般可以不写 return 语句。用户在定义此类函数时应指定它的返回值为“空类型”，空类型的类型说明符为“void”。

【例 6.3】编写一个函数输出九-九乘法表，并用主函数调用该函数。

```
/*----------------------------文件名 exam_63.cpp----------------------------*/
#include"stdio.h"
void nine()
{
   int i,j;                              /*定义变量*/
   for(i=1;i<=9;i++)                     /*i 从 1 增加到 9*/
   {
       for(j=1;j<=9;j++)                 /*j 从 1 增加到 9*/
          printf("%d*%d=%2d ",i,j,i*j);  /*输出一个乘法公式*/
       printf("\n");                     /*换行*/
   }
}
void main()
{
   nine();                               /*函数调用*/
}
```

本程序中的 nine 函数是不带返回值的，它的功能是输出一个九-九乘法表。其返回值类型是 void，即不带返回值。

在传统的 C 编译程序中，允许没有明确的返回类型的说明，系统认定这种情况为 int 型，现代的 C（例如 C99）编译程序已经剔除了这个隐含规则。

关于返回值，还有一些规定需要读者注意：

（1）“return(表达式);”和“return 表达式;”都是正确的。

（2）带有返回值的函数只能返回一个值。

（3）在函数定义时，允许使用多个 return 语句，但是应尽量在末尾使用一个 return 语句。

（4）return 语句中的表达式与函数的返回值类型不匹配时，以函数定义时的返回值类型为准。

例如，实现求 x^n 的函数 power 的函数定义也可以写为：

```
double power(double x,int n)
{
   double p;
   if(n>0)                                  /*判断 n 的值*/
   {
       for(p=1.0;n>0;n--)                   /*循环求 x 的 n 次方*/
          p=p*x;
       return(p);
   }
   else
       return 1.0;                          /*如果 n 小于等于 0，返回 0*/
}
```

尽管本程序写了两个 return 语句，但实际上执行的只能是其中的一个，返回值只有一个。

6.4 函数调用

6.4.1 函数的调用方式

对于不带返回值的函数的调用方法是最简单的。函数调用一般作为独立的语句出现，其调用的格式是：

函数名(参数表);

例 6.3 中的“nine();”就属于这种调用。只不过，由于 nine 函数不带参数，参数表为空。注意，即使被调用函数是不带参数的函数，圆括号也不能省略。

参数表是用逗号分隔的若干表达式，每个表达式都是函数的实际参数。表达式中可以包含常量和变量。注意，实际参数的表达式前不能加数据类型说明。

对于带返回值函数的调用方式有两种，一种是函数调用出现在表达式中，例 6.1 中对 prime 函数的调用是“if (prime(i)==1)”，prime 函数的返回值作为表达式的一部分参与运算。另一种对带有返回值的函数的调用方式是：函数调用作为另一个函数的实参出现。

【例 6.4】 函数的调用形式。

```
/*--------------------------文件名 exam_64.cpp---------------------------*/
#include"stdio.h"
double power(double x,int n);
void main()
{
   int j=4;
   putchar('\n');
   printf("%lf ", power(3.0,j));   /*调用函数*/
                                   /*对函数 power 的调用作为 printf 函数的实际参数*/
   putchar('\n');
}
double power(double x,int n)       /*定义函数*/
{
   double p;
   if(n>0)
       for(p=1.0;n>0;n--)
           p=p*x;
   else
       p=1.0;
   return(p);
}
```

运行结果：

```
81.000000
```

注意： 调用函数时，不同的编译系统对参数表达式的计算顺序有可能不同，有的编译系统从左到右计算参数表达式，而有的编译系统从右到左计算参数表达式。为了保证程序的可移植性，不要使用类似于 power(n,n--)的调用。因为，假设 n 的值为 6，从左到右计算参数表达式的编译系统将执行调用 power(6,6)，而从右到左计算参数表达式的编译系统将执行调用 power(5,6)。

在函数调用时，实际参数的个数和数据类型必须与函数定义的形式参数的个数、数据类型匹配，若不匹配可能会导致预料不到的结果。

6.4.2　嵌套调用

在 C 语言中，函数是一个一个并列的、独立的模块，并通过调用与被调用相关联。在一个函数定义中不可以定义另一个函数，但是允许在一个函数中调用另一个函数，这就是所谓的函数定义不允许嵌套，但函数调用允许嵌套。

【例 6.5】编写程序，不断地从键盘上接收一组整数，计算并输出它们的最大公约数，直到用户终止输入数据。

```
/*---------------------------文件名 exam_65.cpp---------------------------*/
#include"stdio.h"
void gcd_a_b();                                           /*函数说明*/
int gcd(int,int);                                         /*函数说明*/
void main()
{
    int c;                                                /*定义变量*/
    printf("Do you want to input data (Y/N):");           /*询问用户是否输入数据*/
    c=getchar();getchar();
    while(c=='Y'|| c=='y')                                /*用户需要输入数据则循环一直进行*/
    {
        gcd_a_b();                                        /*调用函数*/
        getchar();                                        /*跳过回车键*/
        /*询问用户是否继续输入数据*/
        printf("\nDo you want to continue input data (Y/N)");
        c=getchar();
        getchar();                                        /*跳过回车键*/
    }
}
void gcd_a_b()
{
    int a,b;                                              /*定义变量*/
    printf("Please input two integer:");
    scanf("%d%d",&a,&b);                                  /*接收输入两个整数*/
    printf("\ngcd{%d,%d}=%d",a,b,gcd(a,b));               /*输出 a、b 及最大公约数*/
}
int gcd(int a,int b)
{
    int r;
    r=a%b;                                                /* r 取 a 除以 b 的余数*/
    while(r!=0)                                           /*当 r 不等于 0，循环*/
    {
        a=b;                                              /*b 赋值给 a*/
        b=r;                                              /*r 赋值给 b*/
        r=a%b;                                            /*r 取 a 除以 b 的余数*/
    }
    return b;                                             /*返回最大公约数*/
}
```

说明：在本程序中除了主函数以外，我们还定义了两个自定义函数：gcd_a_b 和 gcd。

gcd_a_b 的功能是读入两个整数，然后通过调用 gcd 函数求它们的最大公约数；gcd 的功能是求两个整数的最大公约数。

这 3 个函数的调用关系如图 6-1 所示。主函数在执行过程中，调用 gcd_a_b 函数，gcd_a_b 函数在执行过程中又调用了 gcd 函数。这就是嵌套调用，尽管是嵌套调用，在书写程序时，这 3 个函数仍然是顺序排列，不能在一个函数定义中定义另一个函数。

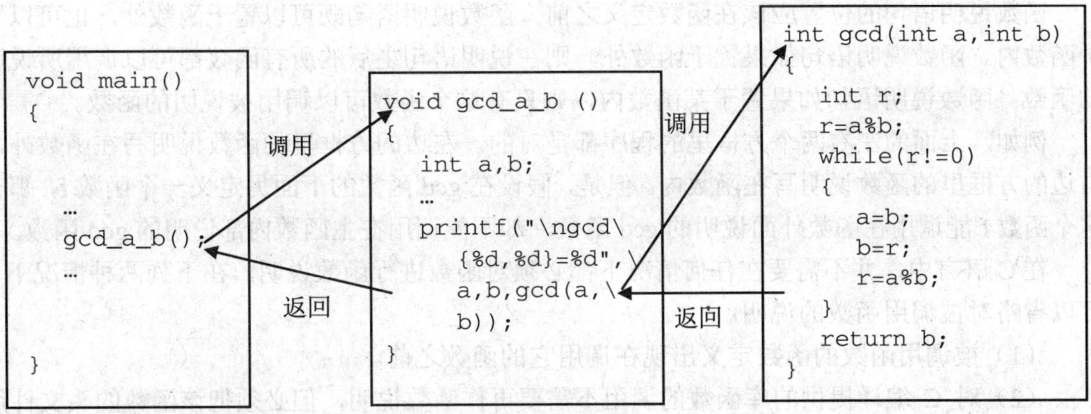

图 6-1 嵌套调用

6.5 函数说明

在调用者调用函数之前，应对该被调用函数进行说明，称为函数说明。这个道理就像使用变量之前要先进行变量说明一样。

函数说明的目的是使编译系统知道被调用函数返回值的类型以及参数的类型，从而可以在调用函数中按照相应的类型对作出相应的处理。

函数说明的一般格式为：

函数返回值的数据类型说明符 被调用函数名(形参表)；

括号内的形参表可以给出形参的数据类型名和形参名，也可以只给出形参的类型名。这样便于编译系统进行检错。

例如，对 power 函数的函数说明可以写为“double power(double x,int n);”或者“double power(double ,int);”。

```
#include"stdio.h"
int gcd(int a,int b);/*函数说明*/
void main()
{
   int a,b;
   scanf("%d%d",&a,&b);
   printf("\ngcd{%d,%d}=%d",
      a,b,gcd(a,b));
}
int gcd(int a,int b) /*函数定义*/
{
   int r;
   r=a%b;
   while(r!=0)
   {
      a=b;b=r;r=a%b;
   }
   return b;
}
```

```
#include"stdio.h"
void main()
{
   int gcd(int a,int b);/*函数说明*/
   int a,b;
   scanf("%d%d",&a,&b);
   printf("\ngcd{%d,%d}=%d",
      a,b,gcd(a,b));
}
int gcd(int a,int b)      /*函数定义*/
{
   int r;
   r=a%b;
   while(r!=0)
   {
      a=b;b=r;r=a%b;
   }
   return b;
}
```

函数说明语句的位置应该在函数定义之前。函数说明语句既可以置于函数外，也可以置于函数内。函数说明语句如果置于函数外，则在说明语句之后的所有函数都可以调用所说明的函数；函数说明语句如果置于某函数内，则只有这个函数可以调用被说明的函数。

例如，上面的左右两个方框里的程序都是对的，左边的方框里的函数说明写在函数外，右边的方框里的函数说明写在函数内。但是，假设在 gcd 函数的下面另定义一个函数 f，那么这个函数 f 能调用在函数外面说明的 gcd 函数，却不能调用在主函数内部说明的 gcd 函数。

在 C 语言中，并不需要在任何情况下都必须对函数进行函数说明，在下列两种情况下，可以省略对被调用函数的说明。

（1）被调用函数的函数定义出现在调用它的函数之前。

（2）对 C 编译提供的库函数的调用不需要再作函数说明，但必须把该函数的头文件用#include 命令包含在源程序的最前面。例如，像 putchar 这样的函数定义是存放在"stdio.h"文件中的，只要在程序首部加上#include "stdio.h" 即可。

下面的程序省略了对函数 gcd 的说明，因为对 gcd 的函数的定义出现在调用它的主函数 main 之前。

```
#include"stdio.h"
int gcd(int a,int b)                          /*函数定义*/
{
   int r;
   r=a%b;
   while(r!=0)
   {
      a=b;b=r;r=a%b;
   }
   return b;
}
void main()
{
   int a,b;
   scanf("%d%d",&a,&b);
   printf("\ngcd{%d,%d}=%d",
   a,b,gcd(a,b));
}
```

6.6 参数传递

在模块化程序设计思想中，参数传递是既重要又复杂的概念，如果不了解参数传递，就无法编写出正确的调用与被调用函数。

6.6.1 形参和实参

函数调用时需要传递数据。调用函数要将实参的值传送给被调用函数的形参。

若函数定义首部是：

```
int gcd(int a,int b)                          /*函数定义*/
```

则调用形式可以是 gcd (x,y)，也可以是 gcd (60,36)。

函数定义中的a和b是形式参数，函数调用时的x和y是实际参数，60和36也是实际参数。

需要注意的几点是：

（1）实际参数是表达式，由于变量也构成一个表达式，因此实际参数可以是变量，但形式参数只能是变量。当实际参数是变量时，该变量名可以与形参的名称相同，也可以不同，即使名称相同也不代表同一个变量。要强调的是，在函数定义内部应该使用形参的名称。

例6.1的程序prime函数的形参与主函数对prime函数调用的实参都是i，但是它们是两个存储单元，不是同一个存储单元。

（2）实际参数与形式参数的参数个数、数据类型和顺序都应该一致，如果数据类型不一致，系统将按照自动转换规则进行转换。

（3）实际参数向形式参数传递的是值。这个值就是对代表实际参数的表达式进行计算的结果。可以是常量值、变量值、数组元素值和函数值等。

（4）数据的传递是单向的，只能从实参向形参传递，如图6-2所示。

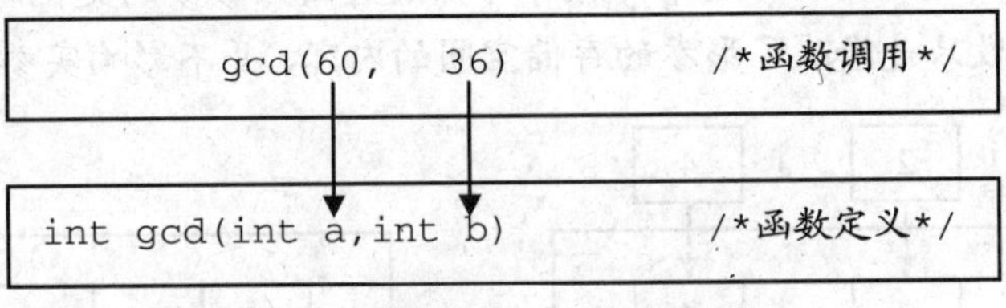

图6-2　数据由实参向形参传递

6.6.2　基本数据类型的形参

当形式参数的数据类型为基本数据类型int、short、long、char、float和double时，形式参数应该为单个变量。例如，函数定义的第一行是“int gcd(int a,int b)”，表示函数gcd有两个形参a和b，数据类型为int。在调用这类函数时，实参是一个表达式，表达式中可以包含常量、变量、数组元素值和函数值。函数调用时，系统先计算表达式的值，然后将值传递给形参。这种情况下的形参是标识了一个存储空间的变量名，这个存储空间是在函数被调用时由系统分配的，被调用函数执行完毕，则形参的空间将被系统释放。如果多次调用，每次调用时系统都会重新为形参分配空间。因此，形参所占的空间是没有“记忆”的。

鉴于上述原因，当实际参数是一个变量名时，被调用函数内的形参的值不论如何变化，都不会影响实参的变化，初学者往往容易将这种情况搞错。而如果实际参数不是变量名，而是常量、函数值等，则不容易让人认为实参会因为形参的变化而变化。请看下例。

【例6.6】函数间的参数传递。

```
/*---------------------------文件名 exam_66.cpp---------------------------*/
#include"stdio.h"
void swap_fail(int a,int b);
void main()
{
   int i,j;                                          /*定义变量*/
   i=2;j=4;                                          /*变量赋值*/
   printf("before call i=%d,j=%d\n",i,j);            /*输出调用函数之前的值*/
   swap_fail (i,j);                                  /*调用函数*/
   printf("called i=%d,j=%d\n",i,j);                 /*输出调用函数之后的值*/
```

```
}
void swap_fail (int x,int y)
{
  int temp;
  printf("  before change x=%d,y=%d\n",x,y);   /*输出交换之前的值*/
  temp=x; x=y; y=temp;                          /*交换*/
  printf("  changed x=%d,y=%d\n",x,y);          /*输出交换之后的值*/
}
```

运行结果：

```
before call i=2,j=4
   before change x=2,y=4
   changed x=4,y=2
called i=2, j=4
```

说明：本程序中的函数 swap_fail 不能完成将两个数据进行交换的功能，因为 i 和 j 作为实参只是将自身的值传送给了形参 x 和 y，i 和 j 并没有因为形参的变化而变化，它们各自占有不同的存储空间。函数只是修改了形参的存储空间的内容，并不影响实参的值，如图 6-3 所示。

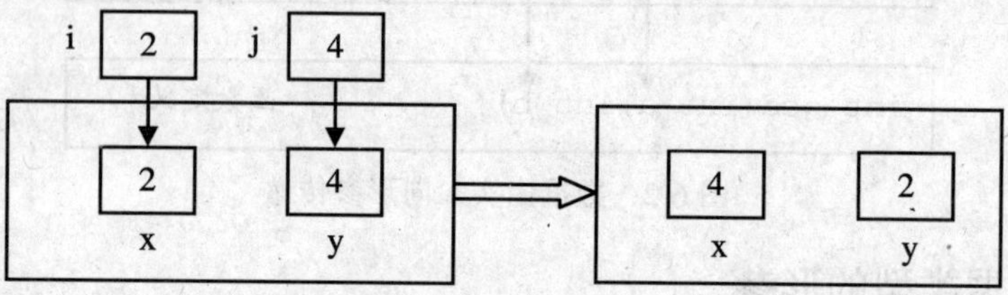

图 6-3　传变量的值

其实，传值的思想并不难理解，只要想一想，如果实际参数是一个常量，如何修改呢？对 swap_fail 函数的调用语句可以是“swap_fail (2,4);”，2 和 4 是改变不了的。

【例 6.7】产生三个小于 10 的随机整数，计算它们阶乘的和：$x!+y!+z!$。

```
/*---------------------------文件名 exam_67.cpp---------------------------*/
#include"stdio.h"
#include"stdlib.h"
long factorial(int);                          /*函数说明*/
void main()
{
  int i,j;                                    /*变量定义*/
  long sum;
  sum=0;
  for(i=0;i<=2;i++)
  {
      j=rand();                               /*产生一个随机数*/
      j=j%10;                                 /*取随机数的个位*/
      printf("%2d!+",j);
      sum=sum+factorial(j);                   /*函数调用,j 为实际参数*/
  }
  printf("\b=%ld",sum);
}
long factorial(int i)                         /*函数定义,i 为形式参数*/
{
```

```
   long product=1;                          /*变量定义*/
   for(;i>=1;i--)                           /*求阶乘*/
      product= product*i;
   return product;                          /*返回结果*/
}
```

某一次的运行结果：

```
6!+0!+2!=723
```

说明：factorial 是一个自定义函数，用于求一个数的阶乘。函数 main 中调用了一个 C 编译系统提供的函数 rand，rand 函数用于产生一个小于 32 767 的随机数，根据题目要求，将其取 10 的模存储于 j。

6.6.3　形参的数据类型是指针类型

如果使用指针类型作为函数的形式参数，就可以实现被调用函数对指针所指变量的修改。

【例 6.8】　编写函数真正交换两个数。

```
/*-----------------------------文件名 exam_68.cpp-------------------------*/
#include"stdio.h"
void swap(int *x,int *y)                     /*形式参数为指针类型*/
{
   int temp;
   temp=*x;                                  /*指针所指的内容交换*/
   *x=*y;
   *y=temp;
}
void main()
{
   int i,j;                                  /*定义变量*/
   i=2;j=4;                                  /*变量赋值*/
   printf("before call i=%d,j=%d\n",i,j);    /*输出调用函数之前的值*/
   swap(&i,&j);                              /*调用函数*/
   printf("called i=%d,j=%d\n",i,j);         /*输出调用函数之后的值*/
}
```

运行情况：

```
before call i=2,j=4
called i=4,j=2
```

说明：从运行结果看，这是一个成功的数据交换。调用 swap 函数之前，主函数 i 和 j 的内容是 2 和 4，从 swap 函数回到主函数后，i 和 j 的内容变成了 4 和 2，如图 6-4 所示。交换成功。下面让我们来分析一下原因。

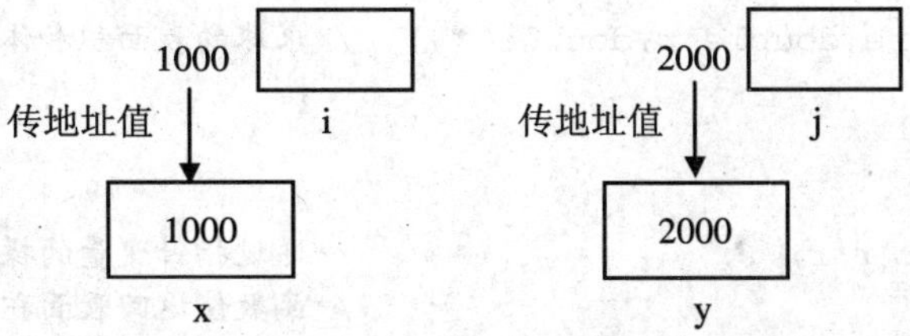

图 6-4　传变量的地址值

在本例中，swap 函数有两个形式参数 x 和 y，它们的数据类型是指针变量，应该存储整数变量的地址。在主函数中有 i、j 两个整型变量，假设它们的地址分别是 1000 和 2000。

函数调用语句是“swap(&i,&j);”，相当于将 a 的地址值赋值给形参 x，x 的内容就变成了 1000，x 作为指针变量指向了 i；同时将 j 的地址值赋值给 y，y 的内容变成了 2000，y 作为指针变量也指向了 j。那么，在 swap 函数中*x 就是存取 x 所指向的单元 i 的内容，*y 就是存取 y 所指向的单元 j 的内容，语句

```
temp=*x;
*x=*y;
*y=temp;
```

是将 x 所指的变量 i 的内容与 y 所指的变量 j 的内容真正作了交换。

通过传递指针变量的值，调用函数和被调用函数可以操作相同的存储单元。

注意形式参数和实际参数的写法，若没有把形式参数说明为指针类型，或者实际参数不是地址值，都会使被调用函数出现错误。

调用 swap 函数的主函数还有一种方法，请看下面的程序。

```
void main()
{
   int i,j,*p,*q;                              /*定义变量*/
   i=2;j=4;                                    /*变量赋值*/
   p=&i;q=&j;                                  /*p和q分别取i和j的地址*/
   printf("before call i=%d,j=%d\n",i,j);      /*输出调用函数之前的值*/
   swap(p,q);                                  /*调用函数*/
   printf("called i=%d,j=%d\n",i,j);           /*输出调用函数之后的值*/
}
```

在主函数中直接定义了两个指针变量 p 和 q 并分别指向 i 和 j，也就是说 p 中存放的是 i 的地址，q 中存放的是 j 的地址，调用 swap 函数时，直接使用 p 和 q 传送地址值就行了。因此，调用语句是“swap(p,q);”。注意，这时的 p 和 q 一定是指针变量，并且指向了某个存储空间，它们不能是不定值或空值。

从效果方面看，形式参数使用指针变量使得调用函数与被调用函数共享相同的存储单元，这使被调用函数在事实上可以传送多个值给调用者，C 语言的函数只能返回一个值是很不方便的。

【例 6.9】编写一个函数求球的表面积和球的体积，在主函数中调用该函数输出球的表面积和球的体积。

```
/*-----------------------------文件名 exam_69.cpp---------------------------*/
#define PI 3.1415926
#include"stdio.h"
double A_V_sphere(double r,double *v)   /*求球的表面积和体积的函数*/
{
   double area;
   area=4*PI*r*r;
   *v=4.0/3*PI*r*r*r;                   /*通过指针变量的操作传送体积的计算结果*/
   return area;                         /*函数值返回表面积的计算结果*/
}
```

```
void main()
{
   double r,v;
   printf("\nEnter radius of sphere:");          /*提示用户输入球的半径*/
   scanf("%lf",&r);                              /*接收输入*/
   printf("\n Area of sphere is %lf.", A_V_sphere (r,&v));  /*输出球的表面积*/
   printf("\n Volume of sphere is %lf.", v);                /*输出球的体积*/
}
```

运行情况：

```
Enter radius of sphere:2↙
Area of sphere is 50.265482.
Volume of sphere is 33.510321.
```

说明： 在本例中，要求在一个函数中求球的表面积和体积，并传给主函数，如果没有使用指针是不可能实现的。函数只能返回一个值，另一个值要通过共享在主函数中分配的空间来实现信息的传递。

主函数中定义了一个 double 类型的变量 v，这个变量就是主函数和被调用函数共享的空间，在主函数中调用 A_V_sphere 函数时，将 v 变量的地址值传送给该函数的形参指针变量 v，形参 v 就指向了主函数定义的变量 v，A_V_sphere 函数中的语句“*v=4.0/3*PI*r*r*r;”是将球的体积的计算结果送入形参 v 所指向的空间，即 double 类型的变量 v 中。

6.7 递 归 调 用

C 语言允许函数的递归调用。在一个函数定义中使用调用形式间接或直接地调用自己就称为递归调用。递归调用与重复调用一个函数有相似的地方，常常易被初学者混淆。

【例 6.10】 递归调用示例，从 n 输出到 1。

```
/*-----------------------------文件名 exam_610.cpp------------------------*/
#include"stdio.h"
void f(int n)                              /*递归函数的定义*/
{
   if(n!=0)                                /*如果 n!=0*/
   {
      printf("%d",n);                      /*输出当前的 n*/
      f(n-1);                              /*递归调用自身*/
   }
   return;
}
void main()
{
   f(3);                                   /*调用函数 f*/
}
```

运行结果：

```
321
```

下面我们通过调用图来表示递归调用执行的过程，如图 6-5 所示。

通过本例可以看出，执行递归函数将反复调用其自身，每调用一次就进入新的一层。

从主函数开始执行，调用 f(3)，将 3 传值给 n，进入函数 f 执行，此时判断 n 不为 0，输出 n 的当前值 3；再次进入函数 f 执行时，调用的是 f(3−1)，也就是将 2 传值给 n，进入函数 f 执行，n 仍然不为 0，输出 2；依此类推，第四次调用 0 传值给 n，n 为 0，递归终止，逐层返回。

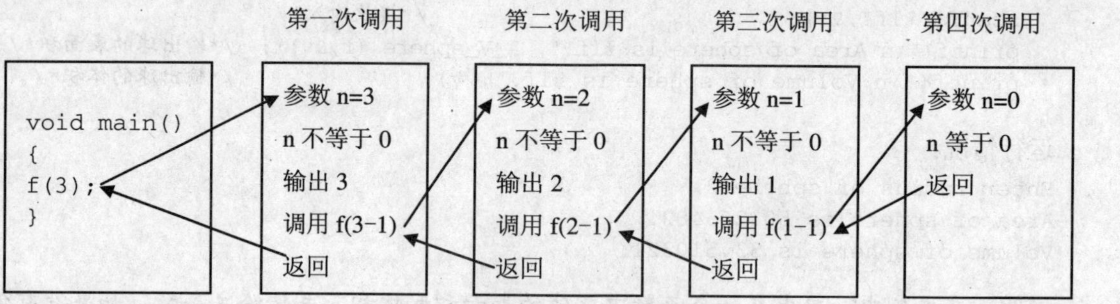

图 6-5 直接调用自身函数

从执行过程看出，由于 n 不断地减小，最后一次调用才能够导致递归的终止。如果 n 不发生变化，程序将无休止地调用其自身，不能停止，直到内存被占满。进行递归函数的程序设计时，必须考虑如何使递归调用在有限的次数内终止。

递归方法可以把规模为 *n* 的问题用同样形式的规模为 *m*（$m<n$ 或 $m>n$）的问题来描述，以得到简洁、可读性好的算法。

编写递归程序的关键是：

（1）构造递归表达式。将 *n* 阶的问题转化为比 *n* 阶小的问题（当然也可以将 *n* 阶的问题转化为比 *n* 阶大的问题），转化以后的问题与原来的问题的解法是相同的。

（2）寻找一个明确的递归结束条件，称为递归出口。

从 *n* 输出到 1 的问题是这样来转化的：先输出 *n*，再输出 *n*−1 到 1，这样就把 *n* 阶的问题，转化成了 *n*−1 阶的问题。递归出口是 n==0。*n* 从大越变越小，总会结束的。

其实，从 *n* 输出到 1 的问题还可以这样来转化：先输出 1 到 *n*−1，再输出一个 *n*。因此，下面的程序功能与例 6.9 相同。

```
#include"stdio.h"
void f(int m,int n)                       /*递归函数的定义*/
{
   if(n<=m)                               /*如果 n<=m*/
   {
      f(m,n+1);                           /*递归调用自身*/
      printf("%d",n);                     /*输出当前的 n*/
   }
   else                                   /*否则*/
      return;                             /*返回*/
}
void main()
{
   f(4,1);                                /*调用函数,从 4 显示到 1*/
}
```

【例 6.11】用递归法计算 *n*!。

用递归法计算 *n*!可用下述公式表示：

$$f=\begin{cases}1 & (n=0 \text{ 或 } n=1)\\ n(n-1)! & (n>1)\end{cases}$$

可以将 n 阶问题转化成 $n-1$ 阶的问题。$f(n)=nf(n-1)$，这就是其递归表达式。

方法一：

```
/*----------------------------文件名 exam_611.cpp-----------------------*/
#include"stdio.h"
float fact(int n)
{
  if(n<0)  printf("n<0,data error!");           /*若 n 小于 0,参数错误*/
    else if((n==0)||n==1) return 1;             /*若 n 等于 1 或等于 0,返回 1*/
    else return(fact(n-1)*n);                   /*否则递归调用*/
}
```

方法二：

```
float fact(int n)
{
  float f;
  if(n<0)  printf("n<0,data error!");           /*若 n 小于 0,参数错误*/
    else if((n==0)||n==1) f=1;                  /*若 n 等于 1 或等于 0,f=1*/
    else f=(fact(n-1)*n);                       /*否则递归调用赋值给 f*/
  return f;                                     /*返回 f*/
}
```

说明：方法一和方法二并无根本的区别，需要注意的是不要把方法一中的“return (fact(n−1)*n); ”语句误写成“(fact(n−1)*n);”。

主函数如下：

```
void main()
{
  int n;
  printf("\nPlease input a int number:");
  scanf("%d",&n);
  printf("%d!=%f",n,fact(n));
}
```

运行情况：

```
Please input a int number: 4↙
4!=24.000000
```

该程序的执行情况如图 6-6 所示。

假设程序运行时输入为 4，即求 4!。

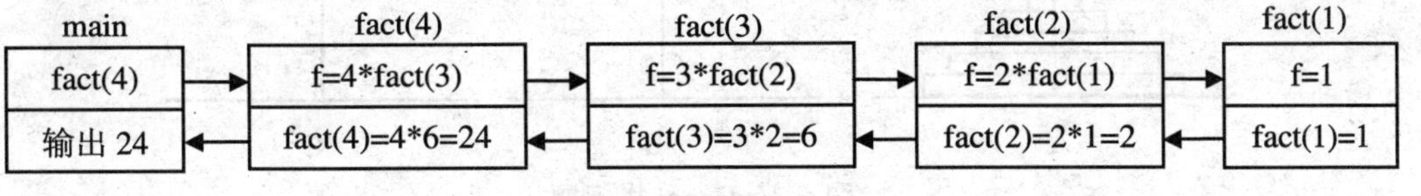

图 6-6 4！的计算过程

【例 6.12】用递归法计算斐波那契数列的前 20 项。

$$f=\begin{cases}1 & (n=1 \text{ 或者 } n=2)\\ f(n-1)+f(n-2) & (n>2)\end{cases}$$

根据数学公式，很容易将 n 阶的问题转化成 $n-1$ 阶和 $n-2$ 阶的问题，即：$f(n)=f(n-1)+f(n-2)$，递归出口：$n=1$ 或者 $n=2$。

```
/*----------------------------文件名 exam_612.cpp----------------------------*/
#include"stdio.h"
int fib(int n)
{
  if((n==1)||(n==2)) return 1;                 /*若n等于1或等于2,返回1*/
  else return(fib(n-1)+fib(n-2));              /*否则返回递归调用的值*/
}
void main()
{
  int i;                                        /*定义变量*/
  printf("\n");
  for(i=1;i<=20;i++)                            /*i从1递增到20*/
  {
     printf(" %12d",fib(i));                    /*输出第i个序列值*/
     if(i%5==0) printf("\n");                   /*输出换行*/
  }
}
```

运行结果：

```
  1       1       2       3       5
  8      13      21      34      55
 89     144     233     377     610
987    1597    2584    4181    6765
```

【例 6.13】Hanoi 塔问题

一个塔内有三个座 A，B，C。A 座上套有 64 个大小不等的圆盘，大的在下，小的在上，如图 6-7 所示。要把这 64 个圆盘从 A 座移动到 C 座上，每次只能移动一个圆盘，可以借助 B 座移动圆盘，但是，要求在任何情况下，都要保证三个座上的圆盘大盘在下，小盘在上。编写程序显示移动的步骤。

将 n 阶问题转化成 $n-1$ 阶的问题：

（1）把 A 座上的 $n-1$ 个圆盘借助于 C 座移到 B 座上；

（2）把 A 座上剩下的一个圆盘移到 C 座上；

（3）把 B 座上的 $n-1$ 个圆盘借助于 A 座移到 C 座上。

其中第（1）步和第（3）步是类同的。

递归出口：$n=1$，此时 A 座上只有一个圆盘，直接将其移动到 C 座上即可。

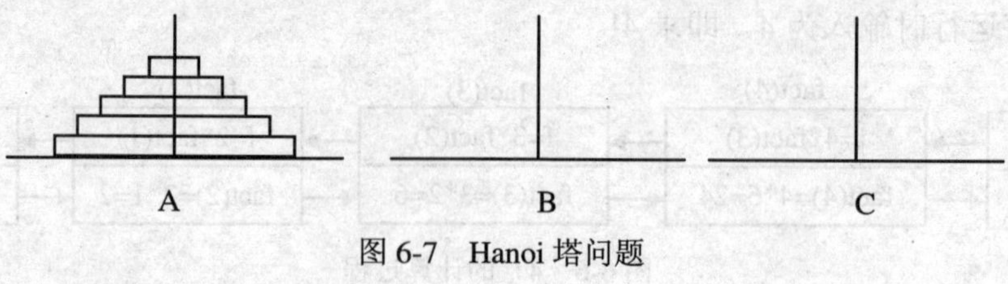

图 6-7 Hanoi 塔问题

```
/*------------------------------------Hanoi------------------------------------*/
/*----------------------------文件名 exam_613.cpp----------------------------*/
#include"stdio.h"
void move(int n,char x,char y,char z)
{
  if(n==1)                              /*如n为1*/
      printf("%c-->%c\n",x,z);          /*输出x移动到z*/
```

```
    else
    {
        move(n-1,x,z,y);                    /*x 上的 n-1 个圆盘借助于 z 移动到 y*/
        printf("%c-->%c\n",x,z);            /*输出 x 移动到 z*/
        move(n-1,y,x,z);                    /* y 上的 n-1 个圆盘借助于 x 移动到 z*/
    }
}
void main()
{
    int n;
    printf("\ninput n:\n");                 /*提示用户输入盘子的个数 n*/
    scanf("%d",&n);                         /*接收 n*/
    move(n,'a','b','c');                    /*调用递归函数*/
}
```

说明：move 函数是一个递归函数，它有四个形参：n、x、y 和 z。n 表示圆盘的个数，x、y 和 z 分别表示三个座。move 函数的功能是把 x 上的 n 个圆盘借助于 y 移动到 z 上。所以，"move(n−1,x,z,y);" 是把 x 上的 n−1 个圆盘借助于 z 移动到 y 上；而 "move(n−1,y,x,z);" 是把 y 上的 n−1 个圆盘借助于 x 移动到 z 上，参数的顺序很重要。

运行情况：

```
input n:3↙
a→c
a→b
c→b
a→c
b→a
b→c
a→c
```

6.8　变量的存储类别

C 语言规定对使用的变量必须先说明其数据类型，然后才能使用。数据类型的说明可以确定该变量所在的内存单元的大小，同时限定了分配存储空间的边界条件。例如，short int 占 2 个字节，分配存储空间的边界条件是起始地址为偶数字节。

在 C 语言中，除了对变量进行数据类型的说明以外，还可以说明变量的存储类别。不同的存储类别可以确定一个变量的作用域和生存期。

变量的作用域是指变量的作用范围，在 C 语言中，变量的作用域分为全局有效、局部有效和复合语句内有效三种。

变量的生存期是指变量作用时间的长短，在 C 语言中分为程序期、函数期和复合语句期三种。

在 C 语言中，变量有四种存储类别：自动变量（auto）、寄存器变量（register）、静态变量（static）和外部变量（extern）。

变量的生存期与变量的存储在内存的区域有关，用户存储空间一般分为三部分：程序区、静态存储区和动态存储区。

- 静态存储区中的变量从程序开始执行到程序结束这段期间，始终拥有自己已经分配了的固定的存储空间。
- 动态存储区中的变量是在程序运行期间根据需要随时进行动态分配的存储空间。

外部变量和静态变量存放在静态存储区中，在程序开始执行时分配固定的存储区，整个程序执行完毕才释放。函数的形式参数和自动变量则存放在动态存储区中；在函数开始调用时分配动态存储空间，函数结束时释放这些空间。

6.8.1 自动变量与外部变量

首先请看示例。

【例 6.14】编写程序，求 3～100 之间的所有素数。

```
/*---------------------------使用自定义函数求i是素数------------------------*/
/*----------------------------文件名 exam_614.cpp------------------------*/
#include"stdio.h"
int flag;                                   /*外部变量 flag 的定义*/
void prime(int i);
void main()
{
   int i;                                   /*内部变量 i 的定义*/
   for(i=3;i<=100;i++)                      /*i 从 3 递增到 100,对每个 i 进行判断*/
   {
      flag=1;                               /*将哨兵值设为 1*/
      prime(i);                             /*调用自定义函数函数 prime*/
      if(flag==1)  printf("%4d",i);
   }
   printf("\n");
}
void prime(int i)                           /*函数 prime 的定义*/
                                            /*形式参数 i 的定义*/
{
   int j;                                   /*内部变量 j 的定义*/
   for(j=2;(j<=i-1)&&(flag);j++)            /*使用计数器和哨兵值同时控制循环的结束*/
     if(i%j==0)                             /*若 i 能被 j 整除*/
        flag=0;                             /*将哨兵值改为 0*/
}
```

示例中定义了外部变量 flag、内部变量 i 和 j 以及形式参数 i。

1. 自动变量与外部变量的定义方式

自动变量在函数体内或分程序内的首部定义。例如例 6.14 中 main 函数中的 i 和 prime 函数中的 j。

外部变量在函数外部定义，外部变量也称全局变量。例如例 6.14 中的 flag 变量。

定义内部变量时，可以在数据类型名前面加上关键字 auto。例如，“auto int j;”。关键字 auto 也可以省略，所有未经说明的、在函数体和分程序内部定义的变量以及函数的形式参数都被视为自动类。

自动变量存储在动态存储区中，是被动态分配存储空间的。在函数开始执行时，系统会为函数中所有的自动变量分配存储空间，在函数调用结束时，系统还会自动回收这些存储空间。

外部变量存储在静态存储区中。

2. 自动变量与外部变量的作用域

作用域是指可以有效存取该变量，而且不会引起编译错误的区域，或者说在该区域内不会产生无效引用。

自动变量的作用域是在定义它的分程序中，并且是在定义以后才能使用。可以说，自动变量是局部变量。在例 6.14 中，自动变量 i 的作用域在主函数中，自动变量 j 的作用域在 prime 函数中。

外部变量可以为各函数所共享，从定义处到该源程序结束处都有效。定义外部变量之后，在该定义语句的后面定义的函数都可以通过引用该变量名来直接对其进行存取，因而作用域是全程的。所以在函数之间交流数据可以使用外部变量。例 6.14 中的 flag 变量就是由主函数 main 和函数 prime 共享的。

函数之间的信息传递不但可以通过实参向形参单向传递，还可以使用外部变量进行信息传递，而且传递是双向的。也就是说，各个函数对外部变量的操作都是有效的。

例 6.14 中的 flag 变量在主函数中被赋值为 1，而在 prime 函数中有可能被修改为 0。这些函数对变量 flag 的操作都是有效的。

对自动变量需要说明的三点是：

（1）各函数之间、各并列的分程序中的同名变量代表不同的变量，互不冲突。

（2）如果嵌套的分程序中有同名变量，则内层变量将阻塞对外层变量的访问。内层变量与外层变量各占一个存储单元。

（3）自动变量将阻断对同名外部变量的访问。实际上，自动变量与同名的外部变量各占一个存储单元。

【例 6.15】 判断下列程序的运行结果。

```
/*------------------------------文件名 exam_615.cpp-------------------------*/
#include"stdio.h"
int x=4;
void output();
void main()
{
   int x=3;
   printf("\n");
   {
      int x=2;
      {
         int x=1;
         printf("%d\n",x);
      }
      printf("%d\n",x);
   }
   printf("%d\n",x);
   output();
}
void output()
{
   printf("%d\n",x);
}
```

运行结果：

```
1
2
3
4
```

结果表明：内层的变量 x 阻塞对外层的变量 x 的访问。自动变量 x 阻塞对外部变量 x 的访问。

3. 自动变量与外部变量的生存期

自动变量存储在动态存储区中，是被动态分配存储空间的。在函数开始执行时，系统会为函数中所有的自动变量分配存储空间；在函数调用结束时，系统还会自动回收这些存储空间。因此，可以说自动变量是没有“记忆”的。

外部变量存放在静态存储区中，在程序开始执行时被分配固定的存储区，并且在整个程序执行完毕时才释放。外部变量的生存期属于程序期，即程序在内存中存在的整个期间。外部变量始终存在，可以说，外部变量是有记忆的。

【例 6.16】判断下列程序的运行结果。

```
/*---------------------------文件名 exam_16.cpp-------------------------*/
#include"stdio.h"
int y=10;
void main()
{
  int i;
  void decr();
  for(i=1;i<=3;i++)
    decr();
}
void decr()
{
  int x=10;
  x--;
  y--;
  printf("\n x= %d y= %d ",x,y);
}
```

运行结果：

```
x= 9 y= 9
x= 9 y= 8
x= 9 y= 7
```

说明：decr 函数中的 x 是自动变量，main 函数中的调用语句每执行一次，x 被分配一次空间，decr 函数返回到调用者所在函数之前，x 空间被系统回收；而 y 的外部变量只分配一次空间，decr 函数对其的操作都被记忆。

4. 初始化

自动变量不能进行初始化。因为自动变量是动态分配的空间，不能预先为内存空间设定一个值。

外部变量均可在定义时初始化，初始化只能进行一次，不可多次初始化，若定义时未明确地初始化外部变量，该外部变量将由系统初始化为0。

5. 外部变量的说明

前面讲过，定义外部变量后，所有在定义语句之后的函数都可以有效地使用这些外部变量，如果想让在外部变量的定义语句之前定义的函数也能正确地使用它，则需要对外部变量进行说明。

说明外部变量的语法格式是：

extern 数据类型 变量名；

数据类型要与定义外部变量时一致，也可以省略不写。

【例6.17】外部变量的说明。

```
/*----------------------------使用自定义函数求i是素数---------------------------*/
/*----------------------------文件名exam_617.cpp--------------------------------*/
#include"stdio.h"
extern flag;                              /*外部变量flag的说明*/
void prime(int i);
void main()
{
   int i;                                 /*定义变量*/
   for(i=3;i<=100;i++)                    /*i从3递增到100,对每个i进行判断*/
   {
      flag=1;                             /*将哨兵值设为1*/
      prime(i);                           /*调用自定义函数函数prime*/
      if(flag==1)  printf("%4d",i);
   }
   printf("\n");
}
int flag;                                 /*外部变量flag的定义*/
void prime(int i)                         /*函数prime的定义*/
{
   int j;
   for(j=2;(j<=i-1)&&(flag);j++)          /*采用计数器和哨兵值同时控制循环的结束*/
     if(i%j==0)                           /*若i能被j整除*/
        flag=0;                           /*将哨兵值改为0*/
}
```

以前，我们并不严格的区分变量的定义和说明，但是，对变量的定义和说明实际是有区别的。变量说明是说明变量的特性（存储长度和类型等）；变量定义除了说明变量的特性，还要分配存储空间。因此一个外部变量只能被定义一次，否则不能通过编译；而对同一个外部变量的说明可以进行多次。

尤其需要指出的是，可以在不同的源文件中使用同一个外部变量。当源程序分布在几个源文件中时，对外部变量也只能定义一次，其他文件若想使用该变量，应在那些文件中包含extern说明，一般把它写在文件的开始处（各函数定义之前），从而使得该文件中的所有函数都能使用该变量。

6．使用外部变量的原因

使用外部变量的第一个原因是便于初始化，自动变量在定义之后的值是不定值，系统不负责初始化，而对定义的外部变量会自动的初始化为 0。

第二个原因是方便函数间进行交流数据，各个函数共享外部变量，实际上解决了函数返回多个值的问题。

第三个原因是外部变量作用域广，“寿命”长，有记忆能力。

7．使用外部变量的副作用

模块化程序设计思想并不赞成大量地使用外部变量，因为模块化程序设计思想强调了信息隐藏的概念，函数之间应尽量通过参数传递进行交流，而外部变量会增添许多数据间的联系，破坏了程序结构，给修改程序带来麻烦，使函数的通用性和可移植性降低。

例如，例 6.14 的程序不如例 6.1 的程序好，因为外部变量 flag 的使用增加了函数间的联系。

6.8.2 静态变量

静态变量可分为内部静态变量和外部静态变量。

1．定义方式

内部静态变量在函数体内定义，外部静态变量在函数之外定义。定义的语法格式相同，都是在类型名前冠以关键字 static。

static 类型 变量名;

2．作用域

内部静态变量的作用域仅在定义它的函数和分程序内有效，这一点与自动变量相同。外部静态变量的作用域是在定义它的同一源文件中，同一源文件的各个函数可以共享该变量，其他源文件则不能访问它。外部静态变量与外部变量相比，具有一定的专用性。外部静态变量的名称与其他源文件内的同名变量无关，不产生矛盾。

3．生存期

由于静态变量是存储在静态存储区中的，因此无论是内部静态变量还是外部静态变量都被永久存储。即使程序退出函数的执行，该函数的内部静态变量也仍然不被系统释放，静态变量“记忆”的值不会发生改变。

4．初始化

对内部静态变量和外部内部静态变量都可以进行初始化。在定义时给出初始化值，编译程序用该值对静态变量进行一次性的初始化。若未在程序中进行初始化，系统将以 0 对变量进行初始化。

【例 6.18】判断下列程序的运行结果。

```
/*----------------------------文件名 exam_618.cpp-----------------------*/
#include"stdio.h"
static int y=10;
void main()
{
   int i;
   void decr();
   for(i=1;i<=3;i++)
       decr();
}
```

```
void decr()
{
   static int x=10;
   x--;
   y--;
   printf("\n x=%d y=%d ",x,y);
}
```

运行结果：

```
x=9 y=9
x=8 y=8
x=7 y=7
```

说明：decr 函数中的 x 是内部静态变量，初始化以后，内容为 10，decr 函数每次被调用，x 的值减 1。从 decr 函数退出时，该空间也不会被释放，下一次进入 decr 函数时，原来的 x 值仍然有效。但是，尽管 x 是有记忆的，但是其作用域只限于 decr 函数内。

外部静态变量的使用可以有利于模块化程序设计中数据的隐藏，例如对于一个大型软件系统来说，要由多个程序员编写程序，每个程序员可能有自己的习惯，如果有两个以上的程序员使用了同名的外部变量，而这个外部变量并不是整个系统公共的变量，则必定给程序联调带来困难，如果使用外部静态变量就不会出现这种问题。

举一个简单的例子，假设程序员 A 编写的函数 A_function 要用于计算一个公司所有员工的总收入，程序员 B 编写的函数 B_function 要用于计算一个公司所有员工上缴的个人所得税之和，两个人不约而同地使用 total 作为外部变量分别记录总收入及个人所得税之和。

程序员 A 编写的程序存储在 A.c 中：

```
int total;
void A_funciton()
{
   …
   total=
   …
}
```

程序员 B 编写的程序存储在 B.c 中：

```
int total;
void B_funciton()
{
   …
   total=
   …
}
```

由于名称相同，程序联调时两个函数操作的将会是同一个变量，这显然是不对的，如果将 total 定义为外部静态变量，问题就解决了。

A.c 中的程序改为：

```
static int total;
void A_funciton()
{
   …
```

```
    total=
    …
}
```

B.c 中的程序改为：

```
static int total;
void B_funciton()
{
    …
    total=
    …
}
```

当然，最好的解决方法还是使用参数传递和返回。

另外，也可以将函数本身定义为静态的函数，从而防止同名但功能不同的函数被调用时产生冲突。

6.8.3 寄存器变量

对于使用频繁的变量，可以放在计算机的寄存器中，以加快程序运行的速度。

1．定义方式

在函数内部定义或作为函数的形式参数。

语法格式：

register 类型 变量名;

例如：

```
register  int x;
```

2．作用域、生存期和初始化

寄存器变量的作用域、生存期和初始化与自动变量基本相同，但是有以下的限制：

（1）寄存器变量的实现与硬件配置有关。只有很少的变量可以保存在寄存器中。

（2）register 说明只适用于自动变量和函数的形参。例如：

```
void f(register int c,int n)
{
  register int i;
  …
}
```

（3）不允许取寄存器变量的地址。下列程序段是错误的：

```
register int i;
scanf("%d",&i);                /*错误*/
```

本 章 小 结

（1）在 C 语言中，程序从主函数 main 开始执行，到 main 函数结束处终止。其他函数由 main 函数或其他函数或自身进行调用后方能执行。

（2）函数定义、函数调用和函数说明是使用模块化程序设计思想进行 C 程序设计不可缺少的内容。函数定义用于定义函数的功能，未经定义的函数不能使用。函数说明的功能是通知编译系统该函数已经定义过了。函数调用是执行一个函数，即从被调用函数的第一句，执行到最后一句。函数定义中的参数是形式参数，函数调用中的参数是实际参数。

（3）如果一个函数带有返回值，此类函数必须使用显式的返回语句向调用者返回一个结果，称为函数返回值。如果用户定义的函数需要返回函数值，必须在函数定义中明确指定返回值的数据类型。

（4）形式参数为基本数据类型时，形参是单个变量，实参是个表达式，函数调用时，系统先计算表达式的值，然后将值传递给形参。

（5）形式参数为指针类型时，实参传给形参的是一个存储单元的地址。

（6）一个函数定义中使用调用形式间接或直接地调用自身就称为递归调用。编写递归程序的关键在于：一是构造递归表达式。将 n 阶的问题转化为比 n 阶小的问题（当然也可以将 n 阶的问题转化为比 n 阶大的问题），转化以后的问题与原来的问题解法是相同的。二是寻找一个明确的递归结束条件，称为递归出口。

（7）在 C 语言中，除了对变量进行数据类型的说明，还可以说明变量的存储类别。不同的存储类别可以确定一个变量的作用域和生存期。在 C 语言中，变量有四种存储类别：自动变量（auto）、寄存器变量（register）、静态变量（static）和外部变量（extern）。

习　题

1．在 C 语言中，函数定义和函数说明分别指什么？

2．在 C 语言中，函数是否允许嵌套定义？是否允许嵌套调用？

3．自动变量与内部静态变量有何共同之处？有何区别？

4．外部变量与外部静态变量有何共同之处？有何区别？

5．使用外部变量是否可以代替函数的参数和返回值在函数间的传递？为什么？

6．定义函数返回两个数中较大的数，在主函数中通过调用该函数求三个数之中较大的数并输出。编写主函数调用该函数。

7*．编写函数计算每年按照年利率 I（例如 2%）投资 S（例如 50 000 元），在第 Y（例如 10）年得到的总钱数 M。公式：$M=S(1+I)^{Y}$。I、S 和 Y 作为函数的参数，M 作为函数的返回值。编写主函数，从键盘上接收 I、S 和 Y 以后，调用上述函数计算并输出 M。

8．定义两个函数，分别求两个整数的最大公约数和最小公倍数，并在主函数中输入两个整数以后调用该函数。编写主函数调用该函数。

9*．定义一个函数 fun(n)，函数的功能是返回四位的正整数 n 的逆序数。例如，n 为 3 456 时，函数的返回值是整数 6 543。编写主函数调用该函数。

10*．定义一个函数 fun(n,res)，函数的功能将正整数 n 的逆序数存入指针 res 所指的空间中。主函数请参考下面的程序：

```
void main()
{
   int result;
   fun(3456,&result);
   printf("Result=%d",result);
}
```

11．编写程序，使用递归方法，利用辗转相除法求两个非负整数的最大公约数。编写主函数调用该函数。

12．编写一个函数输出如图 6-8 所示的图形，用参数 n 控制输出的行数，参数值的取值范围 1～9。超过范围，函数不作任何输出，返回整数 0；否则，输出图形后返回整数 1。

```
    1
   222
  33333
 4444444
555555555
```

图 6-8　习题 12 的输出图形

编写主函数调用该函数。

13．用循环和递归方法分别编写函数，将参数表示的十进制整数转换成八进制数作为返回值。编写主函数调用相应的函数。

14．用循环和递归方法分别定义函数求解 f，将 x 和 n 作为形参。

$$f(x+n)=\sqrt{n+\sqrt{(n-1)+\sqrt{(n-2)+\cdots\sqrt{1+\sqrt{x}}}}}$$

编写主函数调用该函数。

15．判断下面程序的运行结果，并说明原因。

```
int test(int a)
{
   int b=3;
   static int c=4;
   ++a;++b;c++;
   return a+b+c;
}
void main()
{
   int i;
   printf("\n");
   for(i=2;i<5;i++)
       printf("%4d",test(i));
}
```

16*．判断下面程序的运行结果，并说明原因。

```
#include"stdio.h"
void swap(int x,int *y)
{
   int temp;
   temp=x;
   x=*y;
   *y=temp;
}
void main()
{
   int i,j;
   i=4;j=6;
   swap(i,&j);
   printf(" i=%d,j=%d\n",i,j);
}
```

17. 判断下面程序的运行结果，并说明原因。

```
#include"stdio.h"
int f(int i);
void main()
{
   int i;
   for(i=3;i<5;i++)
      printf(" %d",f(i));
   printf("\n");
}
int f(int i)
{
   static int k=10;
   for(;i>0;i--)
       k++;
   return (k);
}
```

18*. 判断下面程序的运行结果，并说明原因。

```
#include"stdio.h"
int f1(int a,int b)
{
   return a>b?a:b;
}
int f2(int a,int b)
{
   return a>b?b:a;
}
void main()
{
   int a,b,c,d;
   a=3;b=2;c=4;d=1;
   printf("  %d  ",f2(f1(a,b),f1(c,d)));
}
```

19. 判断下面程序的运行结果，并说明原因。

```
#include"stdio.h"
int f(int n)
{
   if(n==1||n==0) return 1;
   else return 3*f(n-2)+2*f(n-1);
}
void main()
{
   printf("%4d",f(5));
}
```

20*. 判断下面程序的运行结果，并说明原因。

```
#include"stdio.h"
int ff(int n,int m)
{
   return(n/m+n%m);
}
```

```
void main()
{
   int i,j;
   printf("Please enter two int:");
   scanf("%d%d",&i,&j);
   printf("%4d",ff(ff(ff(i,j),j),j));
}
```

运行时，输入：

1234 8↙

21*. 下面定义了一个函数 f，请编写完整的主函数，定义恰当的变量并调用函数 f，输出函数的返回值。

```
double f(double r)
{
   return 3.141592*r*r;
}
```

22*. 下面定义了一个函数 f，请编写完整的主函数调用函数 f。

```
void f(int n)
{
   int i;
   double s=1;
   for(i=1;i<=n;i++)
       s=s*i;
   printf("%d!=%.2lf",n,s);
}
```

第7章 数　　组

整型、浮点型和字符型是C语言提供的基本数据类型。在程序设计中，很重要的一点就是定义一些存储单元来存放计算的结果。在前几章的程序中，存储数据的单元主要是一些数据类型为基本数据类型的常量或变量，这些程序只能处理少量的数据。而实际上，计算机语言的优势在于能够处理大量的数据，通过定义复杂的数据类型实现对大量数据的处理。除了指针类型以外，复杂数据类型又称构造类型，是由基本数据类型组合而成的。数组是一组具有相同数据类型的数据单元。我们将在本章中学习数组的定义、引用和初始化。

7.1 问题的提出与程序示例

首先，我们还是提出两个实际问题。第一个问题是编写程序，输入100个学生的“C程序设计”课程的成绩，将这100个分数从小到大输出。第二个问题是编写程序模拟掷骰子（假设骰子有六个面），投掷一个骰子1 000次，记录投掷每一面的次数。

第一个问题实际上是一个排序问题，由于需要把100个成绩从小到大排列，因此必须把这100个成绩都记录下来，然后在100个数中找到最小的、次最小的……最大的，对这100个数进行重新排列。我们先不讨论排序的细节，单说这100个数如何存储。初学者可能会想像定义100个整型变量：“int a1,a2,a3,a4,a5…a100;”，这样要写100个变量，而且在程序设计中可不能用省略号！如果需要处理的成绩更多，那又如何操作呢？更何况仔细想想如何对这100个成绩排序呢？用if语句对四个数进行排序都是很麻烦的。

下面的程序是解决成绩排序问题的部分程序，排序过程暂时未写出。

【例7.1】编写程序输入100个学生的“C程序设计”课程的成绩，将这100个分数从小到大输出。

```
/*----------------------------100个成绩输入与输出----------------------------*/
/*----------------------------文件名exam_71.cpp----------------------------*/
#include"stdio.h"
#define SIZE 100
void main()
{
  /*数组定义：定义一个存储100个学生成绩的数组*/
  int data[SIZE];
  int i,j,temp,min_a;
  printf("\nPlease input %d int:",SIZE);
  for(i=0;i<SIZE;i++)
     scanf("%d",&data[i]);                  /*数组的引用：输入某个学生的成绩*/
  /*排序*/
  printf("\nAfter sorted:");
  for(i=0;i<SIZE;i++)
     printf("%5d",data[i]);                 /*数组的引用：输出某个学生的成绩*/
}
```

程序中涉及到了数组的定义方式和引用方式，将在后面详细讨论。

掷骰子的问题，需要使用六个计数器来记录掷骰子的情况，如果不使用数组，可以编写程序如下：

```
#include"stdio.h"
#include"stdlib.h"
#include"time.h"
void main()
{
  int i,j;
  static s0,s1,s2,s3,s4,s5;              /*定义六个计数器,初值为0（内部静态变量）*/
  time_t t;                              /*定义时间变量*/
  srand((unsigned) time(&t));            /*产生随机数种子*/
  for(i=0;i<1000;i++)                    /*循环1000次*/
  {
    j=rand()%6;                          /*产生掷骰子的结果*/
    switch(j)
    {
      case 0:s0++;break;                 /*相应的计数器加1*/
      case 1:s1++;break;
      case 2:s2++;break;
      case 3:s3++;break;
      case 4:s4++;break;
      case 5:s5++;break;
    }
  }
  /*输出结果*/
  printf("\n s0=%d s1= %d s2= %d s3= %d s4= %d s5= %d",s0,s1,s2,s3,s4,s5);
}
```

本程序中用了六个计数器，s0存储的是掷骰子结果为第一面的次数，s1存储的是掷骰子结果为第二面的次数，s2存储的是掷骰子结果为第三面的次数，依此类推。由于随机函数的结果是0～5中的一个数，因此需要用switch判断随机函数产生的数字，然后使相应的计数器内容加1。

使用数组编写的程序如下。

【例7.2】编写程序模拟掷骰子（假设骰子有六个面），投掷一个骰子1 000次，记录掷出每一面的次数。

```
/*-----------------------模拟掷骰子  统计掷出每一面的次数--------------------*/
/*-------------------------文件名 exam_72.cpp----------------------------*/
#include"stdio.h"
#include"stdlib.h"
#include"time.h"
void main()
{
  int i,j;
  int s[6]={0};                      /*定义s数组，并将每个元素值初始化为0*/
                                     /*定义含有六个计数器的数组*/
  time_t t;                          /*定义时间变量*/
  srand((unsigned) time(&t));        /*产生随机数种子*/
  for(i=0;i<1000;i++)                /*循环1000次*/
  {
    j=rand()%6;                      /*产生掷骰子的结果*/
    s[j]++;                          /*数组的引用，相应计数器加1*/
  }
```

```
    for(i=0;i<6;i++)              /*输出结果*/
        printf("\n s[%d]= %d",i,s[i]);
}
```

显然，使用数组编写的程序更简单，提高了程序的效率。六个计数器的数据类型一致，数组下标 j 与掷骰子的结果相对应。对应的方式是：s[0]存储的是掷骰子结果为第一面的次数，s[1]存储的是掷骰子结果为第二面的次数，s[j]存储的是掷骰子结果为第 j+1 面的次数。

通过前面的分析，我们知道，通过定义一些数据类型相同的数据可以解决一些实际的程序设计问题。下面我们将详细讨论数组的使用方法。

7.2 一 维 数 组

7.2.1 一维数组的定义

在例 7.1 和 7.2 中，我们分别定义了数组 data 和数组 s。

从概念上来说，数组是一组变量，这组变量应该满足下列条件：

（1）具有相同的名称。

（2）具有相同的数据类型。

（3）在存储器中连续存放。

其中，每个变量称为数组的一个“数组单元”，保存在其中的数据值称为“数组元素”，不论是数组单元，还是数组元素，在不引起混淆的情况下，可以简称为元素。数组对象的整体有一个名称，这个名称表示整个数组。

每个数组在使用之前都需要定义。

定义数组的语法是：

数据类型说明符　　数组名[数组长度]；

数据类型说明符是 C 语言提供的任何一种基本数据类型或构造数据类型。数组名是用户定义的标识符。方括号中的数组长度是一个常量表达式，它表示了数组单元的个数。

注意：数组长度只能是常量。数组的空间分配属于静态分配，长度不能在程序运行中发生变化。

例如：

```
int a[5];               /*定义整型数组 a，有 5 个元素*/
float b[10],c[20];      /*定义单精度浮点型数组 b，有 10 个元素；单精度浮点型数组 c，
                        /*有 20 个元素*/
char string[20];        /*定义字符型数组 string，有 20 个元素*/
```

定义数组时应注意以下几点：

（1）数组的数据类型定义的是每个数组元素的取值类型。对于一个数组来说，所有数组元素的数据类型都应该是相同的。

（2）数组名要符合用户定义字的书写规则，也就是与普通变量一样。

（3）在 C 语言的一个函数中，数组名不能与本函数的其他变量名同名。

例如，下列程序段是错误的，是初学程序设计的人最容易犯的错误之一。

```
void main()
{
   int i;
   double i[20];                              /*错误,与变量名i同名*/
}
```

（4）方括号中表示的是数组长度。数组长度不能是变量，也不能是包含变量的表达式，可以是常量或常量表达式。常量表达式的解必须是整型数，不能是小数，例如：int a[5.5]是错误的。请看下面两个程序段。

程序段一：

```
#define SIZE 5
void main()
{
   int a[SIZE],b[SIZE +10];                   /*正确*/
   …
}
```

程序段二：

```
void main()
{
   int n=5;
   int data[n];                               /*错误*/
   …
}
```

程序段一是正确的，SIZE是宏定义，经过预编译以后，“int a[SIZE],b[SIZE +10];”就变成了“int a[5],b[5+10];”数组a和数组b编译时的长度是5和15。程序段二是错误的，n是变量，程序在执行的过程中才被赋值，将导致data无法被分配空间。

（5）允许在同一个类型说明中定义多个数组和多个变量。

“int score1[100],score2[100],i;”语句定义了两个整型数组score1和score2以及一个整型变量i。

7.2.2 一维数组的引用

一个数组单元的引用方法是数组名加上用方括号括起来的整数。用方括号括起来的整数是数组下标，数组下标从0开始，最大不能超过：数组长度–1。

引用数组单元的一般形式为：

数组名[下标]

数组下标可以是整型变量或整型表达式，但不能是浮点型的变量或浮点型表达式；并且下标不能大于：数组长度-1。因为超过部分没有被定义过，是不能正确使用的。

如果定义了“int s[6];”，s数组的六个元素的引用方式是s[0]、s[1]、s[2]、s[3]、s[4]和s[5]。如图7-1所示。

通过定义“int s[6];”系统为s数组分配了六个整型空间，这6个空间在内存中是连续的。在图7-1中，假设起始地址是1000。s[0]表示一个数组单元，s[4]也表示一个数组单元。数组单元可以看作是一个普通变量，对其的存取方式与普通变量没有区别。s[4]、s[i]和s[i+j]等都是合法的引用方式，当然，i和j都应该为整型数。

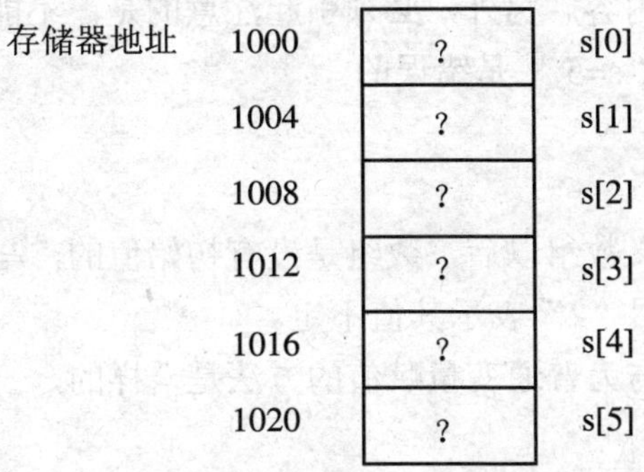

图 7-1　数组 s 在内存中的表示

例 7.1 中有如下程序段：

```
for(i=0;i<SIZE;i++)
  scanf("%d",&data[i]);
```

该程序段是将内容输入到数组的常规用法，此时需要将 data[i]看成一个存储单元。

例 7.2 中有如下程序段：

```
for(i=0;i<1000;i++)                    /*循环 1000 次*/
{
  j=rand()%6;                          /*产生掷骰子的结果*/
  s[j]++;                              /*相应的计数器加 1*/
}
```

用 s[j]来表示下标为 j 的数组单元，j 的值可以是 0～5 中的整数，s 数组的每个数组单元 s[0]、s[1]、s[2]、s[3]、s[4]和 s[5]都可以被看作是普通的变量。本例中，我们将使用这六个空间分别记录掷骰子结果为第一面、第二面、第三面、第四面、第五面和第六面的次数。

“s[j]++”表示：计数器 s[j]的内容增 1。j 的值由“随机函数%6”产生，其值也刚好是 0～5 间的整数。s[j]记录的是掷骰子结果为第 j+1 面的次数。

输出掷骰子次数，也就是输出数组 s 每个元素的内容，使用下列程序段：

```
for(i=0;i<6;i++)                       /*输出结果*/
  printf("\n s[%d]= %d",i,s[i]);
```

程序某一次的运行结果：

```
s[0]=167
s[0]=180
s[0]=181
s[0]=159
s[0]=160
s[0]=153
```

由于使用了随机函数，程序每次运行的结果是不同的。

注意：在 C 语言中只能逐个地使用每个数组单元进行操作，而不能一次引用整个数组。

例如，不能用“printf("%d",s);”语句来代替程序段：

```
for(i=0;i<SIZE;i++)
  scanf("%d",&s[i]);
```

因为，C语言规定数组名本身代表数组的首地址。“printf("%u",s);”语句输出的是数组的首地址，而不是数组单元的内容。另外，必须引起注意的是，不能将数组名置于赋值号的左边。若s是数组名，则语句“s=5;”是错误的。

7.2.3 一维数组的初始化

按照前面介绍的方法定义数组以后，数组是没有初始值的，与普通变量一样，它的值是不定值。因此，在图7-1中用“?”表示其值不定。

为数组元素赋值的方法与为普通变量赋值的方法是一样的，一般可采用赋值语句或输入函数。

例如，“data[1]=1;”和“scanf("%d",&data[i]);”都是正确的。

还有一种方法可以使数组在程序运行时就有了固定的数值，这就是对数组进行初始化。初始化是指在数组定义时给数组元素赋予初值。需要注意的是，数组初始化是在编译阶段进行的，而不是在程序开始运行以后，由可执行语句完成，因此不能将初始化的“=”与赋值号混淆。

一维数组初始化的一般形式是：

数据类型说明符 数组名[数组长度]={数值，数值，… 数值}；

例如，使用语句“int data[5]={1,2,3,4,5};”定义以后，数据在内存中的表示如图7-2所示。

对数组的初始化需要注意以下几点：

（1）允许初始化一部分元素，而不是全部。

当花括号中的数值的个数少于数组单元的个数时，编译系统只对前面的数组单元按照给定数值初始化，而其余项初始化为0。

“int data[5]={1,2};”语句只初始化了data[0]和data[1]两个单元，data[2]～data[4]的值均为0。

例7.2中的语句“int s[6]={0};”则是将s数组的所有元素初始化为0值。

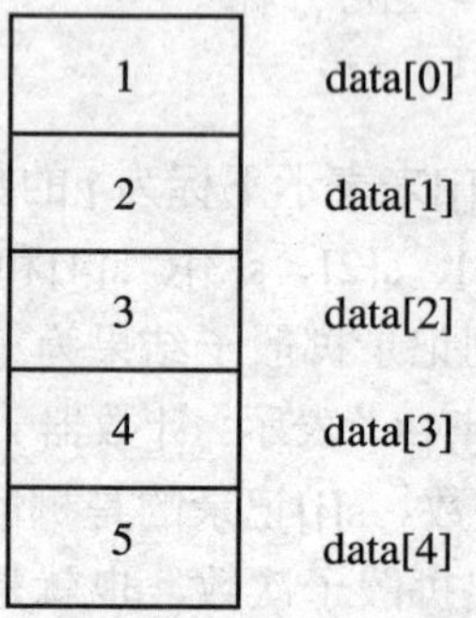

图7-2 数组data初始化后在内存中的表示

（2）初始化数组时，允许省略数组的长度。

如果在定义数组时，给定了初始化的值，则可以省略数组长度的书写，编译系统自动计算初始化值的个数，并将这个数设置为数组长度来分配空间。

“int data[]={1,2,3,4,5};”与“int data[5]={1,2,3,4,5};”两条语句是完全等价的。

（3）初始化数组时，不能对整个数组初始化。

“int data[5]=1;”并不意味着把data数组的五个元素都初始化为1了，这是一个错误的语句。

7.2.4 程序举例

【例7.3】用数组方式解决斐波那契数列问题，求出斐波那契数列的前20项并存储在数组中，将数组内容输出。

```
/*-----------------------用数组解决斐波那契数列问题-------------------------*/
/*---------------------------文件名 exam_73.cpp---------------------------*/
#include"stdio.h"
void main()
{
   int i,fib[20]={1,1};                         /*初始化*/
   printf("\n");
   for(i=2;i<20;i++)                            /*循环 18 次*/
      fib[i]=fib[i-1]+fib[i-2];                 /*产生数组的每个元素值*/
   for(i=1;i<=20;i++)                           /*循环 20 次*/
   {
      printf("%10d",fib[i-1]);                  /*输出数组元素的内容*/
      if(i%5==0) printf("\n");                  /*换行，每行输出 5 个*/
   }
}
```

说明： 用数组解决斐波那契数列问题更容易理解，因为不需要用迭代思想，直接利用数学公式 $F_n=F_{n-1}+F_{n-2}$ 就可以解决了。

【例 7.4】 输入 100 个整数，求出最小的数以及第一个最小的数在数组中的下标。

```
/*----------------------求100个成绩的最小数和下标--------------------------*/
/*-------------------------文件名 exam_74.cpp-----------------------------*/
#include"stdio.h"
#define SIZE 100
void main()
{
   int i,data[SIZE];                            /*定义数组*/
   int min_a;                                   /*记录最小元素的下标*/
   printf("\nPlease input %d int:",SIZE);
   for(i=0;i<SIZE;i++)                          /*读入 SIZE 个数据到数组中*/
      scanf("%d",&data[i]);
   min_a=0;                                     /*假设第 0 个元素最小*/
   for(i=1;i<SIZE;i++)                          /*循环从第 1 个元素到 SIZE-1 个*/
   {
      if(data[i]<data[min_a])                   /*若第 i 个元素小于当前最小元素*/
         min_a=i;                               /*记录新的最小元素的位置*/
   }
   printf("Min is %5d , Alloction is %5d",data[min_a],min_a);
}
```

说明： 本题的基本思路是用变量 min_a 记录最小元素的下标，开始时，假设第 0 个元素最小，将 min_a 赋值为 0，循环从下标为 1 的元素开始，到下标为 99 的元素结束，判断该元素是否比下标为 min_a 的元素还要小，如果是，则使 min_a 记住这个新的最小元素的位置。

【例 7.5】 编写程序，输入 100 个学生的“C 程序设计”课程的成绩，将这 100 个分数从小到大输出。

本例将利用例 7.4 的基本思想，每次将最小的元素置于正确的位置。也就是说，第一次找到 100 个元素中最小的元素，将其与下标为 0 的单元的内容对换，使下标为 0 的元素为最小的数；第二次在剩余的 99 个元素中找到最小的元素，将其与下标为 1 的单元的内容对换，使下标为 1 的元素为次最小的数；依此类推。我们称这种排序方法为选择排序法。本题可以采用逐步细化的方法进行设计，其框图如图 7-3 所示。

```
/*-----------------------文件名 exam_75.cpp---------------------------------*/
/*----------------------------select sort-----------------------------------*/
#include"stdio.h"
#define SIZE 100
void main()
{
   int i,j,data[SIZE],temp;                          /*定义变量和数组*/
   int min_a;
   printf("\nPlease input %d int:",SIZE);
   for(i=0;i<SIZE;i++)                               /*循环读 SIZE 个数到数组中*/
       scanf("%d",&data[i]);
   for(i=0;i<SIZE;i++)
   {
       min_a=i;                                      /*假设第 i 个元素最小*/
       for(j=i+1;j<SIZE;j++)                         /*循环 j 从第 i+1 个元素到 SIZE-1 个*/
       if(data[j]<data[min_a])                       /*若第 j 个元素小于当前最小元素*/
         min_a=j;                                    /*j 赋值给 min_a*/
       temp=data[min_a];                             /* data[min_a]与 data[i]作交换*/
       data[min_a]=data[i];
       data[i]=temp;
   }
   printf("\nAfter sorted:");
   for(i=0;i<SIZE;i++)                               /*输出排序以后的每个数组元素值*/
       printf("%5d",data[i]);
}
```

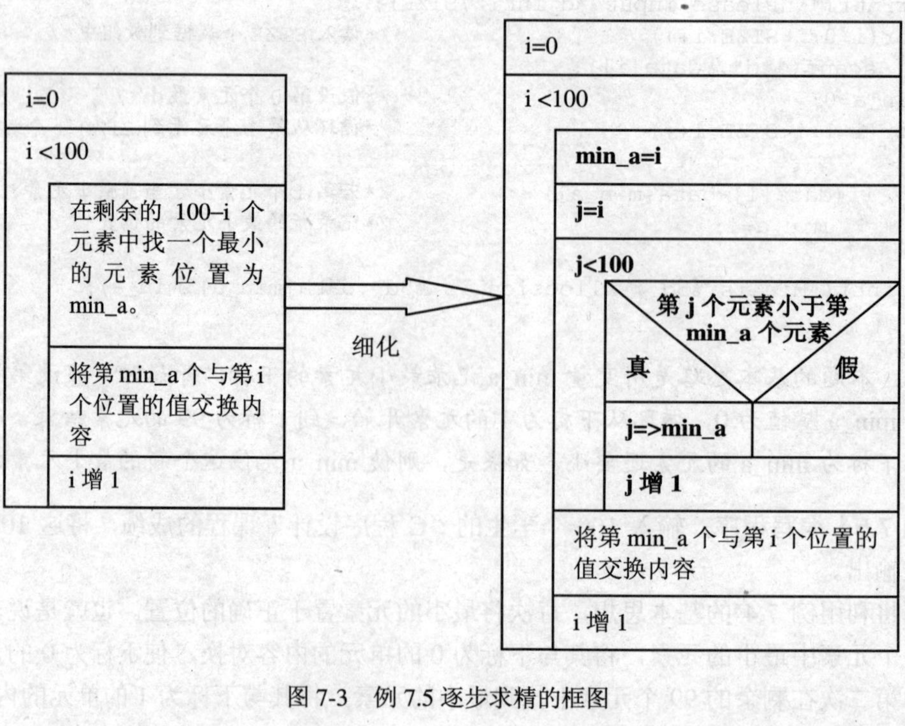

图 7-3 例 7.5 逐步求精的框图

【例 7.6】输入某年某月某日，并计算该日期是该年的第多少天。

```
/*-----------------------计算该日期是该年的第多少天------------------------*/
/*--------------------------文件名 exam_76.cpp--------------------------*/
#include"stdio.h"
void main()
{
  int i,flag,year,month,day,dayth;
  int month_day[]={0,31,28,31,30,31,30,31,31,30,31,30,31};
  printf("\nPlease input year/month/day:");
  scanf("%d/%d/%d",&year,&month,&day);
  dayth=day;
  flag=(year%400==0)||(year%4==0&&year%100!=0);     /*判断闰年*/
  if(flag)
     month_day[2]=29;                             /*是闰年，2 月份改为 29 天*/
  for(i=1;i<month;i++)
     dayth=dayth+month_day[i];                    /*日期累加*/
  printf("\n%d/%d/%d is %dth day ",year,month,day,dayth);
}
```

运行结果：

```
Please input year/month/day:2000/3/5
2000/3/5 is 65th day
```

说明：计算某年某月某日是当年的第多少天的方法是将该月以前的各月的天数相加，再加上当月的日期，而要计算 3 月以后的某天时，要考虑 2 月份是 28 天还是 29 天。用一维数组 month_day 存储 12 个月的天数，该数组表示 2 月份是 28 天。通过判断代表年的数字，可确定是否是闰年，如果是闰年，则将表示 2 月份天数的元素改为 29 天。

【例 7.7】输入 100 个学生的“C 程序设计”课程的期中和期末成绩，算出总评成绩，总评成绩=30%×期中成绩+70%×期末成绩，计算总评成绩的分数段情况。

本题要使用三个平行的数组才能解决问题。这三个数组的第 *i* 个元素记录了一个学生的期中成绩、期末成绩和总评成绩，如图 7-4 所示。

score1[0]，score2[0]和 final_score1[0]存储的是一个学生的期中成绩、期末成绩和总评成绩，而 score1[1]，score2[1]和 final_score1[1]存储的是另一个学生的期中成绩、期末成绩和总评成绩，依此类推。也就是说，三个数组中下标为 i 的单元存储的是同一个学生的成绩。

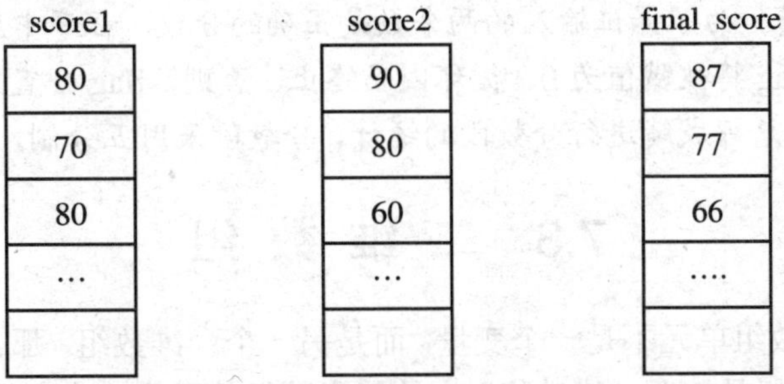

图 7-4　平行数组表示学生成绩

```
/*--------------------------文件名 exam_77.cpp--------------------------*/
#include"stdio.h"
#define SIZE 100
void main()
{
    int i,flag,s;
    int grade[6]={0};
    int score1[SIZE],score2[SIZE],final_score[SIZE];  /*定义三个平行数组*/
    float temp;
    i=0;
    while(i<SIZE)
    {
        printf("\nPlease input two scores of a student:");
        flag=1;
        while(flag)                          /*重复读入两个成绩，读到正确的为止*/
        {
            scanf("%d%d",&score1[i], &score2[i]);
            if (score1[i]<=100&& score1[i]>=0&& score2[i]<=100&& score2[i]>=0)
                flag=0;
            else
                printf("\n\007Error data! Please input two scores a student again:");
        }
        temp=.3*score1[i]+.7*score2[i];      /*计算总评成绩*/
        final_score[i]=(int)temp;
        i++;
    }
    for(i=0;i<SIZE;i++)                      /*将总评成绩分段（按照五分制）*/
    {
        s=final_score[i]/10;
        switch(s)
        {
            case 0:case 1:case 2:case 3:
            case 4:case 5:  grade[2]=grade[2]+1;break;
            case 6:case 7:  grade[3]=grade[3]+1;break;
            case 8:grade[4]=grade[4]+1;break;
            case 9:case 10:grade[5]=grade[5]+1;break;
        }
    }
    for(i=2;i<6;i++)
        printf("\nThere are %d students in grade %d.",grade[i],i);
}
```

说明：本题的程序看起来比较长，但是并不复杂。基本思路是先读100个学生的两个成绩（期中成绩和期末成绩），读入成绩时还要做两个工作，一个是必须保证这两个数是正确的分数，二是计算总评成绩。为了保证输入的两个数是正确的分数，程序中用了“while（flag）”循环，正确读入后，flag将被赋值为0，循环因而终止，否则，flag一直为1，要不断地读入两个成绩。接着，要根据总评成绩进行分数段的统计，分数段采用五分制。最后，输出统计情况。

7.3 二 维 数 组

如果一维数组的数组单元不是一个变量，而是另一个一维数组，那么就构成了二维数组。如图7-5所示的e_score是一个一维数组，它的每个数组单元是一个变量，分别是e_score[0]、e_score[1]、e_score[2]、e_score[3]和e_score[4]。而stu_score的每个数组单元不是一个变量，而是一个有三个变量的一维数组，这就构成了二维数组。二维数组 stu_score 也有五个数组单元，分别是 stu_score[0]、stu_score[1]、stu_score[2]、stu_score[3]和 stu_score[4]，但是 stu_score[0]～stu_score[4]都不是一个变量，每个 stu_score[i]都是一个一维数组。stu_score[0]有三个变量，分别用 stu_score[0][0]、stu_score[0][1]和 stu_score[0][2]表示；stu_score[1]也有 3 个变量，分别用 stu_score[1][0]、stu_score[1][1]和 stu_score[1][2]表示；推而广之，stu_score[i]也有三个变量，分别用 stu_score[i][0]、stu_score[i][1]和 stu_score[i][2]表示。

图中的 stu_score 有五个数组单元，每个数组单元又有三个元素，我们称 stu_score 是一个 5×3 的二维数组，该二维数组行数是 5，列数是 3。

e_score
80
70
80
88
99

stu_ score		
80	90	87
70	80	77
80	60	66
88	69	75
99	78	84

图 7-5　二维数组

7.3.1　二维数组的定义

定义二维数组的语法是：

数据类型说明符　数组名[行数][列数]；

数据类型说明符是 C 语言提供的任何一种基本数据类型或构造数据类型。数组名是用户定义的标识符。方括号中的行数和列数都是一个常量表达式，它表示了二维数组的行的个数和列的个数。与一维数组一样，不论是行数还是列数都只能是常量或常量表达式。

例如：

```
int data[5][3];          /*说明整型数组 a，有 5 行 3 列共 15 个整型变量*/
float b[10][20];         /*说明单精度浮点型数组 b，有 10 行 20 列共 200 个单精度浮点型变量*/
char string[20][50]; /*说明字符型数组 string，有 20 行 50 列共 1000 个字符型变量*/
```

定义二维数组的注意事项与一维数组类似。

二维数组在概念上是二维的，可以说是数组的数组，二维数组的下标有行和列两个方向的变化。但是，计算机的内存是连续编址的，也就是说存储器单元是按一维线性排列的。那么如何按照地址的顺序存放二维数组呢？一般有两种方式来存储二维数组，第一种称为按行排列，方法是先存储完第一行（行下标为 0）中的每个元素，再存储下一行的每个元素；第二种称为按列排列，方法是先存储完第一列（列下标为 0）中的每个元素，再存储下一列的每个元素。C 语言的编译系统采用按行排列的方法。

如图 7-6 所示是图 7-5 的二维数组 stu_score 在内存中的存储情况。先存储的是 stu_score[0]的三个元素，其次是 stu_score[1]、stu_score[2]…。stu_score[0]代表的是三个整型变量，其内容实际上这三个整型变量的首地址。

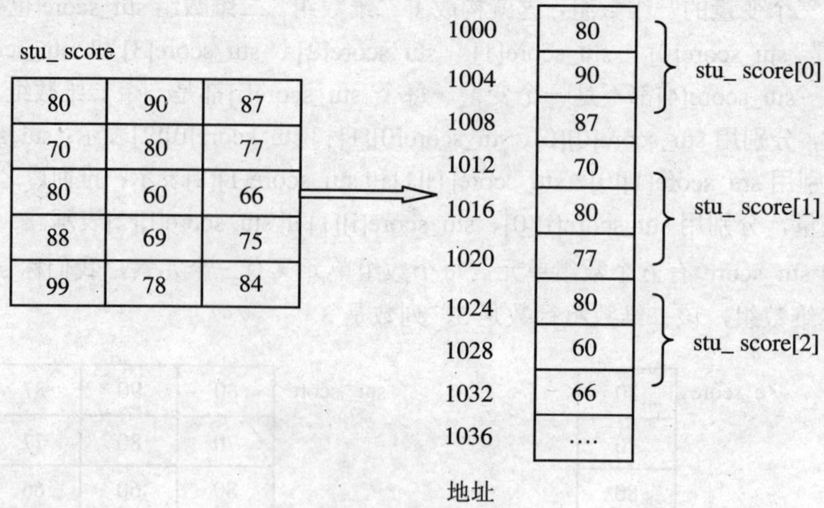

图 7-6　二维数组的存储

7.3.2　二维数组的引用

引用二维数组的一般格式为：

数组名[行下标][列下标]

数组下标可以是整型变量或整型表达式，但不能是浮点型的变量或浮点型表达式；并且行下标不能大于[行数-1]，列下标不能大于[列数-1]。

如果定义了“int stu_score[5][3];”则 stu_score[0][0]、stu_score[1][2]和 stu_score[3][1]都是正确的引用方式，但是 stu_score[3][3]是不正确的，因为其列下标超出了定义的范围。

注意，stu_score[i]代表的是三个整型变量，其内容是三个整型变量的首地址。因此，stu_score[i]不能置于赋值号的左边。当然，像一维数组一样，stu_score 代表整个二维数组，其内容是整个数组的首地址，也不能将二维数组的数组名放在赋值号的左边。

对于二维数组的每个元素，可以将其看作普通变量进行操作。

语句“stu_score[0][2]= stu_score[0][0]*0.3+ stu_score[0][1]*0.7;”表示将 score 数组行下标为 0 且列下标也为 0 的元素乘以 0.3，与 score 数组行下标为 0 且列下标为 1 的元素乘以 0.7 的和赋值给 score 数组行下标为 0 列下标为 2 的元素。

操作二维数组的常规方法是使用双重循环，用外层循环控制二维数组行下标的变化，用内层循环控制数组列下标的变化，程序将按行操作数组的每个元素。

【例 7.8】判断下面程序的运行结果。

```
/*---------------------------文件名 exam_78.cpp----------------------------*/
#include"stdio.h"
void main()
{
   int i,j,a[3][2];                                    /*定义*/
   for(i=0;i<3;i++)                                    /*行下标从 0 增加到 2*/
      for(j=0;j<2;j++)                                 /*列下标从 0 增加到 1*/
```

```
        a[i][j]=i+j;                          /*给相应数组元素赋值*/
  for(i=0;i<3;i++)                            /*行下标从 0 增加到 2*/
  {
    for(j=0;j<2;j++)                          /*列下标从 0 增加到 1*/
        printf(" %10d",a[i][j]);              /*输出数组元素*/
    printf("\n");                             /*每输出一行换行*/
  }
}
```

程序中的第一个双重循环为数组的每个元素赋值。外循环 i 为 0 时，内循环 j 从 0 到 1 变化；而外循环 i 变为 1 时，内循环 j 又从 0 到 1 变化。这表示行下标为 0 时，列下标从 0 变到 1；行下标为 1 时，列下标从 0 变到 1；依此类推，可以为每个数组元素赋值。

```
for(i=0;i<3;i++)
  for(j=0;j<2;j++)
    a[i][j]=i+j;
```

计算 a[i][j]的值，可以通过表 7-1 来计算。

表 7-1 计算数组 a[i][j]的值

i	j	a[i][j]
0	0	0
0	1	1
1	0	1
1	1	2
2	0	2
2	1	3

运行结果：

```
0   1
1   2
2   3
```

注意：不要把输出数组元素的双重循环写成如下程序段。

```
for(i=0;i<3;i++)
   for(j=0;j<2;j++)
      printf(" %10d",a[i][j]);
   printf("\n");
```

请读者思考原因。

7.3.3 二维数组的初始化

二维数组初始化的一般格式是：

数据类型说明符 数组名[行数][列数]={{数值，数值，…，数值}，{数值，数值，…，数值}…}；

或者

数据类型说明符 数组名[行数][列数]={数值，数值，…,数值}；

上面的第一种方法是按行分段初始化，即在外层的花括号里面再嵌套花括号，里面的每个花括号分别为每行元素初始化；第二种方法则是按行连续初始化，不用加内嵌的花括号。

这两种方法有时没有区别，有时区别却很大。

对于数组 a[3][2]，如果按行分段初始化应写为：

```
int a[3][2]={{5,6},{7,8},{9,10}};          /*按行分段初始化*/
```

按行连续初始化应写为：

```
int a[3][2]={5,6,7,8,9,10};                /*按行连续初始化*/
```

则上面两种初始化的结果是完全相同的。

但是，如果按行分段初始化写为：

```
int a[3][2]={{5},{7},{9}};                 /*按行分段初始化*/
```

按行连续初始化写为：

```
int a[3][2]={5,7,9};                       /*按行连续初始化*/
```

则结果却完全不一样。

"int a[3][2]={{5},{7},{9}};"只对每行的一部分元素进行了初始化，a[0][0]、a[1][0]和a[2][0]的值被分别初始化为 5、7 和 9，其他元素自动取 0；"int a[3][2]= {5,7,9};"是对整个二维数组排列在最前面的 3 个值进行了初始化，a[0][0]、a[0][1]和 a[1][0]的值被分别初始化为 5、7 和 9，其他元素值为 0。

另外，对于二维数组的全部元素进行初始化，则行数可以省略，编译系统会自动计算出行数。但是绝对不能省略列数。

可以将"int a[3][2]={4,5,6,7,8,9};"写为"int a[][2]={4,5,6,7,8,9};"，但是绝对不能写为："int a[3][]={4,5,6,7,8,9};"，请读者思考原因（提示：考虑存储方式）。

7.3.4 程序举例

使用二维数组存储数据，会使人们很容易地联想到数学上的矩阵运算。利用二维数组，矩阵的加、减、乘和转置等运算都可以方便地实现。

【例 7.9】将用二维数组 a 表示的矩阵转置存入 b 中，输出 a 和 b。

```
/*----------------------------------矩阵转置-----------------------------------*/
/*--------------------------文件名 exam_78.cpp---------------------------*/
#include"stdio.h"
void main()
{
  int i,j,b[2][3];
  int a[3][2]={{1,2},{3,4},{5,6}};             /*初始化*/
  for(i=0;i<2;i++)                             /*转置*/
     for(j=0;j<3;j++)
        b[i][j]=a[j][i];
  printf("\n matrix a \n");
  for(i=0;i<3;i++)                             /*输出数组 a*/
  {
     for(j=0;j<2;j++)
        printf("%5d",a[i][j]);
     printf("\n");                             /*每输出一行换行*/
  }
  printf("\n matrix b \n");
  for(i=0;i<2;i++)                             /*输出数组 b*/
  {
```

```
        for(j=0;j<3;j++)
            printf("%5d",b[i][j]);
        printf("\n");                                    /*每输出一行换行*/
    }
}
```

运行结果：

```
matrix a
   1   2
   3   4
   5   6
matrix b
   1   3   5
   2   4   6
```

【例 7.10】输入 100 个学生的“C 程序设计”课程的期中和期末成绩，算出总评成绩，总评成绩=30%×期中成绩+70%×期末成绩”，计算总评成绩的分数段情况。要求用一个二维数组存储期中成绩、期末成绩和总评成绩。

本题将使用二维数组的第 i 个元素记录一个学生的期中成绩、期末成绩和总评成绩。score[0][0]、score[0][1]和 score[0][2]存储的是一个学生的期中成绩、期末成绩和总评成绩；而 score[1][0]、score[1][1]和 score[1][2]存储的是另一个学生的期中成绩、期末成绩和总评成绩；依此类推。

```
/*---------------------------二维数组解决成绩问题---------------------------*/
/*---------------------------文件名 exam_710.cpp---------------------------*/
#include"stdio.h"
#define SIZE 100
void main()
{
   int i,j,flag,s;
   int grade[6]={0};
   int score[SIZE][3];
   float temp;
   i=0;
   while(i<SIZE)
   {
      printf("\nPlease input two scores of a student:");
      flag=1;
      while(flag)                        /*重复读入两个成绩，读到正确的为止*/
      {
         scanf("%d%d",&score[i][0], &score[i][1]);
         if(score[i][0]<=100&& score[i][0]>=0&& score[i][1]<=100&&\
               score[i][1]>=0)
            flag=0;
         else
            printf("\n\007Error data! Please input two scores a student again:");
      }
      temp=.3*score[i][0]+.7*score[i][1];          /*计算总评成绩*/
      score[i][2]=(int)temp;                        /*存入数组中*/
      i++;
   }
   for(i=0;i<SIZE;i++)                   /*将总评成绩分段（按照五分制）*/
   {
```

```
        s=score[i][2]/10;
        switch(s)
        {
            case 0:case 1:case 2:case 3:
            case 4:case 5:grade[2]=grade[2]+1;break;
            case 6:case 7:grade[3]=grade[3]+1;break;
            case 8:grade[4]=grade[4]+1;break;
            case 9:case 10:grade[5]=grade[5]+1;break;
        }
    }
    for(i=0;i<SIZE;i++)                     /*输出期中、期末和总评成绩*/
    {
        for(j=0;j<3;j++)
            printf("%4d",score[i][j]);
        printf("\n");
    }
    for(i=2;i<6;i++)                        /*输出成绩分组情况*/
        printf("\nThere are %d students in grade %d.",grade[i],i);
}
```

7.4 数组作为函数的参数

我们曾经介绍过，数组名实际上表示的是整个数组的首地址，因此，如果调用函数的实参是数组名，则被调用函数的形式参数也应该是数组类型。尤为重要的是，如果实参是数组名，形参是数组类型，调用函数与被调用函数存取的将是相同的一组空间，即使实参数组名和形参的数组名不一样也如此。原因是实参传给形参的是一组空间的首地址。

【例 7.11】编写程序，模拟掷骰子（假设骰子有六个面），投掷一个骰子 1 000 次，记录掷出每一面的次数。

```
/*---------------------------函数解决掷骰子问题------------------------------*/
/*-------------------------文件名 exam_711.cpp-----------------------------*/
#include"stdio.h"
#include"stdlib.h"
#include"time.h"
void create(int sum[])                      /*函数定义，形参为数组 sum*/
{
   int i,j;
   time_t t;                                /*定义时间变量*/
   srand((unsigned) time(&t));              /*产生随机数种子*/
   for(i=0;i<1000;i++)                      /*循环 1000 次*/
   {
      j=rand()%6;                           /*产生掷骰子的结果*/
      sum[j]++;                             /*相应的计数器加 1*/
   }
}
void show(int sum[])
{
   int i;
   for(i=0;i<6;i++)                         /*输出结果*/
     printf("\n s[%d]= %d",i,sum[i]);
   }
```

```
   void main()
   {
      int s[6]={0};                     /*定义含有六个计数器的数组*/
      create(s);                        /*函数调用，实际参数为数组 s，生成数组内容*/
      show(s);                          /*显示数组*/
   }
```

说明：本例中的 create 和 show 是两个自定义函数，它们都有一个形参 sum，sum 的数据类型是数组（int sum[]），则函数调用时的实参一定是数组名（s），注意是数组名，不是数据元素，不能写成 s[]。在函数定义和函数说明中，数组的长度可以写也可以不写，因为调用与被调用函数存取的是相同的一组空间，是调用函数中定义的 s 数组。但是对于多维数组只能省略第一维的长度定义。

如图 7-7 所示，假设 s 数组分配的空间从 1000 开始，则 s 本身存储的是 1000，函数调用时，将 1000 这个地址值传递给了 sum，sum 存储的内容也变成了 1000。因此，随后被调用函数对 sum 的任何操作都是对 s 数组的操作。这样，自定义函数 create、show 和主函数操作的是同一组空间。在主函数中定义的 s 数组，每个元素的初值均为 0，create 函数将为这组空间产生一组数，而 show 函数显示这组空间的内容。

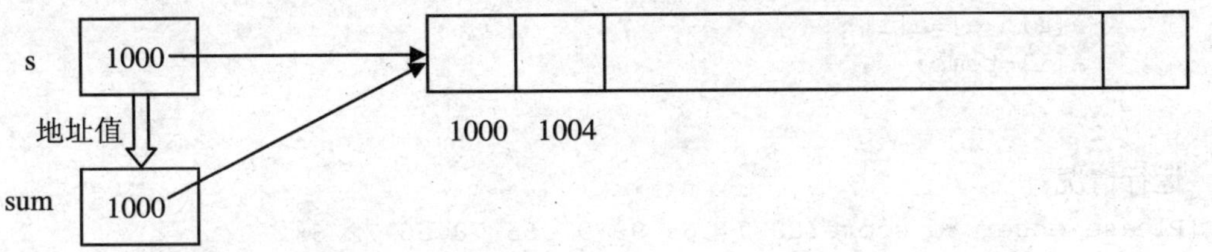

图 7-7　传地址值

【例 7.12】输入 100 个学生的成绩，对这些成绩进行排序，输出排序之前和排序之后的结果。

```
/*----------------------------函数学生成绩问题------------------------------*/
/*-------------------------文件名 exam_712.cpp----------------------------*/
#include"stdio.h"
#define SIZE 100
void accept_array(int a[],int size);           /*函数说明*/
void sort(int a[],int size);                   /*函数说明*/
void show_array(int a[],int size);             /*函数说明*/
void main()
{
  int score[SIZE];                             /*定义一个数组*/
  accept_array(score,SIZE);                    /*函数调用，读成绩*/
  printf("Before sorted:  ");
  show_array(score, SIZE);                     /*函数调用，输出排序之前的成绩 */
  sort(score, SIZE);                           /*函数调用，排序*/
  printf("After sorted:   ");
  show_array(score,SIZE);                      /*函数调用，输出排序之后的成绩  */
}
void accept_array(int a[],int size)            /*读数组内容的函数定义*/
{
```

```
    int i;
    printf("\nPlease enter %d score:",size);       /*提示用户输入size个成绩*/
    for(i=0;i<size;i++)                            /*循环读每个成绩*/
        scanf("%d",&a[i]);
}
void show_array(int a[],int size)                  /*显示数组内容的函数定义*/
{
    int i;
    for(i=0;i<size;i++)                            /*循环显示每个成绩*/
        printf("  %2d",a[i]);
    printf("\n");
}
void sort(int a[],int size)                        /*排序的函数定义*/
{
    int i,min_a,j,temp;
    for(i=0;i<size;i++)
    {
        min_a=i;
        for(j=i;j<size;j++)
            if(a[j]<a[min_a])
                min_a=j;
        temp=a[min_a];
        a[min_a]=a[i];
        a[i]=temp;
    }
}
```

运行情况：

```
Please enter %d score:88 77 66 99 97 65 78 66 72 63↙
Before sorted:   88  77  66  99  97  65  78  66  72  63
After sorted:    63  65  66  66  72  77  78  88  97  99
```

说明：本例中有三个自定义函数，分别用于读成绩（accept_array）、排序（sort）和输出（show_array），其中前两个都会改变数组的内容，这三个函数在执行时操作的都是score数组。

7.5 字符串与字符串函数

在前面的程序中，我们经常使用字符串常量。语句“printf("\nPlease input two scores of a student:");”中，用双引号括起来的就是字符串常量。字符串常量总是以'\0'作为字符串的结束符。"hello"存储时占六个字节，而不是五个，因为'\0'还占了一个空间。字符串变量也不例外，也需要以'\0'作为字符串的结束符。

7.5.1 字符数组

实际上，字符数组并不是我们要介绍的重点，因为字符数组就是定义一个数据类型是字符型的数组。语句“char str[10];”定义了一个字符型的一维数组，它与其他数据类型的数组并无区别。现在，我们通过一个实例来说明字符数组的使用。

【例 7.13】编写程序，以$符号为终止符号接收一组字符，并逆序输出这组字符。

我们在第 5 章中编写过的一个程序是：将输入的一串字符显示在屏幕上，直到遇到字符'$'为止。由于是接收一个输出一个，因此不需要使用数组，就可以完成任务。现在的题目是要将输入的字符串逆序输出，需要使数组记住输入的字符串，才能将其逆序输出。

```
/*-------------------------逆序输出字符数组的内容-------------------------------*/
/*--------------------------文件名 exam_713.cpp---------------------------------*/
#include"stdio.h"
void main()
{
  char c[80];                                          /*定义字符数组*/
  int i;
  puts("Please input a string ended with $:");
  for(i=0;(c[i]=getchar())!='$';i++);                 /*读入一组字符*/
  for(i--; i>=0;i--)                                   /*从最后一个字符开始逆向输出*/
     putchar(c[i]);
}
```

程序运行时，若输入：

```
korwten$
```

则输出：

```
network
```

说明：第一个 for 循环用于读入一组字符，其循环体为空，表达式 2 中有输入函数 getchar，'$'字符将存放在数组中；第二个 for 循环用于从最后一个字符开始逆向输出这组字符，第一个 for 循环结束时，i 的值是'$'字符的下标，由于'$'字符不需要输出，所以在第二个 for 循环的表达式 1 处先执行了“i—”，这样就可以从输入的最后一个字符开始逆序输出了。

字符数组可以是一维的，也可以是二维的。例 7.13 中的数组 c 是一维的。

字符数组的初始化可以这样写：

```
char str[10]={'H','e','l','l','o'};
char str[]={'H','e','l','l','o'};
```

7.5.2　字符串变量

C 语言的字符串变量与其他高级语言有所不同，它并不是真正的字符串类型。C 语言的字符串变量从形式上还是定义一个字符数组，但是在概念上，字符串是带有字符串结束符'\0'的一组字符，不论它是常量还是变量。有了'\0'标志以后，在处理字符数据时，就不必再用数组的长度来控制对字符数组的操作，而是用'\0'来判断字符串的结束位置。这是字符串变量与其他类型的数组（包括一般的字符数组）在操作上的根本区别。

字符串变量需要用字符串常量对其进行初始化。例如：

```
char str[]={"Hello"};
char str[]="Hello";
```

用上面两种方式初始化 str 以后，str 字符串变量所占的内存空间是六个字节，最后一个字节是字符串结束标志'\0'。

数组 str 在内存中的实际情况是：

H	e	l	l	o	\0

'\0'是由C编译系统自动加上的。由于采用了'\0'标志，字符串常量进行初始化时一般不必指定数组的长度，而由系统自行处理。而str的实际内容是该字符串变量的首地址。

7.5.3 字符串变量的输入与输出

字符串变量的输入与输出可以使用两对输入输出函数，一对是我们常用的printf函数和scanf函数，另一对是puts函数和gets函数。

（1）使用printf函数输入字符串变量和使用scanf函数输出的字符串变量时，要使用转换字符序列“%s”。

【例7.14】使用printf函数和scanf函数的实例。

```
/*----------------------------文件名 exam_714.cpp--------------------------*/
#include"stdio.h"
void main()
{
   char str[10];                        /*定义字符串变量*/
   scanf("%s",str);                     /*接收字符串*/
   printf("%s",str);                    /*使用转换字符序列%s 输出字符串*/
}
```

运行情况：

```
Welcome  you↙
Welcome
```

注意：在执行“printf("%s",str);”语句时，系统从str指向的地址开始，逐一输出字符，到'\0'结束，并且不输出'\0'。str是数组名，而不是数组的某个元素，若使用语句“printf("%s",str[0]);”，则是错误的。

“scanf("%s",str);”语句在执行时，系统会将用户从键盘输入的字符逐一存入内存，位置由str指定的单元开始，并自动在最后加上'\0'结束符。str是存放字符串变量的数组名，注意不要加取地址符&，因为str本身的内容就是地址。

有读者可能会问：you为何没有被输出呢？因为you并没有被接收到str中，我们在前面介绍过输入域的概念，空格、Tab和回车表示下一个输入域开始，前一个输入域结束，Welcome与you是两个输入域。除了%c，其他的转换序列都会以空格、Tab和回车来区分不同的输入域。

【例7.15】判断下面程序的运行结果。

```
/*----------------------------文件名 exam_715.cpp--------------------------*/
#include"stdio.h"
void main()
{
   char str[10]= {'H','e','l','l','o','!','\0','!'};
   printf("%s",str);
}
```

运行结果：

```
Hello!
```

注意：本例中str不是用字符串常量初始化的，但是也包含了字符串结束符'\0'。因此输出时，字符串的结尾只有一个感叹号，第二个感叹号已经在'\0'之后，不会被输出。

（2）puts()是字符串输出函数，其调用格式为：

puts(字符串变量);

它的功能是把字符串变量的内容（一定要有'\0'结束符）显示在屏幕上。

【例 7.16】使用 puts()字符串输出函数。

```
/*---------------------------文件名 exam_716.cpp---------------------------*/
#include"stdio.h"
void main()
{
   char str[]="Hello";
   puts(str);
}
```

运行结果：

```
Hello
```

puts 函数在输出时自动将'\0'转换成'\n'，完成换行工作。

下面两个程序的运行结果有何不同呢？请读者自己分析原因。

```
#include"stdio.h"
void main()
{
   char
   str[]="Hello";
   printf("%s",str);
   printf("%s",str);
}
```

运行结果：

```
HelloHello
```

```
#include"stdio.h"
void main()
{
   char
   str[]="Hello";
   puts(str);
   puts(str);
}
```

运行结果：

```
Hello
Hello
```

（3）gets()是字符串输入函数，其调用格式为：

gets(字符串变量);

它的功能是：从标准输入设备键盘上输入一个字符串。

【例 7.17】使用 gets()字符串输入函数。

```
/*---------------------------文件名 exam_717.cpp---------------------------*/
#include"stdio.h"
void main()
{
   char str[20];                    /*定义一个字符数组*/
   gets(str);                       /*从键盘接收一行字符*/
   puts(str);                       /*输出一行字符*/
}
```

运行情况：

```
Welcome  you↙
Welcome  you
```

注意：使用 gets 函数接收字符串时，并不以空格和 Tab 作为字符串输入结束的标志，而只以回车作为输入结束的标志。因此，Welcome you 被全部接收了，这与 scanf 函数是不同的。

7.5.4 字符串函数

C语言提供了大量的字符串处理函数，通过调用这些函数可以大大减轻编程者的负担。有一点需要注意：调用字符串函数之前，要使用预处理语句“#include "string.h"”将 string.h 文件包含进来。

下面将介绍最常用的字符串函数的调用方式。同时，还编写与系统函数功能完全相同的自定义函数，目的是不但能使读者加深对系统提供的字符串函数功能的理解，还能提高读者编写字符串函数的能力。

1. 字符串连接函数 strcat

其调用格式为：

strcat(字符串变量1,字符串2)

它的功能是：将字符串2连接到字符串1的后面，并删去字符串变量1中的字符串结束符'\0'。strcat 的返回值是字符串变量1的首地址。

【例 7.18】字符串连接函数的使用。

```
/*---------------------------文件名 exam_718.cpp---------------------------*/
#include"stdio.h"
#include"string.h"
void main()
{
   char str1[30]="I am ";                    /*定义字符串变量1*/
   char str2[10]="a student";                /*定义字符串变量2*/
   strcat(str1,str2);                        /*调用系统提供的字符串连接函数*/
   puts(str1);                               /*输出连接以后的结果*/
}
```

运行结果：

```
I am a student
```

注意：应为字符串变量1定义足够的长度，以便能装入连接以后的字符串。

为了使读者能更好地理解字符串函数的功能，并提高编写程序的能力，下面我们自定义一个 strcat_s 函数，其功能与系统提供的 strcat 功能相同。

【例 7.19】自定义字符串连接函数。

```
/*---------------------------自定义字符串连接函数---------------------------*/
/*---------------------------文件名 exam_719.cpp---------------------------*/
#include"stdio.h"
void strcat_s(char str1[],char str2[]) /*自定义的字符串连接函数*/
{
   int i=0,j=0;
   while(str1[i]!= '\0')                     /*找到第一个字符串结束符的位置*/
      i++;
   while(str2[j]!= '\0')                     /*将第二个字符串连接到第1个字符串的后面*/
   {
      str1[i]=str2[j];
      i++;j++;
   }
   str1[i]='\0';                             /*在第一个字符串的后面加上结束符*/
}
```

```
void main()
{
   char str1[30]="I am ";                    /*定义字符串变量1*/
   char str2[10]= "a student";               /*定义字符串变量2*/
   strcat_s(str1,str2);                      /*调用自定义的字符串连接函数*/
   puts(str1);                               /*输出连接以后的结果*/
}
```

运行结果：

```
I am a student
```

说明：连接两个字符串时要注意将第一个字符串的结束符用第二个字符串的第一个字符覆盖掉，否则，等于没有连接上；另外，连接结束时要在整个字符串的后面加上结束符标志'\0'。

2. 字符串复制函数 strcpy

其调用格式为：

strcpy（字符串变量 1，字符串 2）

它的功能是：将字符串 2 复制到字符串变量 1 中。同时将字符串结束符'\0' 一起复制。字符串 2 既可以是字符串常量也可以是字符串变量。

【例 7.20】使用函数 strcpy 将一个字符串的内容复制到另一个字符串中。

```
/*---------------------------文件名 exam_720.cpp--------------------------*/
#include"stdio.h"
#include"string.h"
void main()
{
   char str1[30]="I am ";                    /*定义字符串变量1*/
   char str2[10]= "a student";               /*定义字符串变量2*/
   strcpy(str1,str2);                        /*调用系统提供的字符串复制函数*/
   puts(str1);                               /*输出复制以后的结果*/
}
```

运行结果：

```
a student
```

strcpy 函数要求字符串变量 1 有足够的长度，以便能容纳要复制的字符串。

下面我们自定义一个函数，其功能与系统提供的 strcpy 函数功能相同。

【例 7.21】自定义字符串复制函数。

```
/*---------------------------自定义字符串复制函数--------------------------*/
/*---------------------------文件名 exam_721.cpp--------------------------*/
#include"stdio.h"
#include"string.h"
void strcpy_s(char str1[],char str2[])      /*自定义字符串复制函数*/
{
   int i=0;                                  /*下标从 0 开始*/
   while(str2[i]!='\0')                      /* str2[i]不是字符串终止符*/
   {
       str1[i]=str2[i];                      /*复制*/
       i++;
   }
   str1[i]='\0';                             /*加字符串终止符*/
}
```

```
void main()
{
   char str1[30]="I am ";                    /*定义字符串变量1*/
   char str2[10]="a student";                /*定义字符串变量2*/
   strcpy_s(str1,str2);                      /*调用自定义的字符串复制函数*/
   puts(str1);                               /*输出复制以后的结果*/
}
```

3. 字符串比较函数 strcmp

其调用格式为：

strcmp(字符串 1,字符串 2)

它的功能是：按照ASCII码顺序比较两个数组中的字符串，并由函数返回值返回比较结果。

若字符串1=字符串2，返回值为0；若字符串1>字符串2，返回值为一正整数；若字符串1<字符串2，返回值为一负整数。其中字符串1和字符串2既可以是字符串常量也可以是字符串变量。

【例 7.22】使用函数 strcmp 比较两个字符串的大小。

```
/*-------------------------文件名 exam_722.cpp----------------------------*/
#include"stdio.h"
#include"string.h"
void main()
{
   char str1[10]="Student";                  /*定义字符串变量1*/
   char str2[10]="student";                  /*定义字符串变量2*/
   char str3[10]="student ";                 /*定义字符串变量3*/
   char str4[10]="student";                  /*定义字符串变量4*/
   printf("\n%d %d ",strcmp(str1,str2),strcmp(str2,str3));
   printf("\n%d %d ",strcmp(str3,str4),strcmp(str2,str4));
                                             /*调用系统提供的字符串比较函数*/
}
```

运行结果：

```
-1  -1
 1  0
```

说明：由于'S'的ASCII值小于's'的ASCII值，因此字符串"Student"小于"student"，strcmp函数返回-1；"student"比"student "少一个空格，字符串"student"小于"student "，strcmp函数返回-1；"student "比"student"多一个空格，字符串"student "大于"student"，strcmp函数返回1；"student"与"student"相等，strcmp函数返回0。

【例 7.23】自定义函数比较两个字符串的大小。

```
/*-------------------------自定义字符串比较函数----------------------------*/
/*-------------------------文件名 exam_723.cpp----------------------------*/
#include"stdio.h"
#include"string.h"
int strcmp_s(char str1[],char str2[])   /*自定义的字符串复制函数*/
{
   int flag=0;                               /*flag初值为0，假设两个字符串相等*/
   int i=0;                                  /*下标从0开始*/
```

```
  while(str1[i]!= '\0'|| str2[i]!='\0')    /*两个字符串均没有结束时*/
  {
     if(str1[i]>str2[i])                  /*字符串 1 的当前字符大于字符串 2 的当前字符*/
     {
        flag=1; break;                    /*flag 赋为 1,并跳出循环*/
     }
     else if(str1[i]<str2[i])             /*字符串 1 的当前字符小于字符串 2 的当前字符*/
     {
        flag=-1;break;                    /*flag 赋为-1,并跳出循环*/
     }
     i++;
  }
  if(flag==0)                             /*如果循环结束时 flag 的值仍为 0*/
  {
     if(str1[i]!='\0')                    /*如果 str1[i]不是结束符*/
        flag=1;                           /*则 str1 大, flag 赋值为 1*/
     else if(str2[i]!='\0')               /*否则如果 str2[i]不是结束符*/
        flag=-1;                          /*则 str2 大, flag 赋为-1*/
  }
  return flag;
}
void main()
{
  char str1[10]="Student";                    /*定义字符串变量 1*/
  char str2[10]="student";                    /*定义字符串变量 2*/
  char str3[10]="student ";                   /*定义字符串变量 3*/
  char str4[10]="student";                    /*定义字符串变量 4*/
  printf("\n%d %d ",strcmp_s(str1,str2),strcmp_s(str2,str3));
  printf("\n%d %d ",strcmp_s(str3,str4),strcmp_s(str2,str4));
                                              /*调用自定义的字符串比较函数*/
}
```

运行结果:

```
-1  -1
 1  0
```

4. 求字符串长度函数 strlen

其调用格式为:

strlen(字符串)

它的功能是:计算字符串的实际长度(不含字符串结束标志'\0'),并将计算结果作为函数值返回。字符串既可以是字符串常量也可以是字符串变量。

【例 7.24】使用函数 strlen 计算字符串的长度并输出。

```
/*--------------------------文件名 exam_724.cpp--------------------------*/
#include"stdio.h"
#include"string.h"
void main()
{
  char str[]="student";
  printf("The length of the string is %d\n",strlen(str));
}
```

运行结果:

```
The length of the string is 7
```

求字符串长度的方法比较简单,因此求字符串长度的自定义函数请读者自己编写。

7.5.5 程序举例

【例 7.25】编写程序，输入一个字符串和一个单个字符，在输入的字符串中删除所有输入的单个字符。

```
/*-------------------------------删除字符---------------------------------*/
/*-------------------------文件名 exam_725.cpp--------------------------*/
#include"stdio.h"
#include"string.h"
void main()
{
   int i,j;
   char str1[80],c;
   puts("Please input a string:");
   gets(str1);                              /*读入第一个字符串*/
   puts("Please input a char:");
   c=getchar();                             /*读入单个字符*/
   puts("Before deleted:");                 /*输出删除字符之前的字符串*/
   puts(str1);
   i=0;
   while(str1[i]!='\0')                     /*删除与字符 c 相等的所有字符*/
   {
       if(str1[i]==c)
       {
           for(j=i;str1[j]!='\0';j++)
             str1[j]=str1[j+1];
       }
       if(str1[i]!=c) i++;                  /*当前字符不是 c，i 加 1*/
   }
   puts("After deleted:");                  /*输出删除字符之后的字符串*/
   puts(str1);
}
```

运行情况：

```
Please input a string:
neatwork↙
Please input a char:
a↙
network
```

说明：从给定字符串中删除一个字符的方法是将被删除的字符用其后面的字符逐一前移，将被删除的字符覆盖。如图 7-8 所示为从字符串 neatwork 中删除'a'的情况。

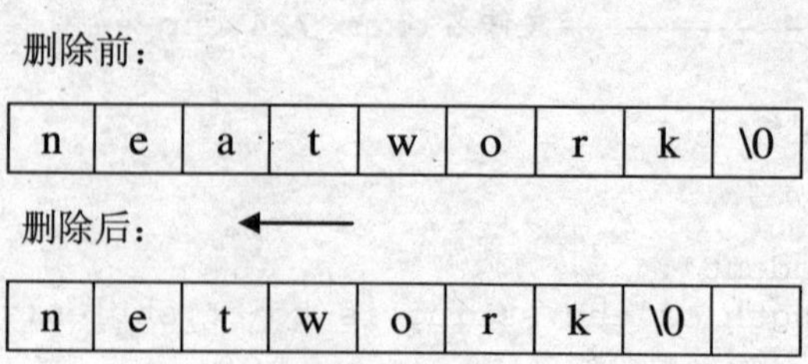

图 7-8　从字符串中删除一个字符

注意：前移时必须从左到右逐个字符地前移，而不能是从右至左移动，想想为什么？

【例 7.26】编写函数，其形式参数为字符串变量，对该字符串变量中的字符从小到大排序并输出。编写主函数调用该函数。

```
/*----------------------------字符串的内容排序--------------------------------*/
/*--------------------------文件名 exam_726.cpp-----------------------------*/
#include"stdio.h"
#define SIZE 80
void sort(char str[])
{
   int i,j,min_s;
   char temp;
   for(i=0;str[i]!='\0';i++)                    /*对 str 数组进行排序*/
   {
      min_s=i;
      for(j=i+1;str[j]!='\0';j++)
      if(str[j]<str[min_s])
         min_s=j;
      temp=str[min_s];
      str[min_s]= str[i];
      str[i]=temp;
   }
}
void main()
{
   char str1[SIZE];
   puts("Please input a string:");
   gets(str1);                                  /*读入一个字符串*/
   puts("Before sorted:");
   puts(str1);                                  /*输出排序以前的字符串*/
   sort(str1);                                  /*调用排序函数*/
   puts("After sorted:");
   puts(str1);                                  /*输出排序以后的字符串*/
}
```

运行情况：

```
Please input a string:
network↙
Before sorted:
network
After sorted:
eknortw
```

说明：本例中排序的方法与例 7.5 中的排序方法是相同的，只是在控制循环时利用了字符串的终止符，而不是根据数据的个数来控制循环。

【例 7.27】编写函数，函数有两个字符串类型的形参，将在第一个字符串中出现的但在第二个字符串未出现的字符存放在第三个字符串变量中并输出。注意，允许第三个字符串有重复的字符。例如，第一个字符串是"ABACDEFGH"，第二个字符串是"BCD"，则第三个字符串是"AAEFGH"。编写主函数，调用上述自定义函数。

```
/*----------------------------文件名 exam_727.cpp----------------------------*/
#include"stdio.h"
#define SIZE 80
void pro(char str1[],char str2[],char str3[])
{
   int i,j,k,flag;
   k=0;
   for(i=0;str1[i]!= '\0';i++)
   {
      flag=1;
      for(j=0;str2[j]!='\0'&&flag;j++)
         /*第一个字符串的字符在第二个字符串中存在，则 flag 赋值为 0*/
         if(str2[j]==str1[i]) flag=0;
      /*flag 未被赋值为 0，说明第一个字符串中的字符在第二个字符串中不存在*/
      if(flag)
      {
         str3[k]=str1[i];
         k++;
      }
   }
   str3[k]= '\0';
}
void main()
{
   char str1[SIZE], str2[SIZE], str3[SIZE];
   puts("Please input the first string:");
   gets(str1);                              /*读入第一个字符串*/
   puts("Please input the second string:");
   gets(str2);                              /*读入第二个字符串*/
   pro(str1,str2,str3);                     /*生成第三个字符串*/
   puts("The third string:");
   puts(str3);                              /*输出第三个字符串*/
}
```

运行情况：

```
Please input the first string:
ABACDEFGH↙
Please input the second string:
BCD↙
The third string:
AAEFGH
```

说明：本程序的基本思路是扫描第一个字符串的每个字符，判断该字符在第二个字符串中是否存在，程序利用一个标志变量 flag 记录在第一个字符串中扫描的当前字符是否在第二个字符串中存在。flag 为 0，表示在第一个字符串中扫描的当前字符在第二个字符串中存在；flag 为 1，表示在第一个字符串中扫描的当前字符在第二个字符串中不存在。

【例 7.28】编写程序，输入若干个字符串，以"***"结束，将输入的字符串按照英语字典的顺序输出。

```
/*---------------------将若干字符串按照英语字典的顺序输出----------------------*/
/*-------------------------文件名 exam_728.cpp-------------------------*/
#include"stdio.h"
#include"string.h"
#define COL 20
#define ROW 80
int readin(char str[][ROW])
{
   int i;
   i=0;
   printf("Please enter a string:");
   scanf("%s",str[i]);                        /*输入第一个字符串到 str[0]中*/
   while(strcmp(str[i],"***")!=0)             /*若输入的字符串不是"***",循环*/
   {
      i++;
      printf("Please enter string ended with ***:");
      scanf("%s",str[i]);                     /*输入一个字符串到 str[i]中*/
   }
   return i;                                  /*返回输入字符串的个数*/
}
void writeout(char str[][ROW],int size)
{
   int i;
   for(i=0;i<size;i++)                        /*循环从 0 到 size-1 */
   {
      puts(str[i]);                           /*输出一个字符串*/
   }
}
void sort(char str[][ROW],int size)
{
   int i,j,min_s;
   char temp[ROW];
   for(i=0;i<size;i++)                        /*对 str 数组进行排序*/
   {
      min_s=i;
      for(j=i+1;j<size;j++)
      if(strcmp(str[j],str[min_s])<0)         /*比较字符串的大小*/
         min_s=j;
      strcpy(temp,str[min_s]);                /*使用 strcpy 函数进行字符串交换*/
      strcpy(str[min_s],str[i]);
      strcpy (str[i],temp);
   }
}
void main()
{
   char str[COL][ROW];                        /*定义一个二维数组*/
   int n;
   n=readin(str);                             /*读入一个字符串*/
   puts("Before sorted:");
   writeout(str,n);                           /*输出排序以前的若干字符串*/
   sort(str,n);                               /*调用排序函数*/
   puts("After sorted:");
   writeout(str,n);                           /*输出排序以前的若干字符串*/
}
```

运行情况：

```
Please enter a string:You↙
Please enter string ended with ***: are↙
Please enter string ended with ***: students↙
Please enter string ended with ***: ***↙
Before sorted:
You
are
students
After sorted:
are
students
You
```

说明：本程序定义了一个二维数组 str 存储字符串，每个字符串存储于二维数组 str 的一行中，也就是说，每个 str[i]存储一个字符串。

本程序在运行时输入了四个字符串"You"、"are"、"students "和"***"，除了"***"，其他三个字符串都存储于二维数组 str 中。

在本程序中，除了主函数以外，还定义了三个函数。其中 readin 的功能是读入若干字符串，并将字符串的个数返回给调用函数；writeout 的功能是输出 size 个字符串；sort 函数的功能是对 size 个字符串进行排序。对字符串进行排序时，有两点需要注意：一点是字符串的比较需要用 strcmp 函数（不能直接使用小于、大于或等于号）；另一点是字符串的赋值需要用 strcpy 函数（不能直接使用赋值号）。

【例 7.29】输入若干个学生的姓名（以一个特殊的名字***作为结束标志）、期中成绩和期末成绩，计算出总评成绩，总评成绩为“30%×期中成绩+70%×期末成绩”，计算总评成绩的分数段情况。最后，从键盘输入一个学生的姓名，查询该学生的总评成绩。

一个学生的姓名是一个字符串，*n* 个学生的姓名要用二维的字符数组来存储。二维数组的每个数组单元是一个字符串，也就是说，name[0]、name[1]和 name[i]都是一个字符串的首地址。

本题使用的存储结构如图 7-9 所示。

name
linshiyin
yinli
wanghui
zhangwuji
zhaomin
…

score		
80	90	87
70	80	77
80	60	66
88	69	75
99	78	84
…	…	…

图 7-9　例 7.29 的存储图

本例使用模块化程序思想，将程序分解为几个函数，函数的功能和调用关系如图 7-10 所示。

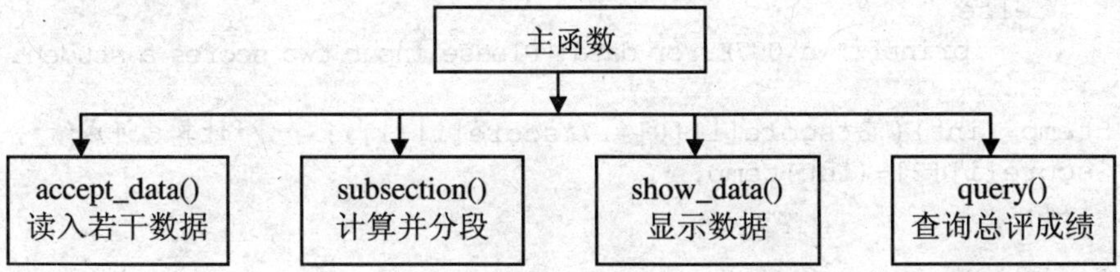

图 7-10　函数的功能和调用关系

```
/*------------------------使用二维数组解决成绩问题-------------------------*/
/*---------------------------文件名 exam_729.cpp---------------------------*/
#include"stdio.h"
#include"string.h"
#define SIZE 300
int accept_data(char name[][20],int score[][3]);
void subsection(int score[][3],int grade[],int sum);
void show_data(char name[][20],int score[][3],int grade[],int sum);
void query(char name[][20],int score[][3],int sum);
void main()
{
   int sum;
   int grade[6]={0};
   int score[SIZE][3];
   char name[SIZE][20];
   sum=accept_data(name,score);          /*输入数据(sum 为总人数) */
   subsection(score,grade,sum);          /*将总评成绩分段*/
   /*输出所有学生的姓名、期中、期末和总评成绩*/
   show_data(name,score,grade,sum);
   query(name,score,sum);                /*查询某个学生的总评成绩*/
}
int accept_data(char name[][20],int score[][3])
{
   int i=0,sum=0,flag,temp;
   while(i<SIZE)
   {
      printf("\nPlease input name of a student:");
      scanf("%s",name[i]);               /*输入学生的姓名*/
      if(strcmp(name[i], "***")==0)      /*若是"***"则跳出循环*/
      {
         sum=i;                          /*sum 记录的是输入的人数*/
         break;
      }
      printf("\nPlease input two scores of a student:");
      flag=1;
      while(flag)                        /*重复读入两个成绩，读到正确的为止*/
      {
         scanf("%d%d",&score[i][0], &score[i][1]);
         if(score[i][0]<=100&& score[i][0]>=0&& score[i][1]<=100&& \
```

```
            score[i][1]>=0)
                flag=0;
            else
                printf("\n\007Error data! Please input two scores a student again:");
        }
        temp=(int)(.3*score[i][0]+.7*score[i][1]);    /*计算总评成绩*/
        score[i][2]=(int)temp;
        i++;
    }
    return sum;
}
void subsection(int score[][3],int grade[],int sum)
{
    int i,s;
    for(i=0;i<sum;i++)                        /*将总评成绩分段（按照五分制）*/
    {
        s=score[i][2]/10;
        switch(s)
        {
            case 0:case 1:case 2:case 3:
            case 4:case 5:  grade[2]=grade[2]+1;break;
            case 6:case 7:  grade[3]=grade[3]+1;break;
            case 8:grade[4]=grade[4]+1;break;
            case 9: case 10:grade[5]=grade[5]+1;break;
        }
    }
}
void show_data(char name[SIZE][20],int score[SIZE][3],int grade[],int sum)
{
    int i,j;
    for(i=0;i<sum;i++)                        /*输出所有学生的姓名、期中、期末和总评成绩*/
    {
        printf("%20s  ",name[i]);
        for(j=0;j<3;j++)
            printf("%4d",score[i][j]);
        printf("\n");
    }
    printf("\nThere are %d students in this class",sum);
    for(i=2;i<6;i++)
        printf("\nThere are %d students in grade %d.",grade[i],i);
}
void query(char name[][20],int score[][3],int sum)
{
    char temp_name[80];
    int i;
    printf("\nPlease input name of a student that you want to know his score:");
    scanf("%s",temp_name);                            /*输入要查询的学生的姓名*/
    for(i=0;i<sum;i++)
    {
        if(strcmp(name[i],temp_name)==0)
        {
```

```
            printf("%s %d \n",name[i],score[i][2]);     /*查询成功输出总评成绩*/
            break;                                       /*跳出循环*/
        }
    }
    if(i==sum) printf("not found\n");                   /*查询失败输出失败信息*/
}
```

说明：本例中允许学生人数发生变化，以一个特殊的姓名控制输入的结束，并用 sum 记录了输入人数的总和，以便控制后面的循环次数。注意，字符串的比较要使用函数 strcmp。

程序最后的任务是新加入的，首先输入要查询的学生的姓名，根据这个姓名在 name 数组中进行查询，查询成功则输出该学生的总评成绩，并跳出循环。如果结束循环时，i 小于 sum 则说明查询成功；i 等于 sum，说明查询失败，输出失败信息。

本章小结

（1）数组是一组具有相同数据类型的数据单元，而且它们具有有相同的名称，并在存储器中连续存放。使用数组的目的是要在内存中存储大量的数据。

（2）一维数组的长度在定义时只能是常量。

定义一维数组的格式：

数据类型说明符 数组名[数组长度]；

引用一维数组单元的一般格式为：

数组名[下标]

可以将数组单元看作一个普通的变量进行操作。

（3）C 语言规定数组名本身代表数组的首地址。

（4）如果一维数组的数组单元不是一个变量，而是一个数组，就构成了二维数组。二维数组的行数和列数在定义时只能是常量。

（5）定义二维数组的格式：

数据类型说明符 数组名[行数][列数]；

引用二维数组单元的一般形式为：

数组名[行下标][列下标]

（6）允许对一维和二维数组进行初始化。

（7）对二维数组元素的操作一般使用二重循环。

（8）调用函数的实参是数组名，则被调用函数的形式参数也应该是数组类型。尤为重要的是，实参传给形参的是一组空间的首地址。调用函数与被调用函数存取的将是相同的一组空间。

（9）字符串是带有字符串结束符'\0'的一组字符，不论它是常量还是变量都一样。有了'\0'标志以后，在处理字符数据时，就不必再用数组的长度来控制对字符数组的操作，而是用'\0'的来判断字符串的结束位置。这是字符串变量与其他类型的数组（包括一般的字符数组）在操作上的根本区别。

习　题

1．编写函数 sort(int a[],int size)，使用起泡法对 size 个整数进行排序（升序排列）。编写主函数调用该函数。

起泡法（升序）的思想是：通过对相邻两个数之间的比较和交换，使排序码（数值）较大的数逐渐从顶部移向底部。对于 A[0]～A[n–1]组成的 *n* 个数据，进行冒泡排序的过程可以描述为：

（1）首先将相邻的 A[0]与 A[1]进行比较，如果 A[0]的值大于 A[1]的值，则交换两者的位置；接着比较 A[1]与 A[2]，如果 A[1]的值大于 A[2]的值，交换两者的位置。依此类推，直到比较完 A[n–2]和 A[n–1]后，A[n–1]为具有最大排序码（数值）的元素，称第一次排序结束。

（2）然后在 A[0]～a[n–2]区间内，进行第二次排序，使剩余元素中排序码最大的元素存储到 A[n–2]；

重复进行 *n*–1 次后，整个排序过程结束。

2．输入一个十进制整数，将其转换为八进制数输出。不能使用%o，要使用%d 输出。

3．编写程序用筛法求 100 之内的素数，每行输出十个。

所谓“筛法”是指从小到大筛去一个已知素数的所有倍数。手工做法是：在一张纸上写上 2～100 的全部整数，然后逐一判断它们是否是素数，若是素数，则将该数的倍数从纸上划掉，最后剩下的就是素数。

4．编写程序，以'$'符号为终止符接收一组字符，在相同的数组空间中逆序存储这组字符并输出。

5．编写一个函数 f(char s[],int n)，函数的功能是将字符串 s 循环左移 *n* 个字符。编写主函数输入一个整数 *n* 和一个字符串，然后调用函数 f。

6．编写一个函数 f(int n)，函数的功能是打印 *n* 行的杨辉三角形，如图 7-11 所示，编写主函数并输入一个整数 *n*（*n* 大于等于 1 并且小于 15），然后调用函数 f。

```
        1
      1   1
    1   2   1
  1   3   3   1
1   4   6   4   1
      ......
```

图 7-11　杨辉三角形

7．定义一个函数 long f(char s[])，函数的功能是将字符串 s 转换为一个整数，并作为函数的返回值。编写主函数，用%s 控制输入一个数字字符串，然后调用函数 f，用%ld 输出对应的整数。例如，输入字符串"1234"，输出 1234。

8*．编写程序，计算北京奥运会倒计时的天数并输出（2008 年 8 月 8 日北京奥运会开幕，输入日期的范围是 2008 年 1 月 1 日～2008 年 8 月 7 日）。

9．定义一个函数 f(int a[],int size)，将一组已经按升序排列的整数读入到一个整数数组中，再输入一个整数，插入到数组中，使数组依旧保持升序排列。

10．编写程序，找出一个二维数组的鞍点，即该位置上的元素在该行最大，但是在该列最小。

11*. 定义一个函数，求给定的整型二维数组（数组作为参数传递）中出现频率最高的数，并将该数作为函数的返回值。编写主函数调用该函数，数组的行长度和列长度使用#define 定义。

12*. 定义一个函数，求给定的整型二维数组（数组作为参数传递）中第二大的元素，并将该数作为函数的返回值。编写主函数调用该函数，数组的行长度和列长度使用#define 定义。

13. 一个小公司的六个员工每人有一个代码（整数 1～6），员工找经理报销出租车费时，经理要记录他的代码和金额。编写程序定义一个 float 数组，记录报销的情况。经理每次输入员工的代码和报销金额，允许一个员工报销多次，若输入的员工号码超出 1～6 的范围，则循环终止，最后列表输出每个人的报销总数，输出内容包括员工代码和报销金额。

14. Ellen 是加拿大人，来中国旅游，她不熟悉人民币，因此分别将 1 角、2 角、5 角、1 元、2 元、5 元、10 元、20 元、50 元、100 元的人民币根据外型排序号（从 1 开始排序号），每天将自己手中的不同面值人民币的张数输入便携式计算机（笔记本电脑），用计算机计算人民币金额。编写程序输入 Ellen 手中的不同面值人民币的张数，输出对应的人民币金额。

15*. 为了描述股票的运行趋势，可以计算最近 M 天中每连续 N 天的平均价格，例如可以计算最近 30 天内每 5 天的平均价格。编写程序首先输入 M 和 N，并输入 N 个价格保存到数组中，然后重复下面的步骤：

（1）计算并输出数组中 N 个价格的平均值。

（2）若 M 天的数据处理完毕，则退出循环。否则，删除数组单元 0 中的数据，将其余 N−1 个数据向前移动。

（3）读取新的值，存储到数组最后的单元中（构成新的 N 个数据），转到第（1）步执行。

16*. 假设某高速公路的一个节点处收费站的收费标准为：小型车 15 元/车·次、中型 35 元/车·次、大型车 50/车·次、重型车 70 元/车·次。

编写程序，循环显示下面的列表，请用户选择车型，根据用户的选择输出应缴纳的费用，直到用户选择“退出”为止。

```
1------小型车
2------中型车
3------大型车
4------重型车
5------退出
```

要求：用数组存放收费标准的四个数，简化程序。

17. 编写程序，输入两个字符串，将第二个字符串连接在第一个字符串的后面，构成一个字符串。不能调用 strcat 函数。

18. 在本章中编写过一个程序可以删除"neaaaatwork"中的所有的'a'，但效率是非常低的，因为要重复移动'a'后面的字符串，第一次要移动"aaatwork"，第二次再移动"aatwork"……编写一个高效率的程序，将"twork"一次移动到'e'的后面。

19. 定义一个函数，将一个整数（作为参数）转变为字符串，每个字符之间加一个空格，并将字符串输出。例如，将整数 2013 转化为字符串"2 0 1 3"。编写主函数调用该函数。

20. 定义一个函数 index()，其中包含两个形参，一个是字符型，另一个是字符串，该函数返回一个整数。函数的功能是计算字符型数据在字符串中出现的次数，并将出现次数作为返回值。编写主函数调用该函数。

21．定义一个函数 replace()，其中包含三个形参：两个是字符型，一个是字符串型。该函数返回一个整数。函数的功能是在字符串中查找第一个字符，如果找到，用第二个字符替换该字符，并将替换的次数作为返回值。编写主函数调用该函数。

22．定义一个函数 delete_char()，其中包含两个形参：一个是字符型，另一个是字符串型。该函数返回一个整数。函数的功能是在字符串中删除所有的字符型数据，并将删除的个数作为函数的返回值。编写主函数调用该函数。

23．定义一个函数 fun_char，其中包含三个形参，且全部是字符串型。该函数返回一个整数。函数的功能是将在第一个字符串中出现的但在第二个字符串中未出现的字符存放在第三个字符串中。函数返回第三个字符串的长度。允许第三个字符串有重复的字符，例如，第一个字符串是"ABACDEFGH"，第二个字符串是"BCD"，则第三个字符串是"AAEFGH"。编写主函数调用该函数。

24．某公司根据下面的原则每月支付两次薪水：

（1）若员工是领取年薪的，则其工资等级将高于 10 000 元，每年支付 24 次薪水，则该员工每次的收入为工资等级/24；

（2）若员工是按小时领取工资的，则其工资等级将在 40～800 之间，则该员工每次的收入为工资等级×小时数；

（3）若员工的工资等级低于 40，或在 800～10 000 之间，则为非法数据。

用一组平行的数组存储每个员工的工号、工资等级、工作小时数和收入，编写下列函数：get_data()，从键盘将所有员工的数据输入到平行数组中；count_data()，计算每个员工的收入并填入收入数组；pay()，根据员工号计算返回一个员工的收入；put_data()，输出表格，显示每个员工的所有数据，同时计算每个员工该年的总收入，并作为最后一个数据项输出。编写主函数调用所有的函数。

25．判断下面程序的运行结果，并画出数组的图示。

```
#include"stdio.h"
void main()
{
   int i,a[]={0,0,0,0,0};
   printf("\n");
   for(i=1;i<=4;i++)
   {
      a[i]=a[i-1]*3+1;
      printf("%d,",a[i]);
   }
}
```

26．判断下面程序的运行结果，并画出数组的图示。

```
#include"stdio.h"
void main()
{
   int i,j,a[][3]={9,8,7,6,5,4,3,2,1};
   for(i=0;i<3;i++)
      for(j=i+1;j<3;j++)
         a[i][j]=0;
   printf("\n");
   for(i=0;i<3;i++)
   {
```

```
    for(j=0;j<3;j++)
        printf("%3d",a[i][j]);
    printf("\n");
  }
}
```

27*. 判断下面程序的运行结果，并画出数组的图示。

```
#defineSIZE 3
#include"stdio.h"
void main()
{
  int i,j,a[SIZE][SIZE]={0,1,2,1,2,0,1,1,2},b[SIZE][SIZE];
  for(i=0;i<SIZE;i++)
     for(j=0;j<SIZE;j++)
        b[i][j]=a[a[i][j]][a[j][i]];
  for(i=0;i< SIZE;i++)
  {
    for(j=0;j<SIZE;j++)
       printf("%2d",b[i][j]);
    putchar('\n');
  }
}
```

28. 判断下面程序的运行结果。

```
#include"stdio.h"
void main()
{
  int i,c;
  char input[]="SSSWILTECH1\001\011W\001WALLMP1";
  for(i=2;(c=input[i])!='\0';i++)
  {
    switch(c)
    {
       case 'a':putchar('i'); continue;
       case '1':break;
       case 1:while ((c=input[++i])!='\1'&&c!='\0');
       case 9:putchar('S');
       case 'E':
       case 'L':continue;
       default:putchar(c); continue;
    }
    putchar(' ');
  }
  putchar('\n');
}
```

29. 判断下面程序的运行结果，用 for 循环代替 while 循环重新编写程序。

```
#include"stdio.h"
void main()
{
  int a[13]={1,2,4,8,16,32,64,128,256,512,1024,2049,4096};
  int i;
  i=0;
```

```
    while(i<=12)
    {
        printf("%2d %d\n",i,a[i]);
        i++;
    }
}
```

30．请指出下面程序中的错误之处，并进行修改。

```
#include"stdio.h"
void main()
{
    int n=10;
    int a[n];
    int b[]={1,2,3,4,5,6,7,8,9,10};
    int a;
    for(i=0;i<=10;i++)
    {
        a[i]=b[n-i]);
    }
    for(i=0;i<=10;i++)
    {
        printf("%2d ",a[i]);
    }
    printf("\n");
}
```

31．判断下面程序的运行结果，并说明原因。

```
#include<stdio.h>
#define lim 10
char s[lim];
int find(c)
char c;
{
    static int posi=0;
    while(s[posi]!=c)
    {
        if(posi==lim-1)
            return(0);
        posi++;
    }
    return(1);
}
void main()
{
    scanf("%s",s);
    if(find('a'))
        puts("fine");
    else
        puts("bad");
    if(find('b'))
        puts("fine");
    else
        puts("bad");
}
```

假设输入为 be aware。

32. 判断下面程序的运行结果，并说明原因。

```
#include"stdio.h"
#include"string.h"
void fun_1(char s[],int n);
void main()
{
   char str1[]="Nice";
   char str2[]= "Weekend";
   puts("\n-------------------------------");
   fun_1(str1,2);
   puts("\n-------------------------------");
   fun_1(str2,strlen(str1));
   puts("\n-------------------------------");
}
void fun_1(char s[],int n)
{
   int i;
   for(i=0;i<n;i++)
       printf("%s ",s);
}
```

33*. 判断下面程序的运行结果，并说明原因。

```
#include"stdio.h"
#define M 20
void f(int n, int d, char s[])
{
   static char digits[] ="0123456789ABCDEF";
   char buf[M];
   int i=0,j,t;
   do
   {
     buf[i]=digits[n%d];
     n/=d;
     i++;
   }
   while(n);
   buf[i]='\0';
   t=i;
   for(j=0,i--;j<t;j++,i--)
     s[j]=buf[i];
   s[j]='\0';
}
void main()
{
   static char str[M];
   f(100,16,str);
   printf("\n%s",str);
   f(100,8,str);
   printf("\n%s",str);
}
```

第 8 章　指　　针

指针是 C 语言的精髓，不能熟练地使用指针，就不算学会了 C 语言。为使读者尽早地了解指针的基本概念，我们已经在第 3 章中初步讨论了指针变量的定义和指针运算符（取地址运算符和取内容运算符）的使用，并且在第 6 章中讨论了如何通过传递变量的地址给被调用函数，使调用函数与被调用函数共享数据空间。在本章中将进一步讨论指针的用法。

指针是一种数据类型，使用具有指针类型的变量可以对各种数据结构进行操作，例如可以方便地操作数组及字符串，同时使用指针变量可以像汇编语言那样处理内存地址，从而编写出简洁、精练并且高效的程序。

指针是 C 语言中最重要的，同时也是最难掌握的一部分内容。

8.1　空间的动态分配与指针运算

8.1.1　问题的提出和程序示例

定义数组时，程序员必须对数组的长度有一个正确的估计，否则就可能造成大量空间的浪费。但是，这往往是很难做到的！同样是对成绩进行统计，选修公共选修课的同学可以达到上千人，而选修专业选修课的可能只有几十人，甚至十几人。如果使用同一个程序处理这些成绩，就必须按照最大的空间数来定义数组，显然是不合理的。C 语言提供了动态分配空间的功能，很好地解决了这个问题。首先，请看程序示例。

【例 8.1】 编写程序，首先询问用户学生的人数，然后将这些学生的成绩读入到一组动态分配的空间中，最后输出这组成绩。

```
/*----------------------------动态分配空间存储成绩--------------------------*/
/*----------------------------文件名 exam_81.cpp----------------------------*/
#include"stdio.h"
#include"stdlib.h"
#define ERROR {printf("out of memory\n");return;}
void main()
{
   int size;
   int *p,*aux;                                       /*指针变量的定义*/
   printf("Please let me know how many students in your class:");
   scanf("%d",&size);
   p=(int *)malloc(sizeof(int)*size);                 /*申请 size 个整型空间*/

   if(p==NULL)                                        /*NULL 是空指针*/
      ERROR
   printf("Please enter %d scores:",size);
   for(aux=p;aux<p+size;aux++)                        /*指针运算*/
     scanf("%d",aux);
```

```
  for(aux=p;aux<p+size;aux++)
    printf(" %d",*aux);
  free(p);                                                      /*释放空间*/
}
```

运行情况：

```
Please let me know how many students in your class:5↙  /*班级人数: 5*/
Please enter 5 scores:  89 79 69 85 98↙                 /*输入五个成绩: …*/
89 79 69 85 98
```

8.1.2 空指针

上面示例中的 NULL 表示空指针。空指针是一个特殊的值，C 语言为指针类型的变量专门定义了一个空值，将空值赋值给一个指针变量以后，说明该指针变量的值不再是不定值，而是一个有效的值，但是并不指向任何变量。空指针写作 NULL，其数值为 0。

8.1.3 存储器申请

如果定义了一个指针型的自动变量，在没有对它赋值之前，其初始值是不定的。使用不定的指针变量去操作它所指的内容，是一件很容易出错的事情。如果我们不想让指针指向一个定义过的变量，那么可以动态申请一组空间（当然也可以只申请一个），用指针指向这组空间的首地址，不用时再将这组空间释放。申请与释放空间是从程序员的角度使用的词汇，同样的工作对于系统来说应该称为分配与回收空间，也就是说程序申请空间时，系统要把空间分配给程序，而程序释放空间时，系统就要将这些空间回收。存储器申请与释放的函数均在 stdlib.h 文件中定义。

malloc 函数用于申请空间。对函数 malloc 的调用格式是：

(指针所指对象的数据类型 *) malloc(sizeof(指针所指对象的数据类型)*个数)

malloc 函数的功能是从内存中申请一块指定字节大小的连续空间，返回该存储块的首地址作为函数的结果。如果申请空间失败，则说明没有足够的空间可供分配，返回空指针 NULL。

例如，申请一个动态的整型存储单元，要进行的操作是：

```
int *pi;
pi=(int *)malloc(sizeof(int));
```

申请十个动态的整型存储单元，要进行的操作则是：

```
int *pj;
pj=(int *)malloc(sizeof(int)*10);
```

由于 malloc 返回的是 void 类型的指针，因此需要进行强制转换，其目的是防止分配的存储器地址出现不合理的情况。

注意：

（1）函数 malloc 必须说明为“void *malloc();”或在程序中加入“#include "stdlib.h"”。

（2）指针必须指向已经分配好的空间才有意义。

请看下列几个程序段。

程序段一：

```
void main ()
{
   char *p;
   *p='a';                                          /*错误*/
   …
}
```

程序段二：

```
char *p,c;
p=&c;
*p='a';
```

程序段三：

```
char *p;
p=(char*)malloc(1);                        /*申请一个字符空间*/
*p='a';
```

程序段一是错误的，p 只是一个指针，未指向任何空间，此时不能操作指针所指向的单元；在程序段二中，p 是一个指针，并指向 c，*p 是 p 指针所指向的单元的内容；在程序段三中，p 是一个指针，它所指向的空间是通过调用分配函数 malloc 得到的一个字符空间。

（3）为了使指针的使用安全无错，在申请空间时，应该检测 malloc 函数是否已成功分配。其方法是判断该函数的返回值。

常用的方法是：

```
if((p=(int*)malloc(sizeof(int)*size))==NULL)
{
…
}
```

8.1.4 存储器释放

free 函数用于释放空间。对 free 函数的调用格式是：

free(指针变量名)

free 函数的功能是释放以指针变量名所指的位置开始的存储块，以分配时的存储块为基准。

注意：

（1）语句“free(p);”不改变 p 的内容。但是，该语句被执行以后，就不能再用任何的指针访问这个存储区。例如，p 和 q 指向同一地址，语句“free(p);”执行以后，q 所指的空间也将不能再使用，因为这部分空间已经被系统回收了。

（2）free 与 malloc 必须配对使用，使用 malloc 申请的空间必须用 free 释放。

8.1.5 指针值的算术运算

1．在指针值上加减一个整数

假如有定义：

```
int n,*p;
```

表达式 p+n（n>=0）指向的是 p 所指的数据存储单元之后的第 *n* 个数据存储单元。这里的数据存储单元不是内存单元，内存单元的大小是固定的，而数据存储单元的大小与数据类型有关，在 Visual C++ 6.0 中，一个短整型变量占两个字节，而一个整型变量占四个字节。

那么，在 p 上加 n 是按所指的数据存储单元定比例增大，而不是直接加数值 n。

如果整型占四个字节，地址按字节编址，p 是指向整型的指针，p 的值是 9000，则 p+1=9004，p+2=9008，…，p+n=9000+4*n，如图 8-1 所示。

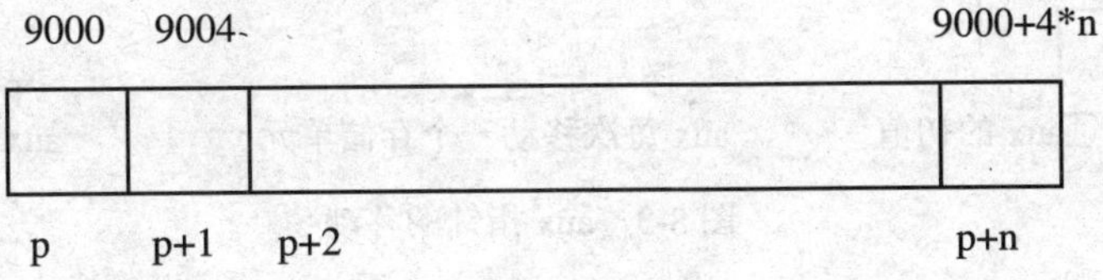

图 8-1 指针 p+i 的含义

因此 p+n 的地址值实际等价于(char *) p+ sizeof (*p)*n，而不是指向 p 地址之后的第 *n* 个地址（按字节编址）。

假设有如下定义：

```
char *pc;
short int *pi;
float *pf;
```

如果 sizeof(char)的值是 1，sizeof(short int) 的值是 2， sizeof(float) 的值是 4，假设三个指针的开始值均为 9000，则 pc+1 是 9001，pi+1 是 9002，pf+1 是 9004。

既然 p+n 是正确的指针运算，则 p=p+n 和 p++均为正确的表达式。n 当然也可以是一个负数。

p++表示：使 p 指向下一个空间，p 的内容要发生变化。这是最常用的指针操作。

2．指针值的比较

使用关系运算符<、<=、>、>=、==和!=可以比较指针值的大小。

如果 p 和 q 是指向相同的类型数据的指针变量，并且 p 和 q 指向同一段连续的存储空间，p 的地址值小于 q 的值，则表达式 p<q 的结果为 1；否则表达式 p<q 的结果为 0。

注意：参与比较的指针所指向的空间一定要存在于一个连续的内存空间中，如图 8-2 所示。使用 malloc 函数动态申请的空间就是一组连续的内存空间。

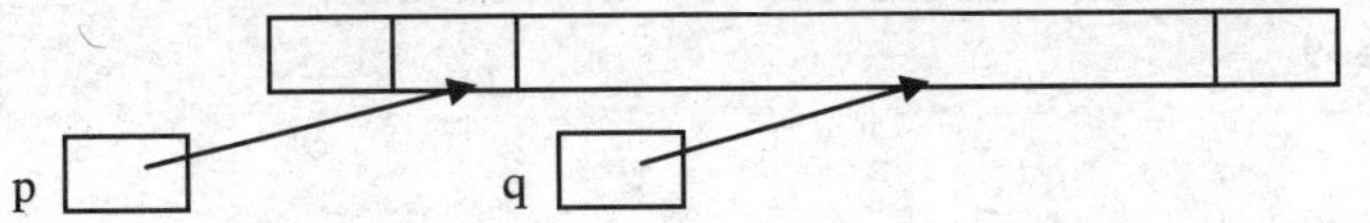

图 8-2 p 和 q 指向的空间在一个连续的内存空间中

在示例程序中有如下语句：

```
for(aux=p;aux<p+size;aux++)
   scanf("%d",aux);
```

该语句中的 aux 从 p 所指向的单元开始，每次向下移动一个存储单元，直到 p+size 单元结束。循环体语句“scanf("%d",aux);”负责将用户从键盘输入的整数读入 aux 所指的单元中。如图 8-3 所示。

语句“scanf("%d",aux);”是读入一个整数到 aux 指向的存储单元，因为 aux 就是地址，不需要使用取地址运算符了。

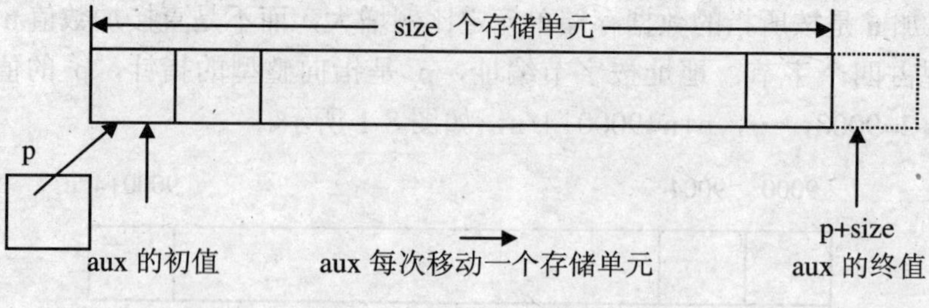

图 8-3 aux 指针的移动

3. 指针减法

如果 p 和 q 被定义为指针，则表达式 p-q 的结果是 p 为 q 后面的第多少个数据单元。如图 8-4 所示，p-q 的值是 3。

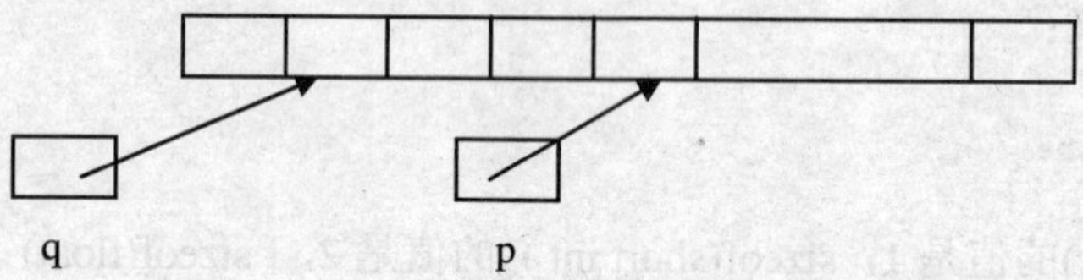

图 8-4 p-q 的含义

注意：不能对任意两个指针做减法，表达式“p-q”有意义的前提是：p 和 q 两个指针的数据类型定义完全一致；p 所指向的空间与 q 所指向的空间存在于连续的存储段；p 大于等于 q。

【例 8.2】编写程序，使用动态分配的空间读入九个字符，使用指针操作的方法，寻找'?'出现的位置（第几个字符）。

```
/*-------------------------在输入的若干字符中检索 '?'-------------------------*/
/*----------------------------文件名 exam_82.cpp----------------------------*/
#include"stdio.h"
#include"stdlib.h"
#define ERROR {printf("out of memory\n");return;}
#define size 9
void main()
{
   char *p,*q;                          /*定义两个指针*/
   p=(char *)malloc(size);              /*申请第一个存储块*/
   if(p==NULL)                          /*申请失败则退出*/
     ERROR
   printf("Please enter %d char:",size);
   for(q=p;q<p+size;q++)                /*将九个字符输入到刚分配的空间中*/
     *q=getchar();
   for(q=p;*q!='?'&& q<p+9;q++);        /*在九个字符中寻找问号*/
   printf("%d\n",q<p+9?q-p+1:-1);       /*输出结果*/
   free(p);
}
```

运行情况：

```
Please enter %d char:Areyou?oh↙
7
```

说明：例 8.2 中的问号出现在九个输入字符中的第七个。

程序中，“for (q=p;*q!='?'&& q<p+9;q++);”语句负责从第一个字符开始到第九个字符结束，判断字符是否是问号，如果是，则循环终止。因此，循环结束时，“q<p+9”成立，说明找到了问号；不成立，则说明未找到。

表达式“q–p+1”用于求出'?'出现的位置。此处用到了指针减法。

【例 8.3】编写程序，输入一个十进制的正整数，将其对应的八进制数输出。

```
/*-----------------------------输出八进制数-------------------------------*/
/*--------------------------文件名 exam_83.cpp---------------------------*/
#include"stdio.h"
#include"stdlib.h"
#define LIMIT 9
#define ERROR {printf("out of memory\n");return;}
void main()
{
   long x;
   char *p,*aux;                                      /*定义两个指针*/
   printf("Please enter one int:");
   scanf("%ld",&x);
   p=(char *)malloc(LIMIT);                           /*申请一个存储块*/
   if(p==NULL)                                        /*申请失败退出*/
      ERROR
   for(aux=p;x!=0;aux++)
   {
      *aux=x%8+'0';                                   /*生成八进制的某位数*/
      x=x/8;                                          /*去掉的八进制的末位数*/
   }
   for(aux--;aux>=p;aux--)                            /*逆向输出*/
      putchar(*aux);
   putchar('\n');
   free(p);                                           /*释放空间*/
}
```

运行情况：

```
Please enter one int:100↙
144
```

【例 8.4】用动态分配空间和指针操作方法解决斐波那契数列问题，求出斐波那契数列的前 n 项并存储在动态分配的空间中，然后输出斐波那契数列的前 n 项。n 由用户指定。

```
/*--------------------用动态分配空间解决斐波那契数列问题---------------------*/
/*--------------------------文件名 exam_84.cpp---------------------------*/
#include"stdio.h"
#include"stdlib.h"
#define ERROR {printf("out of memory\n");return;}
void main()
{
   int size,i,*p,*q;                                  /*定义变量*/
   printf("Please enter length of memory you need:");
   scanf("%d",&size);                                 /*接收用户输入的空间大小*/
```

```
    printf("\n");
    p=(int *)malloc(sizeof(int)*size);     /*申请一个存储块*/
    if(p==NULL)                            /*申请失败则退出*/
        ERROR
    *p=1;*(p+1)=1;                         /*设置斐波那契数列的前两项*/
    for(q=p+2;q<p+size;q++)                /*循环 size-2 次*/
        *q=*(q-1)+*(q-2);                  /*产生斐波那契数列每个值*/
    for(i=1,q=p;q<p+size;q++,i++)          /*循环 size 次*/
    {
        printf("%10d",*q);                 /*输出内容*/
        if(i%5==0) printf("\n");           /*换行，每行输出五个*/
    }
    free(p);                               /*释放空间*/
}
```

运行情况：

```
Please enter length of memory you need:10↙
     1         1         2         3         5
     8        13        21        34        55
```

【例 8.5】编写程序，先申请九个存储单元读入九个整数，再申请 20 个存储单元，将前面读入的九个数正序存入新申请的存储单元的前九个存储单元中，然后再将这九个数逆序存入前九个存储单元的后面。

```
/*--------------------------两次动态分配空间-----------------------------*/
/*-------------------------文件名 exam_85.cpp----------------------------*/
#include"stdio.h"
#include"stdlib.h"
#include"process.h"
void main()
{
    int i,size=9;
    int *x;                                    /*定义指针*/
    int *aux,*point1,*point2;                  /*定义指针*/
    x=(int*)malloc(9*sizeof (int));            /*申请九个整型存储单元*/
    if(x==NULL) exit(1);                       /*申请九个整型存储单元*/
    printf("\nPlease enter 9 integer:");
    for(point1=x;point1<x+size;point1++)       /*读入九个整型数*/
        scanf("%d",point1);
    for(i=0;i<size;i++)                        /*输出刚读入的九个整型数*/
        printf("%d ",x[i]);
    printf("\n");
    aux=(int *)malloc(20*sizeof(int));         /*申请 20 个整型存储单元*/
    if(aux==NULL) exit(1);
    point1=x;
    point2=aux;
    while(point1<x+size)                       /*将九个数正序存入新申请的整型存储单元*/
    {
        *point2=*point1; point2++; point1++;}
    point1--;
    while(point1>=x)                           /* 将九个数逆序存入前面九个数的后面*/
    {
        *point2=*point1; point2++; point1--;}
    size+=9;                                   /*长度加 9*/
    free(x);                                   /*释放原来的九个存储单元*/
```

```
    x=aux;                                          /* 输出18个数*/
    for(i=0;i<size;i++)
       printf("%d ",*(x+i));
}
```

运行情况：

```
Please enter 9 integer: 1 2 3 4 5 6 7 8 9↙
1 2 3 4 5 6 7 8 9
1 2 3 4 5 6 7 8 9 9 8 7 6 5 4 3 2 1
```

8.2 指针与函数

8.2.1 返回指针值的函数

函数的返回值可以是各种基本数据类型，例如整型、字符型和浮点型等，也同样可以是指针类型，这样的函数称为返回指针值的函数。

定义返回指针值的函数时，函数定义时的第一句的格式为：

返回的指针指向单元的类型 *函数名(参数表)

如果需要进行函数说明，函数说明的格式为：

返回的指针指向单元的类型 *函数名(参数表)；

调用格式：

指针变量=函数名(实参)；

【例8.6】修改例8.5，将该程序模块化。

```
/*---------------------------将例8.5的程序模块化------------------------*/
/*---------------------------文件名exam_86.cpp------------------------*/
#include"stdio.h"
#include"stdlib.h"
#include"process.h"
int *init(int size)                                 /*返回指针值的函数*/
{
   /*申请空间将首地址返回*/
   return (int *)malloc(size*sizeof(int));
}
void readin(int *x,int size)
{
   int *point;
   printf("\nPlease enter 9 integer:");
   for(point=x;point<x+size;point++)   /*读入size个整型数*/
      scanf("%d",point);
}
void writeout(int *x,int size)
{
   int *point;
   printf("\n");
   for(point=x;point<x+size;point++)   /*输出size个整型数*/
      printf(" %d",*point);
}
```

```
void unio(int *x,int *aux,int size)      /*按题目要求合并*/
{
   int *point1,*point2;
   point1=x;                              /*point1 取 x 地址*/
   point2=aux;                            /*point2 取 aux 地址*/
   while(point1<x+size)                   /*将 size 个数正序存入新申请的整型存储单元*/
   {
       *point2=*point1;
       point2++;
       point1++;
   }
   point1--;                              /*向回移动一个空间*/
   while (point1>=x)                      /* 将 size 个数逆序存入前面 size 个数的后面*/
   {
       *point2=*point1;
       point2++;
       point1--;
   }
}
void main()
{
   int *x,*aux;
   x=init(9);                             /*申请九个整型存储单元*/
   if(x==NULL) exit(1);
   readin(x,9);                           /*读入九个整型数*/
   writeout(x,9);                         /*输出刚读入的九个整型数*/
   aux= init(20);                         /*申请 20 个整型存储单元*/
   if(aux==NULL) exit(1);
   unio(x,aux,9);                         /*按要求合并 18 个数*/
   free(x);                               /*释放原来的九个存储单元*/
   writeout(aux,18);                      /*输出 18 个数*/
   free(aux);                             /*释放存储单元*/
}
```

说明：本例中有四个自定义函数，init 函数是返回指针值的函数，它负责申请 size 大小的连续整数存储单元，并将首地址返回。readin 函数负责从 x 指向的存储单元开始逐个读入 size 个整数数据。writeout 函数负责输出从 x 指向的存储单元开始的 size 个整数数据。unio 函数则负责将 x 中九个数正序存入 aux 的前九个存储单元，然后再将这九个数逆序存入 aux 的前九个存储单元的后面。

主函数用指针变量 x 接收 init 函数动态申请的一组空间的首地址，即 x 的值存放的是申请的连续空间的首地址，在接下来的程序中，可以将 x 直接作为调用 readin、writeout 和 unio 函数的实际参数。

8.2.2 指向函数的指针

在 C 语言中，函数定义是不能嵌套的，即不能在一个函数的定义中包含其他函数的定义。整个函数也不能作为参数在函数间进行传送。但在实际编程中可能需要把一个函数作为参数传给另一个函数，方法是使用指向函数的指针作为参数。

为了说明某个变量是指向函数的指针，需要说明：

类型(*指针变量名)();

语句“int (*fump)();”说明 fump 为指向一个函数的指针，函数的返回值是整型。

注意：“(*fump)”中的圆括号不能省，若省略则成为“int *fump();”这是一个函数说明，说明了一个返回指针的函数。指向函数的指针的内容实际上是指针所指向的函数代码段在内存中的首地址。

通过使用指向函数的指针对函数的调用格式是：

(*指针变量名)(实际参数);

例如，有下列程序段：

```
extern double f(float x);                  /*函数说明，说明 f 是一个函数*/
double (*fp)();                            /*变量说明，fp 是指向函数的指针*/
fp=f;
```

最后一句是将函数 f 在内存中的起始地址赋值给 fp，从而使 fp 指向 p。C 编译对函数名的处理方式是：自动地把函数名转换为指向该函数在内存中的开始地址。

此时，若使用指向函数的指针，调用 f 函数，则调用语句可以是：

```
y=(*fp)(3.5);
```

通过函数说明，我们知道，函数 f 有一个 float 型的形式参数，返回值是 double 型，如果是直接调用，可以使用语句“y=f(3.5);”，而使用指向函数的指针来调用就要写成“y=(*fp)(3.5);”。

【例 8.7】由用户指定 x 的值，分别求 x^2-2 和 x^3-2x+5 值。

```
/*------------------------分别求 x²-2 和 x³-2x+5 值-------------------------*/
/*---------------------------文件名 exam_87.cpp---------------------------*/
#include"stdio.h"
#include"math.h"
double f1(double x)                        /*定义函数求 x*x-2*/
{
  return(x*x-2);
}
double f2(double x)
{
  return(x*x*x-2*x+5);                     /*定义函数求 x*x*x-2*x+5*/
}
void main()
{
  int i;                                   /*定义变量*/
  double x;
  double (*fp)(double);                    /*定义指向函数的指针*/
  puts("function1------x*x-2\n");          /*显示一个简易菜单*/
  puts("function2------x*x*x-2*x+5\n");
  puts("Please choose 1 or 2:");           /*询问用户使用哪个函数计算*/
  scanf("%d",&i);                          /*接收用户的选择*/
  if(i==1)                                 /*若用户选择的是 1*/
     fp=f1;                                /*fp 指向函数 f1*/
  else
     fp=f2;                                /*否则 fp 指向函数 f2*/
  puts("Please enter double:");            /*请用户输入 x*/
```

```
    scanf("%lf",&x);                              /*接收用户输入的x*/
    printf("x=%.2lf , f(x)=%.2lf\n",x,(*fp)(x));   /*输出结果*/
}
```

运行情况:

```
Please choose 1 or 2: 1↙
Please enter double: 2.1↙
x=2.10 , f(x)=2.41
```

说明：假定 f1 的代码段起始地址是 2000，f2 的代码段起始地址是 4000，若用户选择 1，则 fp=2000，“(*fp) (x)”执行 2000 开始的代码段；否则 fp=4000，“(*fp) (x)”执行 4000 开始的代码段。

例 8.7 比较简单，并且不具备通用性，更具通用性的做法是将指向函数的指针作为另一个函数的参数。

假设要将函数 2 作为参数传递给函数 1，那么对函数 1 的调用格式是：

函数 1 （函数 2）；

对函数 1 的定义格式是：

```
函数 1(指向函数 2 的指针变量)
{
   (*指向函数 2 的指针变量)(实际参数);
}
```

【例 8.8】由用户指定 x 的值，分别求 x^2-2 和 x^3-2x+5 值。

```
/*------------------------分别求x²-2和x³-2x+5值-------------------------*/
/*---------------------------文件名exam_88.cpp--------------------------*/
#include "stdio.h"
double f1(double x)                              /*求x²-2的函数定义*/
{
   return (x*x-2);
}
double f2(double x)                              /*求x³-2x+5的函数定义*/
{
   return (x*x*x-2*x+5);
}
void test(double (*f)( double))                  /*指向函数的指针f作为test函数的参数 */
{
   double x;
   puts("Please input value of x:");             /*提示用户输入x*/
   scanf("%lf",&x);
   /*调用指向函数的指针f指向的函数*/
   printf("x=%.2lf ,f(x)=%.2lf\n",x,(*f)(x));
}
void main()
{
   int i;
   puts("function1------x*x-2\n");               /*显示一个简易菜单*/
   puts("function2------x*x*x-2*x+5\n");
   puts("Please choose 1 or 2:");                /*询问用户使用哪个函数计算*/
   scanf("%d",&i);                               /*接收用户的选择*/
   if(i==1)                                      /*若用户选择的是1*/
```

```
      test(f1);                                /*f1 为 test 的参数*/
    else
      test(f2);                                /*否则 f2 为 test 的参数*/
  }
```

说明：在主函数中，我们将 f1 函数作为另外一个函数 test 的参数进行调用，即“test(f1);”，则实际参数 f1 传递给被调用函数的是函数 f1 的地址，因此，test 的形式参数应该是一个指向函数的指针，函数被定义为“void test(double (*f)(double));”。调用 f1（或 f2）的语句则是“printf("%13.5lf   %20.9lf\n",x,(*f)(x));”。

【例 8.9】编写程序，求 $f(x)=0$ 的一个实数解，在区间 $[a,b]$ 上使用二分法计算精度为 eps 的根。

算法描述：

对确定的区间 $[a,b]$ 和精度 *eps*：

第一步，求区间 $[a,b]$ 的中点 x_1；

第二步，若 $|f(x_1)|<eps$，则 x_1 就是函数的解，结束求解；

第三步，计算 $f(x_1)$。若 $f(x_1)f(a)<0$，则令 $b=x_1$；若 $f(x_1)f(a)\geqslant 0$，则令 $a=x_1$。重复第一步。

算法：在区间 $[a,b]$ 上使用二分法计算精度为 *eps* 的根。

```
/*----------------------------求 f(x)=0 的一个解----------------------------*/
/*-------------------------文件名 exam_89.cpp--------------------------*/
#include"stdio.h"
#include"math.h"
double root(double (*f)(double),double left,double right,double e)
{                                              /*f 是指向函数的指针*/
  double middle;
  middle=(left+right)/2;                       /*求区间[left, right]的中点 middle*/
  while(fabs((*f)(middle ))>=e)                /*若|f(middle)|>=e,继续循环*/
  {
    if((*f)(middle)*(*f)(left)>0)              /* f(middle)*f(left)>0  */
      left=middle;                             /* left 被修改为 middle */
    else
      right=middle;                            /*否则 right 被修改为 middle*/
    middle=(left+right)/2;                     /*求区间[left, right]的中点 middle*/
  }
  return middle;                               /*返回 middle*/
}
double f1(double x)                            /*f 函数的定义*/
{
  return (x*x-1);
}
double f2(double x)                            /*f 函数的定义*/
{
  return (3*x-2);
}
void main()
{
  int i;
  double a,b,eps;                              /*定义变量*/
```

```
    puts("function1------ x*x-1\n");              /*显示一个简易菜单*/
    puts("function2------3*x-2\n");
    puts("Please choose 1 or 2:");                /*询问用户使用哪个函数计算*/
    scanf("%d",&i);                               /*接收用户的选择*/
    printf("\nPlease enter a,b and eps:");        /*请用户输入区间[a,b]和精度eps*/
    scanf("%lf%lf%lf",&a,&b,&eps);
    if(i==1)
       printf("\nThe root is: %f\n",root(f1,a,b,eps)); /*输出结果*/
    else
       printf("\nThe root is: %f\n",root(f2,a,b,eps)); /*输出结果*/
}
```

运行情况：

```
function1------x*x-1
function2------3*x-2
Please choose 1 or 2:
1↙
Please enter a,b and eps:0 5 0.000001↙
The root is:1.000000
```

说明：由于在自定义函数 root 中要多次求 f(x)的值，而如果 f(x)不止是一个，程序就会非常复杂，所以需要使用指向函数的指针。

8.3 指针与一维数组

8.3.1 问题的提出与程序示例

通过动态分配空间可以使一个指针指向一组连续空间的首地址。那么，数组也是一组连续的空间，是否可以用指针操作数组呢？回答是肯定的。

【例 8.10】编写程序，输入九个数存储在数组中并输出，使用指针操作数组。

```
/*----------------------------使用指针操作数组----------------------------*/
/*----------------------------文件名 exam_810.cpp----------------------------*/
#include"stdio.h"
void main()
{
   int a[9];                                 /*定义一个数组a*/
   int *pa;                                  /*定义指针变量pa*/
   int i;
   pa=a;                                     /*pa取数组a的首地址*/
   printf("Please enter %d int: ",9);
   for(i=0;i<9;i++)                          /*输入9个数到数组中*/
     scanf("%d",pa+i);
   for(i=0;i<9;i++)                          /*输出这9个数*/
     printf("  %d",*(pa+i));
}
```

我们前面学过，指针变量的值是一个地址，不但可以指向一个单独的变量，也可以指向一组连续存放的变量中的某一个变量，甚至是一段代码（指向函数的指针）的首地址。如果在一个指针变量中存放一个数组的首地址，就可以通过指针变量所指的数组元素以及指针的算术运算，对数组中的所有元素进行操作。

在 C 语言中，当我们定义了一个数组以后，数组名本身就代表了该数组的首地址，数组元素的地址在内部是用该首地址加下标值计算的。因此可以说，数组名是指针型的，只不过这个指针是不可修改的，称为静态指针。因为数组的存储空间由系统分配到静态存储区中。

假设有下列定义：

```
int a[9],*pa;
```

则执行“pa=a;”与“pa=&a[0];”都表示使 pa 指向数组 a 的第一个元素。a 和 p 实际上都指向了数组 a 的第一个元素。根据指针的算术运算规则，pa+1 指向数组元素 a[1]，pa+2 指向数组元素 a[2]，pa+i 指向数组元素 a[i]，如图 8-5 所示。

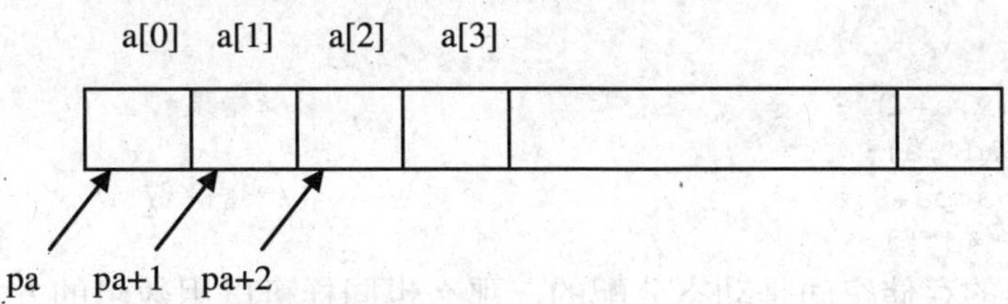

图 8-5 指针 pa 指向数组的含义

此时，下列的四个程序段是等价的。

```
int a[9];
int *pa=a;
int i;
for(i=0;i<9;i++)
   scanf("%d",&a[i]);
for(i=0;i<9;i++)
   printf(" %d",a[i]);
```

```
int a[9];
int *pa=a;
int i;
for(i=0;i<9;i++)
   scanf("%d",a+i);
for(i=0;i<9;i++)
   printf(" %d",*(a+i));
```

```
int a[9];
int *pa=a;
int i;
for(i=0;i<9;i++)
   scanf("%d",&pa[i]);
for(i=0;i<9;i++)
   printf(" %d",pa[i]);
```

```
int a[9];
int *pa=a;
int i;
for(i=0;i<9;i++)
   scanf("%d",pa+i);
for(i=0;i<9;i++)
   printf(" %d",*(pa+i));
```

这四个程序段的功能都是从键盘输入九个整数并输出。

也就是说，可以将数组名用指针方式操作，同时也可以将记录数组首地址的动态指针用数组方式操作。此处，*(a+i)与 pa[i]是等价的。

pa+i 和 a+i 都表示数组元素 a[i] 的地址，*(pa+i)和*(a+i)都表示数组元素 a[i]的内容。

要注意的是，pa 的值可以变化，而 a 的值不能变化。

下面的程序段与上面的四个程序段的功能也是一样的。

```
int a[9];
```

```
int *pa=a;
for(;pa<a+9;pa++)
  scanf("%d",pa);
for(pa=a; pa<a+9;pa++)
  printf("%d",*pa);
```

pa的值可以变化，pa++是将pa的值增1，使新的pa指向下一个变量。例如，pa原来的值是1000，执行pa++以后，pa的值将变为1004，因为pa指向整型数据，而一个整型数据占四个字节。

但是，不能进行a++操作，因为a是静态指针，其值是不能修改的。

下面的程序段肯定是错误的，它试图修改a的值。

```
int a[9];
int *pa=a;
for(;a<pa+9;a++)                                /*错误*/
  scanf("%d",a);
for(a=pa; a<pa+9;a++)                           /*错误*/
  printf("%d",*a);
```

如果p指向的存储空间是动态分配的，那么也同样可以用数组的方式进行操作。

例如：

```
int *p;
p=(int * )malloc(9*sizeof (int));               /*动态申请9个整型空间*/
if(p!=NULL)
{
  for(i=0;i<9;i++)
    scanf("%d",&p[i]);
  for(i=0;i<9;i++)
    printf("%d",p[i]);
}
```

我们还要强调一次：如果a是数组名，pa是指针，则表示数组名a是常量指针，隐含的值在程序中不可改变，不能进行a++等操作；而指针pa的值可以修改，可以通过申请空间改变动态指针的值，但是如果动态指针还没有指向任何一个空间，则不能通过指针取内容。

例如：

```
int x[1],*px;
*x=2;                                           /*正确*/
*px=2;                                          /*错误*/
```

但：

```
int x[1],*px=x;
*x=2;                                           /*正确*/
*px=2;                                          /*正确*/
```

还有一点需要注意，定义指向数组元素的指针时，“*”号前的数据类型应该与数组元素的数据类型一致。

例如：

```
short int x[1];
long *px;
px=x;                                           /*错误*/
```

这种错误可能引起指针操作的混乱，因为x+1指向的是x[1]，而px+1按照规则应指向下一个长整型数，根据地址运算，px+1 指向的应该是 x[2]。对于这种错误，有些编译系统会拒绝该语句通过编译，而有些编译系统只会给出警告信息。

下面给出一些用指针操作数组的范例。

（1）输入或输出：

```
double x[size];
double *px
for(px=x;px<x+size,px++)
   printf("%lf\t",*px);
```

或：

```
for(i=0;i<size;i++)
   printf("%lf\n",*(x+i));          /*输出*/
   /*scanf("%lf",x+i); */           /*或输入*/
```

或：

```
for(px=x+size-1;px>=x;px--) …
```

（2）复制：

```
int x[9],y[9],*p,*q;
for(p=x;q=y;p<x+9;*p++=*q++);
```

（3）比较：

```
for(p=x,q=y;p<x+9;)
   if(*p++!=*q++)
      break;
```

8.3.2　数组名及指针作为函数参数

我们曾经介绍过：如果实参是数组名，则形参也应该是数组类型，调用函数与被调用函数存取的将是相同的一组空间，原因是实参传给形参的是一组空间的首地址。因此，指向一段连续空间的首地址的指针变量也可以作为函数参数，其意义与数组名作为参数的意义相同。形参与实参的对应关系可以有四种组合：

```
main()                      f(int a[])
{
   int a[9];                {

   f(a);
}                           }
```

```
main()                      f(int *a)
{
   int a[9];                {

   f(a);
}                           }
```

```
main()                      f(int a[])
{
   int a[9],*p=a;           {

   f(p);
}                           }
```

```
main ()                     f(int *a)
{
   int a[9],*p=a;           {

   f(p);
}                           }
```

第一种，形式参数是数组名，实际参数也是数组名；第二种，形式参数是指针变量，实际参数是数组名；第三种，形式参数是数组名，实际参数是指针变量；第四种，形式参数是指针变量，实际参数也是指针变量。这四种方式的参数传递效果是一样的，传送的都是地址值。

【例 8.11】编写程序，输入十个学生的成绩，用函数求平均成绩。

```
/*---------------------使用指针操作数组求平均成绩----------------------------*/
/*-----------------------文件名 exam_811.cpp-----------------------------*/
#include"stdio.h"
float aver(int *a,int size);                      /*求平均值的函数说明*/
void main()
{
   int i;
   int score[10];                                  /*定义一个数组*/
   printf("\nPlease enter 10 scores:");
   for(i=0;i<10;i++)                               /*读十个成绩到数组中*/
   {
      scanf("%d",&score[i]);
   }
   printf("aver=%f",aver(score,10));               /*通过函数调用，求平均值*/
}
float aver(int *a,int size)                        /*求平均值的函数定义*/
{
   float sum=0;                                    /*累加器定义和赋初值*/
   int *p;
   for(p=a;p<a+size;p++)                           /*循环累加*/
      sum=sum+*p;
   return sum/size;                                /*返回平均值*/
}
```

说明：在本例中，aver中的形式参数使用的是指针变量，而实际参数使用的是数组名。读者可以采用另外三种方式测试一下该程序。注意，不论参数是数组名或是指针变量，对连续存储空间的操作都既可以用指针方式，也可以用数组方式。

可以将aver函数改成数组方式操作：

```
float aver(int *a,int size)                        /*函数定义*/
{
   float sum=0;
   int i;
   for(i=0;i<size;i++)
      sum=sum+a[i];
   return sum/size;
}
```

8.3.3 指针与字符串

不论是字符串常量或是字符串变量的值，都是一组字符加上终止符'\0'，在内存中是连续存储的，因此可以方便地用指向字符的指针变量操作字符串。

一般可以用四种方法使指针变量指向一个字符串的第一个字符。

第一种方法是先定义一个指向字符的指针变量，再用它取一个字符串常量的首地址：

```
char *str;
```

```
str="welcome";
```

第二种方法是先定义一个指向字符的指针变量，再定义一个字符串变量，然后用指针取字符串变量的首地址。

```
char *str;
char s[9]="welcome";
str=s;
```

第三种方法是先定义一个指向字符的指针变量，为该指针动态申请连续的字符空间，然后使用函数输入字符串。

```
char *str;
str=(char *)malloc(6);
gets(str);
```

第四种方法就是使用参数传递了，通过参数传递可以使形式参数的指针变量指向一个字符串。

【例 8.12】 自定义一个字符串复制函数，并在主函数中调用。

```
/*----------------------自定义一个字符串复制函数使用指针操作-------------------*/
/*--------------------------文件名 exam_812.cpp-------------------------------*/
#include"stdio.h"
void str_cpy(char *s,char *t)                         /*自定义字符串复制函数*/
{
   while(*t!= '\0')                                   /*当 t 所指内容不是字符串终止符时*/
      {*s=*t;s++;t++;}                                /*复制*/
   *s='\0';                                           /*最后一个单元赋为字符串终止符*/
}
void main()
{
   char *str2;                                        /*定义一个指针*/
   char str1[80];                                     /*定义一个数组*/
   str2="Welcome";                                    /*为指针 str2 赋值*/
   str_cpy(str1,str2);                                /*调用自定义的字符串复制函数*/
   puts(str2);                                        /*输出结果*/
}
```

运行结果：

```
Welcome
```

事实上，用指针操作字符串与用指针操作一般的一维数组并无太大的区别，需要注意对字符串终止符的应用。请看下面的程序对字符串终止符的应用。

程序段一：

```
while (*s++=*t++);
```

程序段二：

```
while ((*s=*t)!=0) {s++;t++;}
```

程序段三：

```
while (*t!='\0')
    {*s=*t; s++;t++;}
*s='\0';
```

三个程序段的功能完全一样，t 开始时指向一个字符串的首地址，s 开始时指向连续存储空间的首地址，程序段将 t 指向的字符逐个复制到 s 所指向的空间中，直到 t 所指的字符是字符串终止符。由于程序段一和程序段二在循环条件中使用的是赋值号，当 t 所指的字符是字符串终止符时，这个值先被赋值到 s 所指向的空间中，然后再判断是否是 0 值，所以“*s='\0';”语句就不用执行了。而程序段三在循环条件中使用的是不等号，当 t 所指的字符是字符串终止符时，循环终止，因此需要在循环结束以后执行“*s='\0';”。

尽管程序段一和程序段二看起来更简练，但是从程序逻辑上看，程序段三的可读性最好。

用指针操作字符串要注意对指针的正确使用。例如，下面的第一个程序段是错误的，错误的原因在于 ps 还没有指向任何空间时，程序就试图通过它存取指针所指的内容。程序段二和程序段三为什么是正确的？请读者自己思考原因。

程序段一：

```
char s[1],*ps;
*s='a';                                       /*正确*/
*ps='a';                                      /*错误*/
```

程序段二：

```
char s[1],*ps;
*s='a';                                       /*正确*/
ps=s;
*ps='a';                                      /*正确*/
```

程序段三：

```
char s[1],*ps;
*s='a';                                       /*正确*/
ps="a";                                       /*正确*/
```

【例 8.13】使用指针的操作方法自定义一个字符串连接函数，并在主函数中调用。

```
/*--------------------自定义一个字符串连接函数使用指针操作--------------------*/
/*--------------------------文件名 exam_813.cpp---------------------------*/
#include"stdio.h"
void str_cat(char *s,char *t)                 /*自定义字符串连接函数*/
{
  while(*s!='\0')                             /*当 s 所指内容不是字符串终止符*/
     {s++;}                                   /*移动指针*/
  while(*t!='\0')                             /*当 t 所指内容不是字符串终止符*/
     {*s=*t;s++;t++;}                         /*复制*/
  *s='\0';                                    /*最后一个单元赋为字符串终止符*/
}
void main()
{
  char str1[80]= "Welcome";                   /*定义一个数组*/
  char str2[10]=" you!";;                     /*定义另一个数组*/
  str_cat(str1,str2);                         /*调用自定义的字符串复制函数*/
  puts(str1);                                 /*输出连接以后的结果*/
}
```

8.4 二级指针

二级指针就是指针的指针。我们先来看一看如图 8-6 所示的存储图，该存储图中有一个整型变量 i，假设地址为 1000；还有一个指向 i 的指针变量 p，我们知道指针变量 p 也要占一个存储空间，假设地址为 4000，现在我们再用一个存储空间 pp 记住 p 的地址，也就是让 pp 内容为 p 的地址 4000，则 pp 就是二级指针了，也就是 pp 指向的对象是一个指针变量。

下面的程序段被执行以后，内存的存储图如图 8-6 所示。

```
int i;                              /*定义整型变量 i*/
int *p;                             /*定义指向整型数据的指针变量 p*/
int **pp;                           /*定义指向指针变量 p 的指针变量 pp*/
p=&i;                               /*p 指向 i*/
pp=&p;                              /*pp 指向 p*/
```

如果接下来的操作是：

```
*p=50;
printf("%d\n",**pp);
```

则输出结果是 50。

因为"*p=50;"是将 i 的值赋为 50，*pp 是 p 的地址（图 8-6 中为 4000），"*(*pp)"（即"**pp"）当然就是 p 所指的单元的内容了。实际上，pp 是通过 p 间接操作了 i。

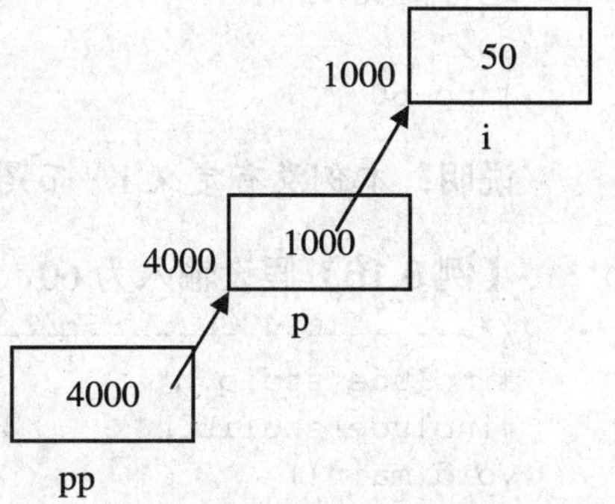

图 8-6　二级指针的含义

注意：二级指针的定义格式是：

数据类型　**变量名；

其中的数据类型是二级指针间接操作的那个变量的数据类型。

【例 8.14】分析下面程序的运行结果。

```
/*----------------------使用指针自定义一个字符串连接函数----------------------*/
/*--------------------------文件名 exam_814.cpp--------------------------*/
#include"stdio.h"
void main()
{
   int i;                           /*定义整型变量 i*/
   int *p;                          /*定义指向整型数据的指针变量 p*/
   int **pp;                        /*定义指向指针变量 p 的指针变量 pp*/
   p=&i;                            /*p 指向 i*/
   pp=&p;                           /*pp 指向 p*/
   **pp=50;
   printf(" %d\n ",*p);
}
```

运行结果：

```
50
```

说明："**pp=50;"是使 i 的值为 50，而输出的*p 是 i 的内容。

【例 8.15】假设输入为 60，分析下面程序的运行结果。

```
/*--------------------------文件名 exam_815.cpp--------------------------*/
#include"stdio.h"
#include"stdlib.h"
void main()
{
   int *p,**pp;                     /*定义二级指针变量 pp*/
```

```
    p=(int*)malloc(sizeof (int));    /*申请一个存储空间,用一级指针 p 指向它*/
    pp=&p;                           /*pp 指向 p*/
    if(*pp!=NULL)                    /*pp 的内容不为空*/
    {
      scanf("%d",*pp);               /*读数据到*pp 所指的单元中*/
      printf("**pp= %d\n ",**pp);    /*输出 pp 所指的指针所指的单元的内容*/
      free(p);
    }
}
```

运行情况：

```
60↙
**pp=60
```

说明：本例没有定义 i，而是申请了一个整型空间，用一级指针 p 指向它。

【例 8.16】假设输入为 60，分析下面程序的运行结果。

```
/*---------------------------文件名 exam_816.cpp-----------------------------*/
#include"stdio.h"
#include"stdlib.h"
void main()
{
    int **pp;                             /*定义二级指针变量 pp*/
    pp=(int**)malloc(sizeof(int*));       /*申请一个存储空间,用二级指针 pp 指向它*/
    if(pp!=NULL)
    {
      *pp=(int*)malloc(sizeof (int));     /*申请一个存储空间,用一级指针*pp 指向它*/
      if(*pp!=NULL)
      {
        scanf("%d",*pp);
        printf("**pp=%d\n",**pp);
      }
    }
    free(*pp);
    free(pp);
}
```

运行情况：

```
60↙
**pp=60
```

说明：本例稍微复杂一些，不但没有定义 i，也没有定义 p，这两个空间都是临时申请的。原来 pp 是指向 p 的，本例中没有定义 p，所以要申请一个像 p 这样的空间，然后用 pp 指向它，申请的方法就是“pp=(int**)malloc(sizeof (int*));”。本例中也没有定义 i，所以要申请一个像 i 这样的存储单元，然后用*pp 指向它，申请的方法是“*pp=(int*)malloc(sizeof (int));”。

【例 8.17】编写程序，读入九个双精度的数，把它们存储在一个存储块里，然后求出它们的积。存储图如图 8-7 所示。

```
/*-------------------------------求 9 个数的乘积--------------------------------*/
/*---------------------------文件名 exam_817.cpp-----------------------------*/
#include"stdio.h"
```

```
#include"stdlib.h"
/*计算从 arr 指向的存储单元开始的连续 size 个存储单元的乘积*/
void product(double *arr,int size,double *result)
{
  for(size--,*result=*(arr+size);--size>=0;*result*=*(arr+size));
}                             /*乘积的结果存入 result 指向的存储单元*/
void init(double **a,int size)
{
  *a=(double *)malloc(size *sizeof(double));
}
void readin(double *a,int size)               /*输入 size 个浮点数*/
{
  int i;
  printf("plealse enter %d value :",size);
  for(i=0;i<size;i++)                         /*循环 size 次，每次读一个浮点数*/
    scanf("%lf",a+i);
}
void main()
{
  double **y;                                 /*定义一个二级指针*/
  double res;                                 /*定义存储乘积结果的空间*/
  double *z;                                  /*定义一个一级指针*/
  y=&z;                                       /*二级指针取一级指针的地址*/
  init(y,9);                                  /*调用函数，为*y 分配空间*/
  if((*y)==NULL) return;
  readin(*y,9);                               /*读入九个数*/
  product(*y,9,&res);                         /*求九个数的乘积*/
  printf("The product is :%9.2f\n",res);      /*输出结果*/
  free(*y);
}
```

运行情况：

```
Plealse enter 9 value : 1 2 3 4 5 4 3 2 1↙
The product is : 2880.00
```

说明：init 为不带返回值的函数，无法返回申请空间的首地址，必须用另一单元记住这个首地址。为使子程序和主程序都能对申请的连续单元进行操作，必须把连续单元的首地址传回主函数。形式参数 a 为指向指针的指针，所以定义时采用“**a”的形式。

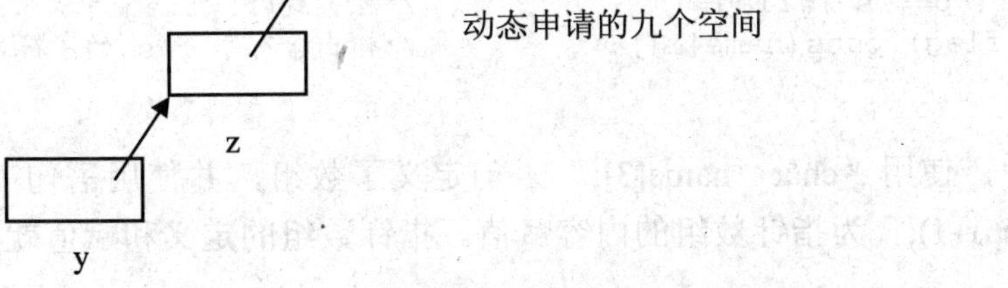

图 8-7　例 8.17 的存储图

8.5 指针数组

8.5.1 问题的提出与程序示例

首先我们提出一个问题，编写程序输入若干个人的姓名，然后将其中带有字母 s 的名字输出。由于要存储多个字符串，可以采用二维数组来存储。但是，二维数组的列数必须选择所有人名中字母最多的字符串的长度。那么，当人的名字的长度差异很大时，会导致大量的空间被浪费。

例如，要存储下列几个人名：John Wilson、Edward Adam Davis、Marie White。由于第二个人的名字为 17 个字符，是最长的，因此需要定义二维数组 char name[3][18]，才能存储。而在存储第一个和第三个人的名字时，有一部分空间就浪费了。

解决的方法是使用指针数组。

【例 8.18】 编写程序输入若干个人的姓名，然后将其中带有字母 s 的名字输出。

```
/*-------------------------对若干个人的姓名的处理---------------------------*/
/*--------------------------文件名 exam_818.cpp-------------------------*/
#include"stdio.h"
#include"string.h"
#include"stdlib.h"
#define ERROR {printf("out of memory\n");return;}
void main()
{
   char *name[3];                              /*定义一个指针数组*/
   char temp[80];                              /*定义一个存储名字的临时空间*/
   char *p;                                    /*定义一个字符型指针*/
   int i,flag;
   for(i=0;i<3;i++)                            /*循环三次*/
   {
      printf("Please enter name:");
      gets(temp);                              /*读一个人名到临时空间*/
      name[i]=(char*)malloc(strlen(temp)+1);   /*指针数组的内容赋值*/
                                               /*为指针数组的某个指针分配空间*/
      if(name[i]==NULL)                        /*分配失败，退出*/
         ERROR;
      strcpy(name[i],temp);                    /*将临时空间中的名字复制到分配的空间中*/
   }
   for(i=0;i<3;i++)                            /*循环三次*/
   {
      flag=1;                                  /*设置标记，标记为1表示字符串中不含's'*/
      for(p=name[i];*p!='\0'&&flag;p++)        /*在字符串中检索's'*/
         if(*p=='s') flag=0;                   /*检索到时，flag清零*/
      if(!flag) puts(name[i]);                 /*输出含有字符's'的字符串*/
   }
}
```

示例程序中，使用“char *name[3];”语句定义了数组，并使用语句“name[i]=(char*)malloc(strlen(temp)+1);”为指针数组的内容赋值。指针数组的定义和赋值就是我们需要详细讨论的内容。

8.5.2　指针数组的定义和使用

如果一个数组的每个元素都是指针类型，或者说，是由指针变量构成的，则该数组就是指针数组。

指针数组的定义格式：

数据类型　*指针数组名[n];

这里的数据类型是这组指针变量指向的变量的数据类型。

例 8.18 中定义的是"char *name[3];"，name 是一个含有三个元素的数组，而 name 数组元素中存储的是指向字符的指针。第一个 for 循环，每次读一个字符串到临时空间 temp 中，然后可以用"strcpy(name[i],temp);"将 temp 中的字符串复制到 name[i]所指的空间中，name[i]的内容就是读入的某个字符串的首地址。第二个 for 循环中，"puts(name[i])"可以输出 name[i]指向的字符串。

例 8.18 的程序在读入三个字符串后，存储图如图 8-8 所示。

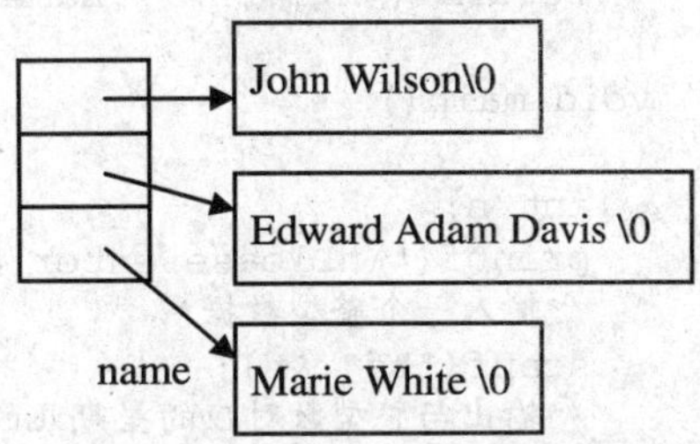

图 8-8　例 8.18 的存储图

如果定义了"int *data[3];"，那么，data 是一个指针数组，数组元素的内容是指针，而且是指向整数类型的指针。与普通数组一样，data 本身也是一个指针，但由于 data 的每个元素的内容是一级指针，因此 data 实际上是一个静态的二级指针。

【例 8.19】分析运行结果，其存储图如图 8-9 所示。

```
/*------------------文件名 exam_819.cpp-------------------------*/
#include"stdio.h"
void main()
{
    int i;
    int a[]={1,2,3,4};
    int b[]={3,4,5,6};
    int c[]={6,7,8,9};
    int *data[3];
    data[0]=a;
    data[1]=b+1;
    data[2]=c+2;
    for(i=0;i<3;i++)
       printf("%2d\n ",**(data+i));
}
```

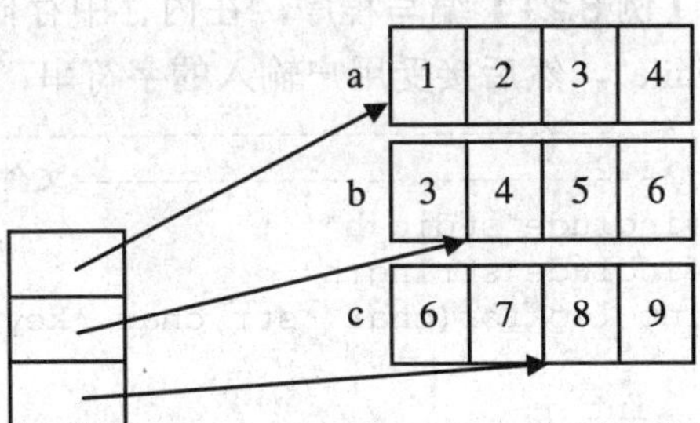

图 8-9　例 8.19 的存储图

运行结果：

```
1
4
8
```

说明：data是指针数组，每个数组元素指向一维数组的一个元素。注意，a、b+1和c+2都是一级指针。*(data+i)是data数组的第 *i* 个元素值，是指向整数的指针，则**(data+i)是整数的内容。

例8.18中定义的name 是一个数组，数组元素的内容是指针，而且是指向字符类型的指针。像name这样的指针数组非常适用于处理若干不等长的字符串。下面再举一个例子。

【例8.20】输入一个整型数据，输出与该整型数据对应的星期几的英文简称。例如输入1，输出Mon，其存储图如图8-10所示。

```
/*--------------------输出与该整型数对应的星期几的英文简称--------------------*/
/*----------------------------文件名 exam_820.cpp----------------------------*/
#include"stdio.h"
char *day_name(int n)
{
  static char *name[]={"illegal day","Mon","Tues","Wen","Thurs","Fri",\
     "Sat","Sun"};
  return ((n<1||n>7)?name[0]:name[n]);
}
void main()
{
  int n;
  printf("\nPlease enter a int:");
  /*输入一个整型数据*/
  scanf("%d",&n);
  /*输出与整型数对应的星期几的英文简称*/
  printf("%d day: %s\n",n,day_name(n));
}
```

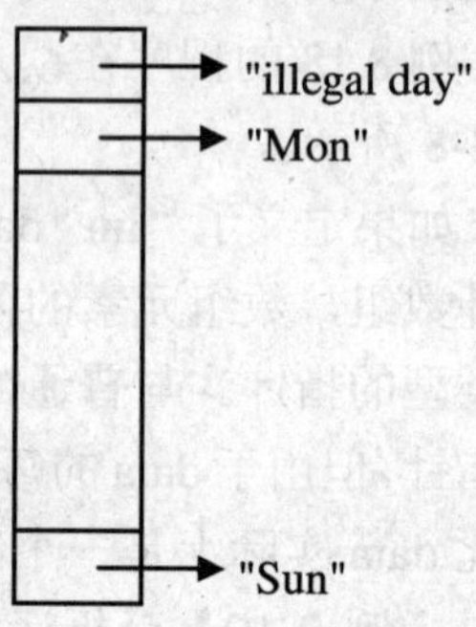

图8-10　例8.20的存储图

说明：name是指针数组，每个数组元素指向一个字符串，name[0]指向"illegal day"，name[1]指向"Mon"，等等。“return ((n<1||n>7)?name[0]:name[n]);”的含义是：当n<1或n>7成立时，说明n不能与一个星期的某一天对应，因此返回name[0]的内容，name[0]的内容是字符串"illegal day"的首地址；而当n是1到7之间的一个整型数时，返回值是name[n]，name[n]指向与n对应的表示星期几的字符串的首地址。

【例8.21】编写程序，在内存中存储若干关键字："begin"、"end"、"if"、"else"、"for"和"while"，然后接受用户输入的字符串，判断这个字符串是不是存储的关键字。

```
/*--------------------------------寻找关键字--------------------------------*/
/*----------------------------文件名 exam_821.cpp----------------------------*/
#include"stdio.h"
#include"string.h"
int lookfor(char *str,char *keyword[7])
{
  int i;
  for(i=1;keyword[i]!=0;i++)
  {
     if(strcmp(str,keyword[i])==0) return i;  /*进行字符串比较*/
  }
  return 0;
}
void main()
{
  int i;char iid[7];
```

```
    char *keyword[8],*id=iid;              /*keyword是一个指针数组*/
    keyword[1]="begin";                    /*为每个指针数组的元素赋值*/
    keyword[2]="end";
    keyword[3]="if";
    keyword[4]="else";
    keyword[5]="for";
    keyword[6]="while";
    keyword[7]=0;
    printf("Pleale input a keyword:");     /*输入要查询的字符串*/
    scanf("%s",id);
    i=lookfor(id,keyword);                 /*调用查询函数，将数组名作为实际参数*/
    if(i==0) printf("not found\n");
    else printf("found  i=%d\n",i);
}
```

运行情况 1：

```
Pleale input a keyword:begin↙
found i=1
```

运行情况 2：

```
Pleale input a keyword:began↙
not found
```

8.6　指针与二维数组

8.6.1　用指针方法操作二维数组

如果定义了“long x[2][3]”，并且 sizeof(long)是 4，首地址是 9000，则可以用图 8-11 表示二维数组 x 在存储器里的存储情况。

数组名 x 代表了该存储块的首地址，但 x 并不是指向 x[0][0]元素的指针，尽管它的值与 x[0][0]单元的地址相同。因为 x 的类型是指向数组中一行的指针，即它把每一行的三个元素作为它所指的对象，数组的每一行的大小是 12 字节。因此，x+0 指向第零行，x+1 指向第一行，定比例变化字节是 12 字节。

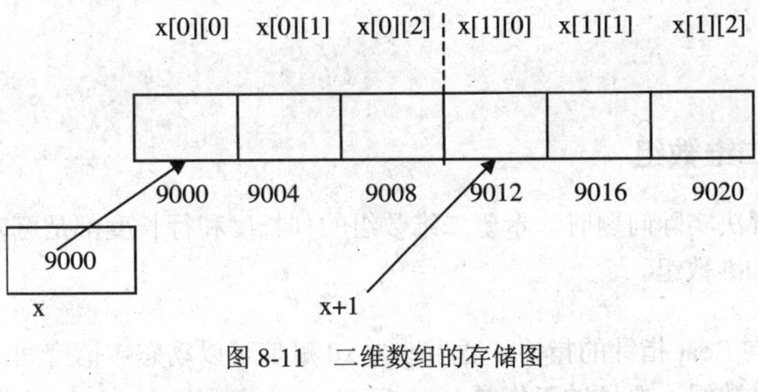

图 8-11　二维数组的存储图

在二维数组中，x[0]表示二维数组的一个元素，这个元素是一个一维数组，因此 x[0]实际上表示了这个一维数组的首地址，并且是指向长整型数据的指针（注意是表示，而并不是占有真正的存储单元），也就是说我们可以把 x[0]看作是指向第 0 行第 0 个元素 x[0][0]的指针，那么 x[0]+1 指向 x[0][1]。推而广之，x[i]指向第 *i* 行的第 0 个元素 x[i][0]，x[i]+j 指向第 *i* 行的第 *j* 个元素 x[i][j]，因此，*(x[i]+j)就是 x[i][j]。

那么，如果 y 为一维数组，y[k]是 y 数组的一个元素，则有 y[k]与 *(y+k)等价。同样，如果 x 为二维数组，x[i]是 x 数组的一个元素，则也有 x[i]与*(x+i)等价，因此，由 x[i]+j 指向第 *i* 行的第 *j* 个元素 x[i][j]可以推出，*(x+i)+j 指向二维数组的第 *i* 行的第 *j* 个元素 x[i][j]，而*(*(x+i)+j 与 x[i][j]等价。也可以说，x[i][j]单元的地址是*(x+i)+j，x[i][j]的内容是*(*(x+i)+j)。这就是用指针操作二维数组的方法。

注意：尽管 x、x[0]的值与&x[0][0]的值相等，但 x 与 x[0]的意义是不相同的。x 代表的是指向一行元素的指针；x[0]代表的是指向第零行第零列的元素的指针，指向 long 类型。

【例 8.22】输入一个二维数组并输出，用指针方式操作。

```
/*--------------------------用指针方式操作二维数组------------------------------*/
/*--------------------------文件名 exam_822.cpp----------------------------*/
#include"stdio.h"
void main()
{
   int x[2][3];                                    /*定义二维数组*/
   int i,j;
   printf("Please enter %d int: ",2*3);
   for(i=0;i<2;i++)                                /*读入整数到数组的每个元素中*/
      for(j=0;j<3;j++)
         scanf("%d",*(x+i)+j);
   putchar('\n');
   for(i=0;i<2;i++)                                /*输出数组的每个元素*/
   {
      for(j=0;j<3;j++)
         printf("%d ",*(*(x+i)+j));
      putchar('\n');
   }
}
```

运行情况：

```
1 2 3 4 5 6↙
1 2 3
4 5 6
```

8.6.2 动态的二维数组

如果我们在解决实际问题时，希望二维数组的列长度和行长度都是可以变化的，就需要建立一个动态的二维数组。

```
float **xd;
```

xd 定义为指向 float 指针的指针。适当地为 xd 赋值可以动态申请空间，生成一个行数和列数都可变的二维数组。要做的工作是：

第一，为二级指针申请一个指针数组。

```
xd=(float **) malloc(2*sizeof (float *));
```

xd 指向的存储区是动态申请的一组指针，指针的个数与数组的行数一样多，如图 8-12 所示。

第二，为指针数组的元素赋值。

```
x[0]=(float *) malloc(3*sizeof (float ));
x[1]=(float *) malloc(3*sizeof (float ));
```

或：

```
*(x)=(float  *) malloc(3*sizeof (float ));
*(x+1)=(float  *) malloc(3*sizeof (float ));
```

这种结构与二维数组的构成类似，二维数组名是常量指针，而 xd 是变量指针。

由上面的分析可以看出，经过上面的步骤，可以建立行数可变、列数也可变的二维数组。

*(xd+i)是动态指针数组的第 *i* 个元素的内容，指向动态申请的第 *i* 行第零个元素，而*(xd+i)+j 就指向动态申请的第 *i* 行第 *j* 个元素，因此，使用*(*(xd+i)+j)就可以存取动态数组的第 *i* 行第 *j* 个元素了。这与静态的数组的操作方式是完全一样的。

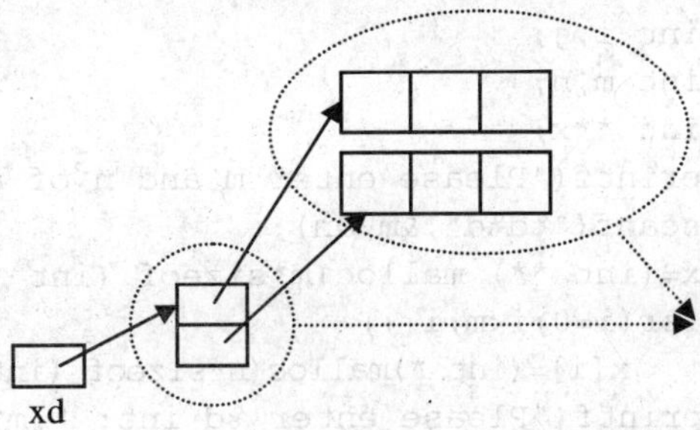

图 8-12　动态分配二维数组的存储图

动态二维数组被建立以后，与静态二维数组的主要区别是：动态二维数组行与行之间在内存中可能不是连续的，因为申请是按行进行的，每申请一行的空间用一次 malloc 函数。而静态二维数组行与行之间在内存中一定是连续的。

【例 8.23】输入一个二维数组并输出，用动态数组和指针方式操作。

```
/*-----------------------用动态数组和指针方式操作二维数组----------------------*/
/*---------------------------文件名 exam_823.cpp---------------------------*/
#include"stdio.h"
#include"stdlib.h"
void main()
{
   int i,j;
   int **x;                                   /*定义二级指针*/
   x=(int **) malloc(2*sizeof (int *)); /*为二级指针申请两个空间准备存放一级指针*/
   x[0]=(int *) malloc(3*sizeof (int )); /*为一级指针x[0]申请三个空间准备存放整数*/
   *(x+1)=(int *) malloc(3*sizeof (int )); /*为一级指针x[1]申请三个空间准备存放整数*/
   printf("Please enter %d int: ",2*3);
   for(i=0;i<2;i++)                           /*向动态二维数组中读入数据*/
      for(j=0;j<3;j++)
         scanf("%d",*(x+i)+j);
   for(i=0;i<2;i++)                           /*输出二维数组中的数据*/
   {
      for(j=0;j<3;j++)
         printf("%d  ",*(*(x+i)+j));
      putchar('\n');
   }
}
```

运行情况：

```
1 2 3 4 5 6↙
1 2 3
4 5 6
```

无论动态的二维数组或静态的二维数组，都可以用数组方式操作。

为了使程序容易理解，尽管例 8.23 中的空间是动态分配的，但行数和列数都不可变化，因此，没有达到可以由用户控制数组的行数和列数的目的。可修改程序如下：

```
#include"stdio.h"
#include"stdlib.h"
void main()
{
    int i,j;
    int m,n;
    int **x;                                          /*定义二级指针*/
    printf("Please enter m and n of a[m][n]:");
    scanf("%d%d",&m,&n);                              /*接收用户给定的行数和列数*/
    x=(int **) malloc(m*sizeof (int *));              /*为二级指针申请m个空间准备存放一级指针*/
    for(i=0;i<m;i++)
        x[i]=(int *)malloc(n*sizeof (int )); /*为一级指针x[i]申请n个空间准备存放整数*/
    printf("Please enter %d int: ",m*n);
    for(i=0;i<m;i++)                                  /*向动态二维数组中读入数据*/
        for(j=0;j<n;j++)
            scanf("%d",*(x+i)+j);
    for(i=0;i<m;i++)                                  /*输出二维数组中的数据*/
    {
        for(j=0;j<n;j++)
            printf("%d  ",*(*(x+i)+j));
        putchar('\n');
    }
}
```

8.6.3　用指向数组的指针操作二维数组

如果我们在解决实际问题时，希望二维数组的行长度是可以变化的，可以通过指向数组的指针操作二维数组。

指向数组的指针定义格式为：

数据类型 (*指针变量名)[n];

例如：

```
int (*xb)[3];
```

xb 是一个指针变量，占一个存储单元。它的内容是一个长度为 3 的整个数组的首地址。如图 8-13 所示。

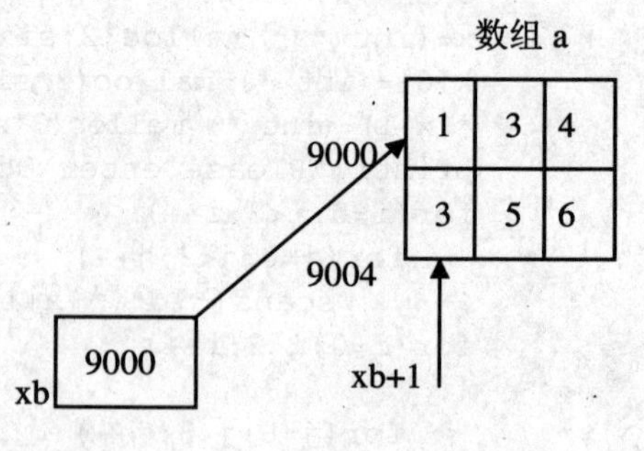

图 8-13　指向数组的指针示意图

注意：不要将指向数组的指针与指针数组混淆，定义“int *xc[2];”中的 xc 是数组指针。xc 首先是一个数组，数组元素的内容才是指针，所以 xc 包含两个指针变量。而*xb 用圆括号括起来，表示(*xb)的优先级高，说明 xb 首先是一个指针变量，指向一个一维数组，这个一维数组有三个整型元素。

如果有定义：

```
int a[2][3];
int (*xb)[3]=a;
```

表明 xb 取二维数组 a 的首地址 9000，则 xb+1 是指向下一个具有三个整型数的一维数组；也就是说，xb 指向 a[0]，xb+1 指向 a[1]，xb+i 指向 a[i]。xb+i 实际上等于&a[i]，也就是说*(xb+i)等于 a[i]，a[i]是二维数组第 *i* 行的第零个元素的地址，a[i]+j 就是二维数组第 *i* 行的第 *j* 个元素的地址，则*(xb+i)+j 就是二维数组第 *i* 行第 *j* 个元素的地址，当然*(*(xb+i)+j)就是二维数组第 *i* 行第 *j* 个元素的内容。

综上所述，如果用一个指向数组的指针操作数组，其方法与用二维数组名和二级指针操作二维数组是完全一样的。注意，定义格式中指向数组的指针中的 n 是二维数组的列数。

【例 8.24】编写程序，用指向数组的指针操作二维数组。

```
/*-----------------------用指向数组的指针操作二维数组-----------------------*/
/*--------------------------文件名 exam_824.cpp---------------------------*/
#include "stdio.h"
void main()
{
   int a[2][3];                                  /*定义一个二维数组 a*/
   int  (*xa)[3];                                /*定义一个指向数组的指针 xa*/
   int i,j;
   xa=a;                                         /*xa 取 a 的首地址*/
   printf("Please enter %d int: ",2*3);
   for(i=0;i<2;i++)                              /*读入一个矩阵*/
      for(j=0;j<3;j++)
         scanf("%d",*(xa+i)+j);
   putchar('\n');
   for(i=0;i<2;i++)                              /*输出矩阵*/
   {
      for(j=0;j<3;j++)
        printf("%d  ",*(*(xa+i)+j));
      putchar('\n');
   }
}
```

因为二维数组在内存中也占用一维的空间，是按行存放的，用“int (*xa)[3];”中的 xa 指向一维数组的首地址，xa+1 仍然是指向下一个三个元素的一维数组，与取二维数组的首地址并没有区别。但是有些编译系统会给出警告：Supicious pointer conversion。警告不同的指针类型之间的赋值可能出错。比较安全的方法是进行强制转换：“xa= (int (*)[3])a;”。

修改上例，定义一个一维数组，按二维数组的方式操作。

```
#include "stdio.h"
void main()
{
   int a[6];                                     /*定义一个一维数组 a*/
   int  (*xa)[3];                                /*定义一个指向数组的指针 xa*/
   int i,j;
   xa=(int(*)[3])a;                              /*xa 取 a 的首地址，进行强制转换*/
   for(i=0;i<2;i++)                              /*读入一个矩阵*/
     for(j=0;j<3;j++)
        scanf("%d",*(xa+i)+j);
   putchar('\n');
```

```
    for(i=0;i<2;i++)                                /*输出矩阵*/
    {
       for(j=0;j<3;j++)
           printf("%d  ",*(*(xa+i)+j));
       putchar('\n');
    }
}
```

例 8.24 中的空间不是动态分配的，没有达到可以由用户控制数组的行数的目的。可修改该程序如下。

```
#include"stdio.h"
#include"stdlib.h"
void main()
{
   int  (*xa)[3];                                  /*定义一个指向数组的指针 xa*/
   int i,j,m;
   printf("Please enter m and n of a[m][3]:");
   scanf("%d)",&m);                                /*接收用户给定的行数*/
   xa=(int(*)[3])malloc(m*sizeof(int));            /*申请 m 行空间*/
   printf("Please enter %d int: ",m*3);
   for(i=0;i<m;i++)                                /*读入一个矩阵*/
     for(j=0;j<3;j++)
        scanf("%d",*(xa+i)+j);
   putchar('\n');
   for(i=0;i<m;i++)                                /*输出矩阵*/
   {
     for(j=0;j<3;j++)
        printf("%d  ",*(*(xa+i)+j));
     putchar('\n');
   }
}
```

注意：为了程序阅读的方便，本节的程序在分配空间时省略了对分配空间成功与否的判断。

8.7 命令行参数

如果在 DOS 提示符下输入：

```
copy_lin file1.c file2.c
```

则 copy_lin、file1.c 和 file2.c 就是命令行参数，其中 copy_lin 为一个可执行文件 copy_lin.exe。

一般情况下，C 语言的主函数是不带参数的，但是要使用上述有命令行参数的命令方式执行程序，而不是用全屏幕方式执行程序，则必须在源程序的 main 函数中加上参数。

主函数的首部应该这样写：

```
void main(int argc,char *argv[])
```

其中 argc 和 argv 为主函数的形参。argc 的类型是整数，其数值表示了命令行参数的个数（包括可执行的文件名）；argv 则是指向字符型的指针数组，数组元素按照命令的输入顺序指向命令行参数的各个字符串。

以命令行 copy_lin file1.c file2.c 为例，argc 的值是 3，argv 的表示情况如图 8-14 所示。

【例 8.25】主函数中形参的使用。

```
/*---------------------------文件名 exam_825.cpp---------------------------*/
#include"stdio.h"
#include"string.h"
void main(int argc,char *argv[])
{
   printf("%d\n",argc);
   while(argc>1)
   {
       argv++;
       printf("%s\n",*argv);
       argc--;
   }
}
```

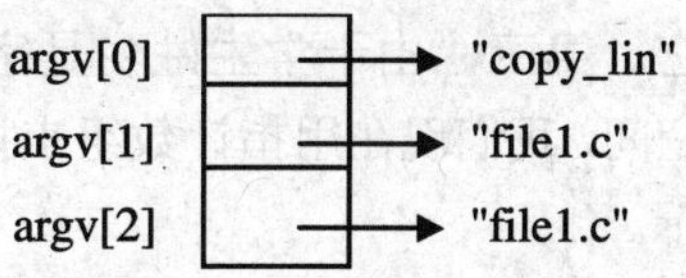

图 8-14　命令行参数表示示意图

假设程序编译以后可执行文件的名称是 test.exe，那么在 DOS 环境下执行语句“test f1 f2 f3”，则运行情况为：

```
c>test f1 f2 f3
4
f1
f2
f3
```

本例并没有什么实用价值，只是能充分说明 argc 和 argv 的含义。使用命令行参数往往需要对文件进行操作。

【例 8.26】在命令行中输入 add 3 2，执行 add 程序后，输出 3 加 2 的结果整数 5。为了使程序简单一些，只做十以内的加法。

```
/*------------------------在命令行中输入 add 3 2 做加法------------------------*/
/*---------------------------文件名 exam_826.cpp---------------------------*/
#include"stdio.h"
#include"string.h"
void main(int argc,char *argv[])
{
   char *p,*q;
   if(argc>3||strlen(argv[1])>1||strlen(argv[2])>1) /*参数不符合要求*/
      printf("\nparameter error!");
   else
   {
     p=argv[1];q= argv[2];          /*p 和 q 两个指针分别指向两个字符中的第 1 个字符*/
     printf("%d+%d=%d\n",(*p-'0'),(*q-'0'),(*p-'0')+ (*q-'0'));/*计算结果 */
   }
}
```

如果将本程序所在的工程命名为 add，经过编译以后生成 add.exe，在命令提示符下输入命令 add 3 2，则运行结果是 3+2=5。

注意： 从命令行接收的参数都是字符串，因此要将其转化为整型数据参与运算。

【例 8.27】扩充“学生成绩”问题。

现在我们可以用本章新学的知识扩充计算学生总评成绩的问题。首先，使用命令行参数输入学生总数，这可以不是一个精确的数，要比实际人数多一些，这样，可以动态申请数组空间，而不用一开始申请 300 个空间而导致空间浪费。其次，我们动态申请一维的数组用于记录学生的期中、期末和总评成绩，用指向数组的指针指向它，但仍然以二维数组的方式操作它。第三，由于学生姓名是字符串，每个人的姓名长度不一样，采用二维的字符数组太浪费空间，我们现在用指针数组来指向相应的字符串，指针数组的空间也是动态分配的，如图 8-15 所示。

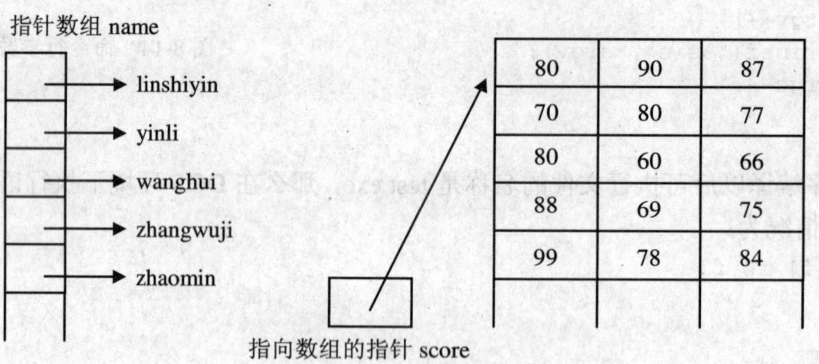

图 8-15 例 8.27 的存储图

```
/*----------------------------学生成绩问题------------------------------*/
/*-------------------------文件名 exam_827.cpp--------------------------*/
#include"stdio.h"
#include"stdlib.h"
#include"string.h"
int size;
int accept_data(char *name[],int (*score)[3]);
void subsection(int (*score)[3],int grade[],int sum);
void show_data(char *name[],int (*score)[3],int grade[],int sum);
void query(char *name[],int (*score)[3],int sum);
int change(char *digital);
void main(int argc,char *argv[])
{
   int sum;
   char **name;
   int (*score)[3];
   int grade[6]={0};
   if(argc>2)
      printf("parameter error!");
   else
   {
      size=change(argv[1]);                               /*计算大约的总人数*/
      name=(char **) malloc(size*sizeof (char *));        /*申请一个指针数组*/
      score=(int(*)[3]) malloc(size*3*sizeof (int ));  /*申请指向数组的指针*/
      sum=accept_data(name,score);             /*输入数据(sum 为精确的总人数)*/
      subsection(score,grade,sum);             /*将总评成绩分段*/
```

```
        /*输出所有学生的姓名、期中、期末和总评成绩*/
        show_data(name,score,grade,sum);
        query(name,score,sum);                    /*查询某个学生的总评成绩*/
    }
}
int change(char *digital)                         /*将数字字符串转换成整数*/
{
    int len,i,j=1,d=0;
    len=strlen(digital);
    i=len-1;
    while(i>=0)
    {
        d=d+(*(digital+i)-'0')*j;
        j=j*10;
        i--;
    }
    return d;
}
int accept_data(char *name[],int (*score)[3])
{
    int i=0,sum=0,flag,temp;
    char str_temp[80],*p;
    while(i<size)
    {
        printf("\nPlease input name of a student:");
        scanf("%s",str_temp);                     /*输入学生的姓名*/
        p=(char *)malloc((strlen(str_temp)+1)*sizeof(char));
                                                  /*申请一个字符串的空间*/
        strcpy(p,str_temp);                       /*将读入的人名复制到新申请的空间*/
        *(name+i)=p;                              /*数组指针指向字符串*/
        if(strcmp(name[i], "***")==0)             /*若是"***"跳出循环*/
        {
            sum=i;                                /*sum 记录的是输入的人数*/
            break;
        }
        printf("\nPlease input two scores of a student:");
        flag=1;
        while(flag)                       /*重复读入两个成绩，读到正确的为止*/
        {
            scanf("%d%d",*(score+i), *(score+i)+1);
            if(score[i][0]<=100&& score[i][0]>=0&& score[i][1]<=100\
              && score[i][1]>=0)
              flag=0;
            else
                printf("\n\007Error data! Please input two scores a student\
                    again:");
        }
        temp=(int)(.3*score[i][0]+.7*score[i][1]);    /*计算总评成绩 */
        score[i][2]=(int)temp;
        i++;
    }
```

```
    return sum;                                    /*返回输入数据的总人数*/
 }
void subsection(int (*score)[3],int grade[],int sum)
{
   int i,s;
   for(i=0;i<sum;i++)                               /*将总评成绩分段(按照五分制)*/
   {
       s= score[i][2]/10;
       switch(s)
       {
           case 0:case 1:case 2:case 3:
           case 4:case 5:  grade[2]=grade[2]+1;break;
           case 6:case 7:  grade[3]=grade[3]+1;break;
           case 8:grade[4]=grade[4]+1;break;
           case 9: case 10:grade[5]=grade[5]+1;break;
       }
   }
}
void show_data(char *name[],int (*score)[3],int grade[],int sum)
{
   int i,j;
   for(i=0;i<sum;i++)              /*输出所有学生的姓名、期中、期末和总评成绩*/
   {
       printf("%20s  ",name[i]);
       for(j=0;j<3;j++)
           printf("%4d",score[i][j]);
       printf("\n");
   }
   printf("\nThere are %d students in this class",sum);
   for(i=2;i<6;i++)
       printf("\nThere are %d students in grade %d.",grade[i],i);
}
void query(char *name[],int (*score)[3],int sum)
{
   char temp_name[80];
   int i;
   printf("\nPlease input name of a student that you want to know his score:");
   scanf("%s",temp_name);                          /*输入要查询的学生的姓名*/
   for(i=0;i<sum;i++)
   {
      if(strcmp(name[i],temp_name)==0)             /*比较姓名*/
      {
          printf("%s %d \n",name[i],score[i][2]);  /*查询成功输出总评成绩*/
          break;                                   /*跳出循环*/
      }
   }
   if(i==sum) printf("not found\n ");              /*查询失败输出失败信息*/
}
```

假设本程序的源文件名是 stu_score，学生人数大概为 230，则运行程序的命令行是：

```
stu_score  230
```

本程序为了使读者阅读更加方便，并没有把所有的数组操作方式改为指针操作方式，只是增加了一些对新加入的数据结构的处理，希望读者能将所有的数组操作方式改为指针操作方式，以增加对指针的认识。

本章小结

（1）动态申请和释放空间的函数有两个：malloc 与 free 函数，使用 malloc 函数申请的空间必须用 free 函数释放。

（2）空指针是一个特殊的值，写作 NULL，数值为 0。

（3）对指针可以使用一些有意义的算术运算。例如，在指针上加/减一个整数，比较两个指向连续存储区域的指针的大小等。

（4）使用指针类型作为函数的参数，可以实现调用函数与被调用函数对指针所指的变量共享。函数可以返回指针类型。

（5）在程序设计中可以使用指向函数的指针作为参数，可以将一个函数传给另一个函数。为了说明某个变量是指向函数的指针，需要说明"类型(*指针变量名)();"。

从逻辑上讲，指向函数的指针就是该函数的代码在内存中的首地址。

（6）使用一个指针变量存放一个数组的首地址，就可以通过指针变量所指的数组元素以及指针的算术运算，对数组的所有元素进行操作。数组名本身代表了该数组的首地址，数组名是指针型的，只不过这个指针值是不可修改的。

（7）二级指针就是指针的指针。

（8）如果一个数组的每个元素都是指针类型，或者说，是由指针变量构成的，则该数组就是指针数组。指针数组名是二级指针。

（9）无论动态的二维数组或静态的二维数组，都可以用指针及数组两种方式操作。

（10）使用有命令行参数的命令执行程序，而不是用全屏幕方式执行程序，则必须在源程序的 main 函数中加上参数。主函数的首部应该写作：

```
void main(int argc,char *argv[])
```

其中 argc 和 argv 为主函数的形参。

习　题

本章编写程序的习题要求用指针方法编写，不要使用下标方式编写。

1．假设有定义：

```
int i,j;
int score[]={98,75,34,88,100};
int *p,*q;
```

请在必要的位置添加*、&或下标值完成下面的 C 语句，使语句能够实现注释中要求完成的功能。

```
(1) p = score;                    /*使 p 指向 score 数组的第一个元素*/
(2) i = p;                        /*将 p 指向元素的内容赋值给 i*/
(3) p = score ;                   /*将 88 赋值给 p 所指向的元素*/
```

```
(4) q = p;                     /*使q指向p指向的元素*/
(5) p = score[]+score[];       /*p指向的元素的内容等于98与100的和*/
(6) scanf("%d",score[]);       /*将数据输入数组的第三个元素*/
(7) scanf("%d",p);             /*将数据输入p所指向的元素*/
(8) printf("%d",p);            /*显示p所指向的元素的内容*/
```

2．假设有定义：

```
int score[]={98,75,34,88,100,76,67,56,85};
int *p;
```

请问下面的表达式中哪些是正确的？哪些是错误的？并指出正确的表达式中哪些修改的是指针值，哪些修改的是整数值？

```
(*p+3), *p, p[3], *&p, *p[3], &*p, *(p+3), (*p++), *(p++)
```

3．用指针方法编写字符串函数（strlen、strcat 等），并在主函数中调用。

4．输入一个整型数，输出与该整型数对应的月份的英文简称。例如输入 1，输出 Jan。

5．将例 8.27 全部改为指针操作方式。也就是说除非有必要，不能出现“[]”符号。

6．编写一个函数 reverse(s)，用它实现对字符串 S 的倒排。

7*．编写函数 sort(int a[],int size)，使用选择法对 size 个整数进行排序（升序）。编写主函数调用该函数。使用移动指针的方法操作数组。

8．编写函数，对存储在一个字符串变量中的英文句子，统计其中的单词个数。单词之间用空格分隔，单词的个数作为函数的返回值。

9．编写函数，对二维数组中的对角线内容求和并作为函数的返回值。

10*．定义一个函数，求给定整型二维数组（数组作为参数传递）中出现频率最高的数，并将该数作为函数的返回值。编写主函数调用该函数，数组的行长度和列长度使用#define 定义。

11．编写程序，求矩阵行和列的平均值。行的平均值和列的平均值用动态数组存储。

12．编写程序，使用指针数组指向一组字符串，对这组字符串按字母顺序进行排序并输出。

13．使用二级指针解决习题 12 的问题。

14．定义一个函数 index()，其中包含三个形参：一个是字符型，一个是字符串，一个是指向整数的指针，该函数返回一个整数。函数的功能是计算字符型数据在字符串中出现的次数，并将出现次数作为返回值，同时将第一次出现该字符的位置（整数）存储到第三个参数指向的存储单元中。编写主函数调用该函数。

15．定义一个函数 replace()，其中包含三个形参：两个是字符型，一个是字符串型。该函数返回一个整数。函数的功能是在字符串中查找第一个字符，如果找到，用第二个字符替换该字符，并将替换的次数作为返回值。编写主函数调用该函数，要求在主函数中动态分配一组空间，将字符串输入该动态空间。

16．定义一个函数 delete_char()，其中包含两个形参：一个是字符型，一个是字符串型。该函数返回一个整数。函数的功能是在字符串中删除所有的字符型数据，并将删除的个数作为函数的返回值。编写主函数调用该函数，要求在主函数中动态分配一组空间，将字符串输入该动态空间。

17．定义一个函数 fun_char，其中包含三个形参，且全部是字符串型。该函数返回一个整数。函数的功能是将在第一个字符串中出现的但在第二个字符串中未出现的字符存放在第三个字符串中。函数返回第三个字符串的长度。注意：允许第三个字符串有重复的字符，例如，第一个字符串是"ABACDEFGH"，第二个字符串是"BCD"，则第三个字符串是"AAEFGH"。编写主函数调用该函数。

18*．编写程序，实现十进制与其他进制的转换，在命令行中输入 change 120 8，表示将 120 转换成八进制，输入 change 120 2 表示将 120 转换成二进制。进制转换只能用于小于九的。

19．判断下面程序的运行结果，并通过存储图说明原因。

```
void main()
{
  int a[][3]={{6,5,4},{3,2},{1}};
  int i,*p=a[0],(*q)[3]=a;
  for(i=0;i<3;i++)
    printf("  %2d",*++p);
  printf("\n");
  for(i=0;i<3;i++)
    printf("  %2d",*(*(q+i)+1));
  printf("\n");
}
```

20*．判断下面程序的运行结果，并说明原因。

```
#include"stdio.h"
int ff(int a[],int n);
int a[]={1,2,3,4,5,6,7,8,9,10,11,12,13,14,15};
void main()
{
  int i;
  printf("\n result is: %d\n",ff(a,7));
}
int ff(int a[],int n)
{
  int ss=0,*p;
  for(p=a;p<a+n;p++)
     ss+=*p;
  return ss;
}
```

21*．判断下面程序的运行结果，并说明原因。

```
#include<stdio.h>
int ff(char *s)
{
  char *p,*q;
  q=s;
  while(*q!='\0')
     q++;
  for(q--,p=s;p<q;p++,q--)
    if(*p!=*q) break;
  return p>=q;
}
```

```
void main()
{
  char s[]="level";
  printf("\n%s",ff(s)?"TRUE":"FALSE");
}
```

22*. 判断下面程序的运行结果，并说明原因。

```
#include"stdio.h"
#include"string.h"
void ff(char *str)
{
  int i;
  i=strlen(str);
  while(i>0)
  {
     *(str+2*i)=*(str+i);
     *(str+2*i-1)='*';
     i--;
  }
}
void main()
{
  char s[80];
  gets(s);
  ff(s);
  puts(s);
}
```

输入为：

welcome↙

23*. 判断下面程序的运行结果，并说明原因。

```
#include"stdio.h"
#include"string.h"
void ff(char *str)
{
  char *p,temp;
  p=str+1;temp=*str;
  while(*p)
  {
     *(p-1)=*(p);
     p++;
  }
  *(p-1)=temp;
}
void main()
{
  char s[10]="welcome";
  ff(s);
  puts(s);
}
```

24．判断下面程序的运行结果，并说明原因。

```
#include"stdio.h"
#include"string.h"
void test(char *str,int n)
{
   char temp;int i;
   temp=*(str+n-1);
   for(i=n-1;i>0;i--)
      *(str+i)=*(str+i-1);
   *(str)=temp;
}
void main()
{
   char *s="abcde";
   int i,n=3,len;
   len=strlen(s);
   for(i=1;i<=n;i++) test(s,len);
   puts(s);
}
```

25．判断下面程序的运行结果，并说明原因。

```
#include"stdio.h"
#include"string.h"
void main()
{
   char *textarr[4],*aux,**paux=textarr;
   int i;
   textarr[0]="first";
   textarr[1]="second";
   textarr[2]="third";
   textarr[3]="fourth";
   aux=textarr[0];
   while (*aux) putchar(*aux++);
   putchar('\n');
   aux=textarr[1];
   while (*aux++) putchar(*aux);
   putchar('\n');
   for(i=0;i<4;i++)
      puts(*paux++);
   paux=textarr;
   puts(++*paux);                   /*此时textarr[0]的内容被加过一次*/
   for(paux=textarr;**paux;)
      printf("%c\n",*++*paux);     /*textarr[0]的内容又被加过一次,所以从rst输出*/
}
```

第 9 章 结构体等构造数据类型

在本章以前，我们已经学过了所有的基本数据类型以及复杂数据类型指针，而同样属于复杂数据类型而又可称为构造类型的包括：数组、结构体、联合体和枚举。其中数组已经讨论过，本章将介绍构造类型——结构体、联合体和枚举。所谓“构造类型”就是由基本数据类型按一定的规则组合在一起而构成的数据类型。数组就是一种构造类型。

9.1 结 构 体

9.1.1 问题的提出与程序示例

表 9-1 是某篮球队在一场比赛中的技术统计情况。现在需要在计算机中存储和处理这些数据。首先分析一下，如何用我们已经学过的数据类型来存储这些数据。

每个球员的姓名是一个字符串，那么，若干球员的姓名要用一个字符型的二维数组存储，号码和得分是一个整数，各用一个整型数组来存储，二分球的情况也要用三个数组（投篮次数和投中次数要分开存储）才能存储，这样算下来，下面的表格要用一个二维数组和 11 个一维数组存储，这将会使处理数据的方法变得非常烦琐，也影响了程序的可读性。

表 9-1　运动员技术统计表

姓　　名			二 分 球		三 分 球		罚 球	
	号　码	得　分	中/投	投中率	中/投	投中率	中/投	投中率
吴乃群	35	31	9/15	60%	0/2	0%	13/14	92.86%
缪寿守	45	5	0/0	0%	1/2	50%	2/2	100%
罗智	15	5	1/1	100%	1/1	100%	0/0	0%
王楠	11	14	2/4	50%	1/2	50%	7/7	100%
刘维伟	8	2	1/5	20%	0/1	0%	0/0	0%
王世龙	32	11	2/2	100%	0/1	0%	4/4	100%
萨马基	34	21	8/12	66.67%	0/0	0%	5/5	100%
米拉奇	5	9	2/2	100%	0/1	0%	5/6	83.33%
张伟刚	4	0	0/2	0%	0/0	0%	0/0	0%
合计		98	25/43	58.14%	3/10	30%	36/38	94.74%

但是，如果使用结构体变量来存储这些数据，就会简单很多。

用一个结构体变量可以描述一个队员的情况，包括他的姓名、号码、得分、二分球投篮次数、二分球投中次数、二分球投中率等。那么，用 *n* 个结构体变量就可以描述 *n* 个球员的技术数据。

结构体类型的数据由若干称为“成员”的数据组成，每一个成员既可以是一个基本数据类型的数据，也可以是一个构造类型的数据。结构体实际上是 C 编译没有提供的，可以由程序员根据实际情况来自己构造的一种新的数据类型，所以在程序中必须先说明如何构造一个“结构体”，然后才能定义一个具有这种结构体的变量。

下面的示例程序存储了球员吴乃群的技术数据，并输出。为了使程序简单一些，本章的程序将不处理三分球和罚球的技术数据。

【例 9.1】存储球员吴乃群的技术数据的程序。

```
/*----------------------------结构体的示例程序----------------------------*/
/*---------------------------文件名 exam_91.cpp---------------------------*/
#include"stdio.h"
#include"string.h"
void main()
{
   struct HOOPMAN                                     /*结构体类型的说明*/
   {
       char name[20];                                 /*球员的姓名*/
       int number;                                    /*球员的号码*/
       int score;                                     /*球员的得分*/
       int time_2;                                    /*二分球投篮次数*/
       int hit_2;                                     /*二分球投中次数*/
       float rate_2;                                  /*二分球投中率*/
   };
   struct HOOPMAN Wu;                                 /*结构体变量的定义*/
   strcpy(Wu.name,"吴乃群");                          /*结构体成员的引用*/
   Wu.number=35;
   Wu.score=31;
   Wu.time_2=15;
   Wu.hit_2=9;
   Wu.rate_2=1.0* Wu.hit_2/Wu.time_2;
   printf("\n  %s  %d  %d  %d  %d  %.2f%%\n",  Wu.name,Wu.number,Wu.score,Wu.
time_2,\Wu.hit_2,Wu.rate_2*100);                      /*输出球员吴乃群的技术统计数据*/
}
```

9.1.2 结构体的说明和结构体变量的定义

示例中的结构体说明语句是：

```
struct HOOPMAN
{
   char name[20];                                     /*球员的姓名*/
   int number;                                        /*球员的号码*/
   int score;                                         /*球员的得分*/
   int time_2;                                        /*二分球投篮次数*/
   int hit_2;                                         /*二分球投中次数*/
   float rate_2;                                      /*二分球投中率*/
};
```

其中 struct 是关键字，HOOPMAN 是结构体的类型名，它实际上说明了一种新的复杂数据类型，在随后的程序中就可以使用 struct HOOPMAN 来定义结构体变量了。

struct HOOPMAN Wu;定义了一个名为 Wu 的结构体变量。

struct HOOPMAN 就像 int 或 float 一样是一种数据类型，Wu 就是 HOOPMAN 类型的结构体变量。

下面给出结构体说明和结构体变量定义的格式。

结构体的说明格式：

```
struct 结构体名
{
   成员表;
};
```

成员表可以由一个或几个成员组成，要求每个成员的类型和名称都必须说明，注意，最后使用分号结束对结构体类型的说明。示例程序中定义了六个成员。

在对一个结构体进行了说明以后，就可以根据结构体名定义结构体变量了。

结构体变量的定义格式：

```
struct  结构体名 结构体变量表;
```

还可以将结构体的说明和结构体变量的定义合二为一：

```
struct  结构体名
{
   成员表;
}  结构体变量表;
```

结构体说明要注意下面几点：

（1）结构体说明并不引起存储分配，结构体变量的定义才引起存储分配。存储分配时，通常按照各成员在结构体说明中出现的先后顺序依次排列。结构体成员的数据类型可以是 C 语言的基本数据类型，也可以是数组和指针类型。

（2）结构体成员还可以是另一个结构体类型，结构体说明可以嵌套。

例如，我们要在上面说明的 HOOPMAN 类型中增加一个上场时间（运动员在场上的时间），而上场时间也是一个结构体类型。

```
struct TIME
{
   int hour;                                  /*小时*/
   int minute;                                /*分*/
   int second;                                /*秒*/
};
```

现在我们有两种方法说明带有"上场时间"的 HOOPMAN 结构体类型。

第一种是在说明 HOOPMAN 之前先说明 TIME：

```
struct TIME
{
   int hour;                                  /*小时*/
   int minute;                                /*分*/
   int second;                                /*秒*/
};
struct HOOPMAN
{
   char name[20];                             /*球员的姓名*/
   int number;                                /*球员的号码*/
   int score;                                 /*球员的得分*/
   struct TIME stage;                         /*球员的上场时间*/
```

```
  int time_2;                          /*二分球投篮次数*/
  int hit_2;                           /*二分球投中次数*/
  float rate_2;                        /*二分球投中率*/
};
```

第二种是在对 HOOPMAN 的说明之中嵌套对 TIME 的说明：

```
struct HOOPMAN
{
  char name[20];                       /*球员的姓名*/
  int number;                          /*球员的号码*/
  int score;                           /*球员的得分*/
  struct TIME
  {
     int hour;                         /*小时*/
     int minute;                       /*分*/
     int second;                       /*秒*/
  } stage;                             /*球员的上场时间*/
  int time_2;                          /*二分球投篮次数*/
  int hit_2;                           /*二分球投中次数*/
  float rate_2;                        /*二分球投中率*/
};
```

HOOPMAN 中嵌套定义了另外一个结构体 TIME。

（3）结构体说明不允许递归，也就是不允许在一个结构体说明中嵌套对自身的定义。

```
struct WRONG
{
  struct WRONG a;                      /*错误*/
  int count;
} ;
```

（4）还有一种可以将结构体的说明和结构体变量的定义合二为一的方法，但是不提倡使用。语法是：

```
struct
{
   成员表;
}  结构体变量表;
```

这种方法有一定的缺陷，如果想再次定义一个结构体变量，还要说明结构体类型的全体成员。

再次强调，不能混淆结构体名和结构体变量这两个概念。结构体名实际上标识了程序员定义的一种新的数据类型，编译系统不可能为结构体名分配内存空间。只有当变量被说明为这种由程序员自己定义的数据类型的结构体时，编译系统才会为结构体变量分配存储空间。在不引起混淆的情况下，结构体变量可以简称为结构体。

9.1.3 结构体成员的引用

C 语言中对结构体变量的使用是通过对其成员的引用来实现的。一般不能对结构体变量进行整体的引用。

引用的格式：

结构体变量名.成员名

符号“.”是依据结构体变量名存取结构体成员的运算符。

“Wu.number=35;”中的 Wu.number 是正确的引用方式。

注意：对嵌套结构体的引用必须引用到最末一级。

```
struct HOOPMAN
{
   char name[20];                          /*球员的姓名*/
   int number;                             /*球员的号码*/
   int score;                              /*球员的得分*/
   struct TIME
   {
       int hour;                           /*小时*/
       int minute;                         /*分*/
       int second;                         /*秒*/
   } stage;                                /*球员的上场时间*/
   int time_2;                             /*二分球投篮次数*/
   int hit_2;                              /*二分球投中次数*/
   float rate_2;                           /*二分球投中率*/
} Wu;
Wu.stage.hour=0;                           /*将上场时间的小时数置为 0*/
Wu.stage.mintue=25;                        /*将上场时间的分钟数置为 25*/
Wu.stage.second=30;                        /*将上场时间的秒数置为 30*/
```

上面的程序段是将 Wu 的上场时间赋值为 25 分 30 秒。

还可以使用语句“scanf("%d",&Wu.stage.hour)”从键盘接收数据。

注意：不能引用 Wu.stage。

9.1.4 结构体的初始化

对结构体变量的初始化与对数组的初始化相似，因为进行存储分配时，通常按照各成员在结构体中出现的先后顺序连续排列。例如，如果有下列说明：

```
struct TIME
{
   int hour;                              /*小时*/
   int minute;                            /*分*/
   int second;                            /*秒*/
} ;
```

则

```
struct TIME wu={0,25,30};
```

是在进行初始化。初始化以后，wu.hour、wu.minute 和 wu.second 的内容分别是 0、25 和 30。

如果初始化数值的个数小于结构体成员的个数，系统会自动将其他成员初始化为 0。

不论结构体变量是在函数内部定义的还是在函数外部定义的，都可以对其进行初始化，只不过在函数内部定义的结构体变量的生存期和作用域与外部变量不同。

有些编译系统不允许在函数内部对自动结构体变量进行初始化，但是不限制对内部静态变量的初始化。

【例 9.2】结构体变量的初始化。

```
/*---------------------------结构体变量的初始化---------------------------*/
/*--------------------------文件名 exam_92.cpp----------------------------*/
#include"stdio.h"
void main()
{
   struct TIME
   {
      int hour;                                    /*小时*/
      int minute;                                  /*分*/
      int second;                                  /*秒*/
   } ;
   struct TIME audit_begin={8,30,0};               /*初始化 audit_begin*/
   printf("\n audition time is %02d:%02d:%02d\n", audit_begin.hour,audit_
         begin.minute,\audit_begin.second);
}
```

运行结果：

```
audition time is 08:30:00
```

9.2　结构体数组

一个结构体变量只能存放一个结构体数据，而表 9-1 中有九个球员（实际操作中也许更多）的信息要描述，如何处理呢？

每一个球员的数据用一个结构体变量来存储，九个球员就要用九个结构体变量来存储，这九个结构体变量的构成是完全一样的，所以很容易使人想到用结构体数组："struct HOOPMAN hoopman[9];"，数组 hoopman 的每个元素是一个结构体类型，这就构成了结构体数组。

定义结构体数组的语法为：

struct 结构体名 数组名[长度];

访问结构体数组中的结构体成员的格式是：

数组名[下标].成员名

【例 9.3】编写程序，输入三个球员的信息并输出。

```
/*---------------------------结构体数组的使用-----------------------------*/
/*--------------------------文件名 exam_93.cpp----------------------------*/
#include"stdio.h"
#include"string.h"
struct TIME
{
   int hour;                                       /*小时*/
   int minute;                                     /*分*/
   int second;                                     /*秒*/
} ;
struct HOOPMAN
{
   char name[20];                                  /*球员的姓名*/
   int number;                                     /*球员的号码*/
   int score;                                      /*球员的得分*/
   struct TIME stage;                              /*球员的上场时间*/
   int time_2;                                     /*二分球投篮次数*/
   int hit_2;                                      /*二分球投中次数*/
```

```
    float rate_2;                                           /*二分球投中率*/
} ;
void main()
{
    int i;
    struct HOOPMAN hoopman[3];
    /*循环三次，每次读入一个球员的数据*/
    for(i=0;i<3;i++)
    {
        printf("请输入球员姓名:");                              /*输入提示*/
        scanf("%s",hoopman[i].name);                           /*接收球员姓名*/
        printf("请输入球员号码:");                              /*输入提示*/
        scanf("%d",&hoopman[i].number);                        /*接收球员号码*/
        printf("请输入球员得分:");                              /*输入提示*/
        scanf("%d",&hoopman[i].score);                         /*接收球员得分*/
        printf("请输入球员上场时间:");                          /*输入提示*/
        scanf("%d/%d/%d",&hoopman[i].stage.hour,&hoopman[i].stage.minute,\
          &hoopman[i].stage.second);                        /*接收球员上场时间*/
        printf("请输入球员二分球投篮次数:");                    /*输入提示*/
        scanf("%d",&hoopman[i].time_2);                        /*接收二分球投篮次数*/
        printf("请输入球员二分球投中次数:");                    /*输入提示*/
        scanf("%d",&hoopman[i].hit_2);                         /*接收二分球投中次数*/
        if(hoopman[i].time_2!=0)
            hoopman[i].rate_2=(float) (1.0*hoopman[i].hit_2/hoopman[i].time_2);
        else                                                   /*计算二分球投中率*/
            hoopman[i].rate_2=0;
    }
    /*循环三次，每次输出一个球员的数据*/
    for(i=0;i<3;i++)
    {
        printf("\n");
        printf("  %s",hoopman[i].name);                       /*显示球员姓名*/
        printf("  %d",hoopman[i].number);                     /*显示球员号码*/
        printf("  %d",hoopman[i].score);                      /*显示球员分数*/
        printf("  %d/",hoopman[i].stage.hour);                /*显示球员上场时间*/
        printf("%d/",hoopman[i].stage.minute);
        printf("%d",hoopman[i].stage.second);
        printf("  %d",hoopman[i].time_2);                     /*显示二分球投篮次数*/
        printf("  %d",hoopman[i].hit_2);                      /*显示二分球投中次数*/
        printf("  %.2f%%", hoopman[i].rate_2*100);            /*显示二分球投中率*/
        printf("\n");
    }
}
```

说明：本例中定义了一个结构体数组 hoopman，因此 hoopman[i]中存放了一个球员的情况，hoopman[i].name 存储的是某个球员的姓名，hoopman[i].number 存储的就是该球员的号码，而 hoopman[i].stage.hour 存储的则是该球员上场时间的小时数，其他项可依此类推。

程序运行情况如图 9-1 所示。

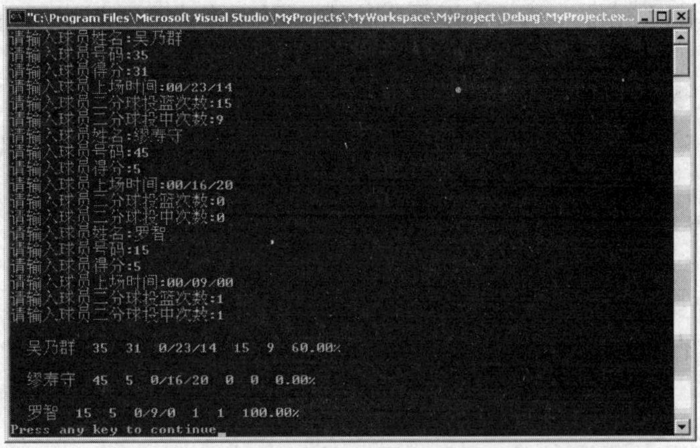

图 9-1　例 9.3 程序的运行情况

9.3　结构体与指针

9.3.1　指向结构体的指针

指针的用途是非常广泛的，指针变量可以指向基本数据类型的变量和数组，也同样可以指向结构体类型的存储单元。

定义指向结构体的指针变量的语法是：

struct 结构体名 *结构体指针变量名；

```
struct TIME
{
    int hour;                          /*几点*/
    int minute;                        /*几分*/
    int second;                        /*几秒*/
}*p;
 struct TIME begin,end,*b,*e;
```

b 和 e 被定义为指向 TIME 类型的指针变量。

通过语句“b=&begin;”和“e=&end;”就能使 b 和 e 分别指向变量 begin 和 end，存储图如图 9-2 所示。注意，指向结构体的指针指向的是整个结构体变量，不具体指向结构体的某个成员。但是，仍然可以通过指向结构体的指针存取结构体的成员。

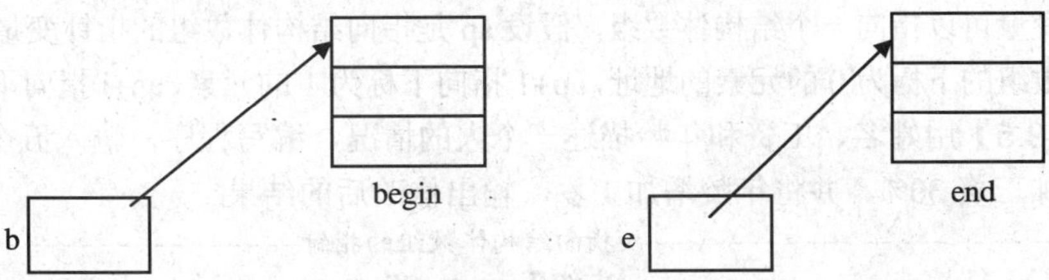

图 9-2　指向结构体的指针

通过指针访问结构体成员的方法有两种，一种是使用运算符“->”，另一种是使用运算符“*”。

运算符“->”由“减号”和“大于号”构成。用运算符“->”引用指针所指的结构体成员的方法是：

结构体指针变量名->成员名

因此，b->hour 对应的是 begin.hour，b->minute 对应的是 begin.minute，b->second 对应的是 begin.second。注意，不要在“->”后面加结构体引用符“.”。

使用“*”运算符也可以通过指向结构体变量的指针访问结构体成员。用运算符“*”引用指针所指的成员的格式是：

(*结构体指针变量名).成员名

(*b).hour 对应的是 begin.hour，(*b).minute 对应的是 begin.minute，(*b).second 对应的是 begin.second。

注意：必须用圆括号将*b 括起来，因为按照优先级和结合性，*b.begin 将被解释为*(b.begin)，这是没有意义的。

对于指向结构体的指针，运算符“->”比“*”更常用，需要注意的是，“->”不是应用于结构体的，而是应用于指向结构体的指针的。

【例 9.4】编写程序，使用指向结构体变量的指针处理数据。

```
/*------------------------指向结构体变量的指针的使用--------------------------*/
/*--------------------------文件名 exam_94.cpp-------------------------------*/
#include"stdio.h"
void main()
{
   struct TIME
   {
      int hour;                                   /*几点*/
      int minute;                                 /*几分*/
      int second;                                 /*几秒*/
   }*p;
   struct TIME audit_begin={8,30,0};             /*初始化 audit_begin*/
   p=&audit_begin;
   printf("\n audition time is %02d:%02d:%02d", p->hour,p->minute,(*p).\
    second);
}
```

运行结果：

```
audition time is 08:30:00
```

指针变量可以指向一个结构体数组，假设 ap 是指向结构体数组的指针变量，则 ap 的值是该结构体数组的下标为 0 的元素的地址，ap+1 指向下标为 1 的元素，ap+i 指向下标为 i 的元素。

【例 9.5】用姓名、工资和年龄描述一个人的情况，编写程序，输入五个人的情况，为每个人增加工资 30%，并将年龄增加 1 岁，输出修改后的结果。

```
/*---------------------------指向结构体数组的指针----------------------------*/
/*---------------------------文件名 exam_95.cpp------------------------------*/
#include"stdio.h"
#define SIZE 5
void main()
```

```
{
  struct staff
  {
     char name[20];                          /*职工姓名*/
     int salary;                             /*职工工资*/
     int age;                                /*职工年龄*/
  }attend[SIZE];
  struct staff *ap;                          /*定义指向结构体的指针*/
  putchar('\n');
  for(ap=attend;ap<attend+SIZE;ap++)         /*读入数据*/
  {
     printf("Please enter name salary and age:\n");
     scanf("%s%d%d",ap->name,&(ap->salary),&(ap->age));
  }
  for(ap= attend;ap<attend+SIZE;ap++)
  {   ap->age++;                             /*年龄增加 1 岁*/
     ap->salary=(int)(1.3*ap->salary);       /*工资增加 30%*/
  }
  for(ap= attend;ap<attend+SIZE;ap++)
     printf("\n%-10s %6d %3d",(ap->name),(ap->salary),(ap->age));
}
```

运行情况：

```
Please enter name salary and age:
Li 3000 21
Please enter name salary and age:
Zhang 2000 23
Please enter name salary and age:
Zhao 4000 34
Please enter name salary and age:
Qian 5000 35
Please enter name salary and age:
Sun 6000 43
Li        3600  22
Zhang      2000  24
Zhao      5200  35
Qian      6500  36
Sun       7800  44
```

说明：本例使用一个指向结构体的指针 ap 操作指针数组。ap 的初值指向结构体数组 attend 下标为 0 的元素，执行语句“ap++”以后，ap 就会指向下标为 1 的元素，因为 ap 指向一个结构体变量，ap+1 就指向了连续存储的下一个结构体变量。

实际上，结构体数组的数组名也是指向结构体的静态指针。

9.3.2 结构体中的成员包含指针

【例 9.6】编写程序，初始化三个球员的姓名和号码并输出，其存储图如图 9-3 所示。

```
/*---------------------------结构体的内容包含指针---------------------------*/
/*---------------------------文件名 exam_96.cpp---------------------------*/
#include"stdio.h"
void main()
```

```
{
    int i;
    struct HOOP
    {
        char *name;                                 /*球员的姓名*/
        int number;                                 /*球员的号码*/
    };
    static struct HOOP hoop[3]=
    {{"吴乃群",35},
     {"缪寿守",45},
     {"罗智",15}};
    for(i=0;i<3;i++)                                /*输出结构数组的内容*/
        printf("%10s  %d\n",hoop[i].name, hoop[i].number);
}
```

说明：本例中为存储球员的姓名，在结构体中说明了一个指向字符的指针变量，由于在程序中对结构体数组进行了初始化，所以指针可以指向一个具体的字符串。需要注意的是，如果使用输入函数输入字符串，则必须为要存储的字符串分配空间。

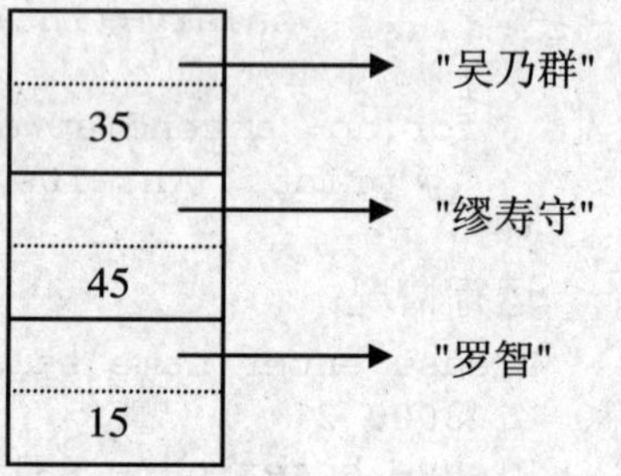

图 9-3 例 9.6 的存储图

运行结果：

```
吴乃群  35
缪寿守  45
  罗智  15
```

【例 9.7】编写程序，输入三个球员的姓名和号码，并输出。

```
/*------------------------为结构体的指针分配动态空间-------------------------*/
/*--------------------------文件名 exam_97.cpp--------------------------*/
#include"stdio.h"
#include"stdlib.h"
#include"string.h"
#include"process.h"
void main()
{
    int i;char tempname[20];
    struct HOOP
    {
        char *name;                                 /*球员的姓名*/
        int number;                                 /*球员的号码*/
    };
    static struct HOOP hoop[3];                     /*定义一个结构体数组*/
    for(i=0;i<3;i++)
    {
        puts("请输入球员的姓名和号码:");
        scanf("%s%d",tempname,&hoop[i].number);  /*输入球员的姓名和号码*/
        /*为球员姓名的存储分配空间*/
        hoop[i].name=(char *)malloc(strlen(tempname)+1);
        if((hoop[i].name)!=NULL)
```

```
        strcpy(hoop [i].name,tempname);
                                                  /*分配空间成功，作字符串复制*/
        else
            exit(1);                              /*分配空间失败，退出程序*/
    }
    for(i=0;i<3;i++)                              /*输出结构体数组的内容*/
        printf("%10s   %d\n",hoop[i].name, hoop[i].number);
}
```

说明：本例中的结构体成员 name 是指向字符的指针，因此，真正用于存储球员姓名的空间需要动态申请。

9.3.3 用结构体类型指针建立链表

结构体说明不能递归，也就是说结构体说明不能包含自身的结构体作为成员。

例如：

```
struct TIME
{
   int hour;
   int minute;
   int second;
   struct TIME link;                              /*错误*/
};
```

是非法的结构体说明，该说明试图在说明 TIME 结构体的同时将 TIME 结构体类型作为自身的一个成员的类型。

但是，在 C 语言的结构体说明中，允许结构体成员是指向它自身结构体的指针。

例如：

```
struct TIME
{
   int hour;
   int minute;
   int second;
   struct TIME *link;                             /*正确*/
};
```

是正确的的结构体说明，在说明 TIME 结构体时，可以将指向 TIME 结构体类型的指针作为自身的一个成员的类型。也就是说，link 是一个指向 TIME 结构体变量的指针。

【例 9.8】编写程序，链接两个静态的结构体变量。

```
/*-----------------------链接两个静态的结构体变量---------------------------*/
/*--------------------------文件名 exam_98.cpp------------------------------*/
#include"stdio.h"
void main()
{
   struct HOOP2
   {
      char name[20];                              /*球员的姓名*/
      int number;                                 /*球员的号码*/
      struct HOOP2 *next;                         /*指向一个与自己一样的结构体变量*/
   } *p,*q;
   static struct HOOP2 hoop_wu={"吴乃群",35};
   static struct HOOP2 hoop_luo={"罗智",15};
```

```
    p=&hoop_wu;
    q=&hoop_luo;
    p->next=q;
    q->next=NULL;
    printf("\n%10s  %d ",p->name, p->number);
    printf("\n%10s  %d ",(p->next)->name,(p->next)->number);
}
```

运行结果：

```
吴乃群  35
  罗智  15
```

说明：本例并没有很好的实用价值，因为空间都是静态分配的，但是它的确非常重要，通过本例读者可以掌握指向与自己类型一样的结构体指针的基本概念。我们来详细分析一下程序。首先，看看程序的说明部分，程序说明了一个结构体 HOOP2，结构体成员有 name、number 和 next，其中 next 是指向一个与自己一样的结构体变量的指针类型，在说明结构体的同时定义两个指针变量 p 和 q，p 和 q 是指向与 HOOP2 结构体变量的指针变量，初值不确定。说明部分还定义了两个静态的 HOOP2 结构体变量 hoop_wu 和 hoop_luo，并带有初始化的值。现在可以画出如图 9-4 所示的存储图。

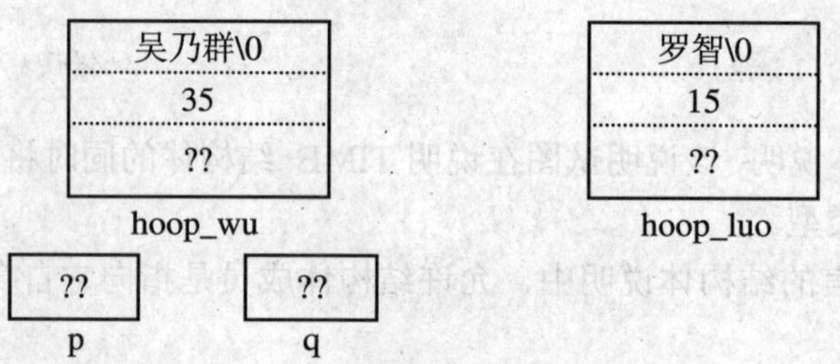

图 9-4　静态的结构体变量存储图

注意：经过数据定义，p 和 q 的值是不确定的，图中用“??”强调表示了指针值的不确定。同样，hoop_wu.next 和 hoop_luo.next 的值也不确定。

现在我们来观察执行了语句“p=&hoop_wu;”和“q=&hoop_luo;”以后的情况，语句“p=&hoop_wu;”是将 hoop_wu 的地址赋值给 p，语句“q=&hoop_luo;”是将 hoop_wu 的地址赋值给 q，也就是让 p 和 q 分别指向了 hoop_wu 和 hoop_luo 两个结构体变量。其存储图如图 9-5 所示。

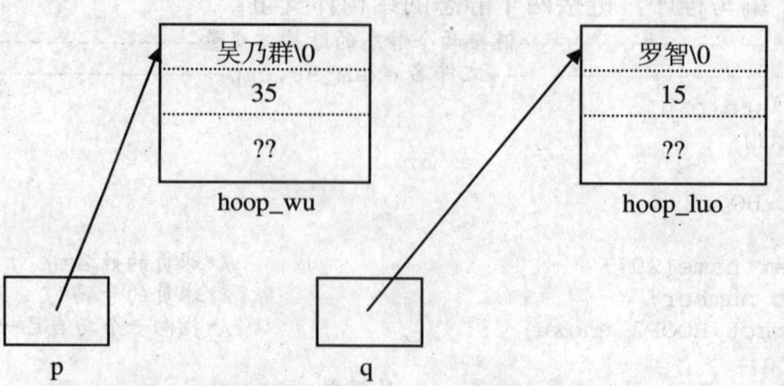

图 9-5　用指针指向静态的结构体变量

此时，我们可以用 p–>name、p–>number 和 q–>name、q–>number 来分别存取 hoop_wu 和 hoop_luo 的成员。这些操作实际上我们前面都学过，最重要的是如何使用 p–>next 和 q->next 操作 hoop_wu 和 hoop_luo 结构体中指向自身的指针成员。

执行了“p–>next=q;”和“q–>next=NULL;”两条语句，存储图又发生了变化，如图 9-6 所示。hoop_wu 的 next 成员指向了 hoop_luo 结构体变量，hoop_luo 的 next 成员被赋予空值。

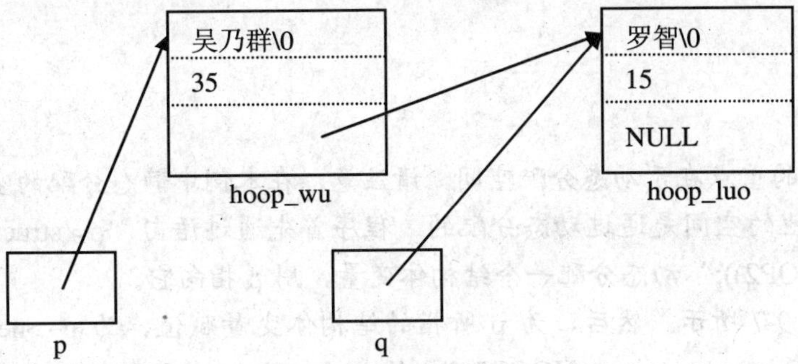

图 9-6　链接成功的链表

现在，我们完全可以抛开结构体变量 hoop_wu 和 hoop_luo，直接用 p 对这两个变量的所有成员进行操作了。

因为 p–>name、p–>number 和 p–>next 表示了 hoop_wu 的三个成员，而 p–>next–>name、p–>next–>number 和 p–>next->next 表示了 hoop_luo 的三个成员。

我们看到，用指针将两个结构体变量链接起来以后，原来的结构体变量的名称已经名存实亡了，通过指针就可以操作链接起来的结构体变量，并且两个结构体变量在内存中位置是无关紧要的。这就是所谓链表的基本概念，但是在实际应用中，链表中的节点所占的空间是动态分配的。

【例 9.9】编写程序，链接两个动态分配的结构体变量。

```
/*----------------------链接两个动态分配的结构体变量-----------------------*/
/*--------------------------文件名 exam_99.cpp--------------------------*/
#include "stdio.h"
#include "stdlib.h"
#include "string.h"
void main()
{
  struct HOOP2
  {   char name[20];                  /*球员的姓名*/
      int number;                     /*球员的号码*/
      struct HOOP2 *next;             /*指向一个与自身一样的结构体变量*/
  }*p;
  p=(struct HOOP2*)malloc(sizeof(struct HOOP2));
                                      /*动态分配一个结构体变量，用 p 指向它*/
  if (p==NULL) return;
  p->number=35;                       /*为第一个结构体变量赋值*/
  strcpy(p->name,"吴乃群");
  p->next=(struct HOOP2*)malloc(sizeof(struct HOOP2));
                                      /*动态分配另一个结构体变量，用 p->next 指向它*/
  if (p->next==NULL) return;
```

```
    p->next-> number=15;              /*为第二个结构体变量赋值*/
    strcpy(p->next->name,"罗智");
    p->next->next=NULL;
                                      /*将第二个结构体变量的next项设置为空指针*/
    printf("\n%10s %d ",p->name, p->number);     /*输出第一个结构体变量的值*/
    printf("\n%10s  %d ",(p->next)->name,(p->next)->number);
                                                  /*输出第二个结构体变量的值*/
}
```

运行结果：

```
吴乃群  35
  罗智  15
```

说明：本例的重点在于动态分配空间，请注意，在本例中静态分配的空间只有指向结构体的指针 p，其他的空间是通过动态分配的。程序首先通过语句 “p=(struct HOOP2*)malloc (sizeof(struct HOOP2));” 动态分配一个结构体变量，用 p 指向它。

存储图如图 9-7 所示。然后，为 p 所指的结构体变量赋值，为 p–>next 赋值时又一次动态分配空间 “p–>next=(struct HOOP2*)malloc(sizeof(struct HOOP2));”，存储图发生了变化，如图 9-8 所示。

新分配的结构体变量可以用指针 p–>next 来操作，最后不要忘记将 p–>next–>next 的内容设置为空，这在链表操作中是非常重要的，链表中的最后一个节点的 next 值应设置为 NULL。最终的存储图请读者自己完善。

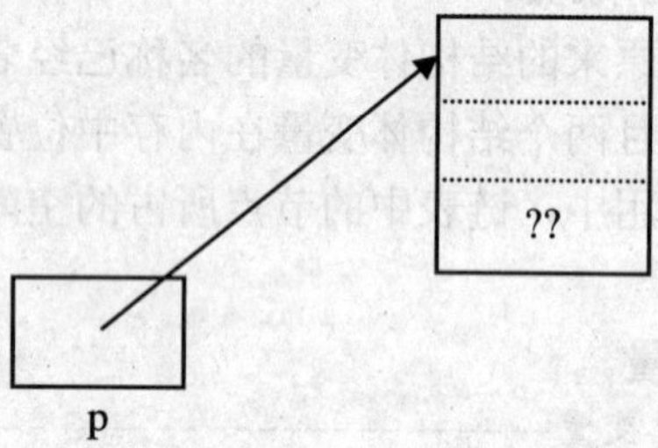

图 9-7　申请了一个节点的动态链表

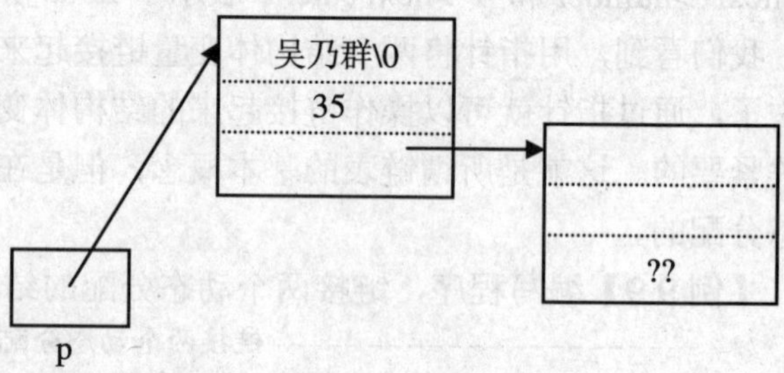

图 9-8　申请了两个节点的动态链表

现在有一个问题，如果链表中有十个节点，如何用 p 操作到最后一个节点呢？这是所谓“走链”的问题，走链的关键在于修改 p 的内容，使用 p=p–>next 就可以使新的 p 值指向原来所指节点的下一个节点。但是，p 被修改以后，就访问不到前一个节点了。所以，应该用一个特殊的指针指向链表的第 1 个节点，习惯上用名为“head”的指针变量，指向链表的第 1 个节点，head 被称为头指针。

我们常用如图 9-9 所示的存储图来描述一个链表。

图 9-9　动态链表

在图 9-9 中，每个节点左边的方格代表该节点存储的具体数据，右边的方格代表指向下一个节点的指针项。最后一个节点中指向下一个节点的指针项用“^”表示空值 NULL。

这里描述的链表实际上是单向链表，还可以建立双向链表、循环链表等，相关的内容请读者参阅有关“数据结构”的教材。

【例 9.10】编写一个建立链表并走链的程序，链表的节点数不定，链表的每个节点存储了一个球员的信息，程序不断地接收用户输入的球员信息，直到某个球员的号码为 9999 时结束。

```
/*----------------------------建立链表并走链-----------------------------*/
/*-------------------------文件名 exam_910.cpp--------------------------*/
#include"stdio.h"
#include"stdlib.h"
#include"string.h"
#include"process.h"
void main()
{
  struct HOOP2
  {
     char name[20];                        /*球员的姓名*/
     int number;                           /*球员的号码*/
     struct HOOP2 *next;                   /*指向一个与自身一样的结构体变量*/
  }*p,*head;
  head=p=(struct HOOP2 *)malloc(sizeof(struct HOOP2));
                                    /*申请第一个节点，用 p 和 head 指向该节点*/
  if(p==NULL) exit(1);
                                    /*分配失败退出程序*/
  puts("请输入球员的姓名和号码:");
  scanf("%s%ld",p->name,&(p->number));
  while(p->number!=9999)
  {
     p->next=(struct HOOP2 *)malloc(sizeof(struct HOOP2));
                                    /*申请空间，用 p 所指节点的 next 项指向该空间*/
     if(p->next==NULL) exit(1);
                                    /*分配失败退出程序*/
     p=p->next;                     /*用 p 指向新申请的节点*/
     puts("Plese input name and number");
     scanf("%s%ld",p->name,&(p->number));
  }
  p->next=NULL;
                                    /*将最后一个节点的 next 项设置为空指针 */
  p=head;                           /*走链开始，p 先指向表头*/
  while(p!=NULL)
  {
     printf("\n%10s  %d ",p->name,p->number);
     p=p->next;                     /*p 指向下一个节点*/
  }
}
```

运行情况：

请输入球员的姓名和号码：吴乃群　35↙

```
请输入球员的姓名和号码：缪寿守  45↙
请输入球员的姓名和号码：罗智 15↙
请输入球员的姓名和号码：***  9999↙
 吴乃群   35
  缪寿守   45
    罗智   15
   ***  9999
```

注意：在运行本程序时，输入的最后一个球员的号码必须是 9999，否则程序将一直运行，不能终止。

9.4 结构体与函数

9.4.1 结构体数据作为函数的参数

结构体数据作为函数的参数分为三种情况：

（1）结构体变量的每个成员作为函数的实际参数；

（2）指向结构体的指针作为函数的实际参数；

（3）整个结构体变量作为函数的实际参数（但是，有些编译系统不允许将整个结构体的变量作为函数的参数传递）。

注意：若要在多处使用结构体类型定义变量和参数，一般应将对结构体的说明放在主函数的外部，靠近程序首部的位置。

【例 9.11】编写程序使用结构体数据作为函数的参数。

```
/*------------------------结构体数据作为函数的参数---------------------------*/
/*-------------------------文件名 exam_911.cpp---------------------------*/
#include"stdio.h"
void show1(int number,char *name);
void show2(struct HOOP2 *p,int size);
struct HOOP2
{                                       /*在函数外部说明结构体*/
   char name[20];                       /*球员的姓名*/
   int number;                          /*球员的号码*/
};
void main()
{
   static struct HOOP2 hoop[3]=
   {{"吴乃群",35},
   {"缪寿守",45},
   {"罗智",15}};
   show1(hoop[0].number, hoop[0].name);
   /*结构体变量 hoop[0]的每个成员作为函数的实际参数*/
   puts("----------------------------------");
   show2(hoop,3);
   /*结构体数组名 hoop(静态的结构体指针)作为函数的实际参数*/
   puts("----------------------------------");
}
```

```
void show1(int number,char *name)        /*传递结构体的成员*/
{
    printf("%10s  %d\n", name ,number);
}
void show2(struct HOOP2 *p,int size)     /*传递指向结构体的指针*/
{
   struct HOOP2 *q;
   for(q=p;q<p+size;q++)
       printf("%10s  %d\n",q->name , q->number);
}
```

运行结果：

```
吴乃群   35
------------------------------------------
吴乃群   35
缪寿守   45
  罗智   15
------------------------------------------
```

说明：本例分别用函数 show1 和 show2 演示了结构体数据作为函数的参数的两种方式。

9.4.2　返回指向结构体指针的函数

函数能够返回指向结构体的指针。若要函数返回指向结构体的指针，函数定义的首部应定义为：

struct 结构体名 *函数名(参数表)

【例 9.12】修改例 9.10，将主函数改为调用两个函数，一个函数用于建立链表，另一个函数用于输出链表，输出链表内容时，不输出号码为 9999 的节点。

```
/*------------------------结构体数据作为函数的参数-------------------------*/
/*---------------------------文件名 exam_912.cpp----------------------------*/
#include"stdio.h"
#include"stdlib.h"
#include"string.h"
#include"process.h"
struct HOOP2
{
   char name[20];                       /*球员的姓名*/
   int number;                          /*球员的号码*/
   struct HOOP2 *next;                  /*指向一个与自身一样的结构体变量*/
};
struct HOOP2 *create();
void show(struct HOOP2 *head);
void main()
{
   struct HOOP2 *head;
   head=create();
   show(head);
}
struct HOOP2 *create()                  /*创建链表，返回头指针*/
{
   struct HOOP2 *head,*p;
   head=p=(struct HOOP2 *)malloc(sizeof(struct HOOP2));
```

```
                                        /*申请第一个节点，用 p 和 head 指向该节点*/
    if(p==NULL) exit(1);                /*分配失败退出程序*/
    puts("请输入球员的姓名和号码：(号码为 9999 结束)");
    scanf("%s%ld",p->name,&(p->number));
    while(p->number!=9999)
    {
        p->next=(struct HOOP2 *)malloc(sizeof(struct HOOP2));
                                        /*申请空间，用 p 所指节点的 next 项指向该空间*/
        if(p->next==NULL) exit(1);
                                        /*分配失败退出程序*/
        p=p->next;                      /*用 p 指向新申请的节点*/
        puts("请输入球员的姓名和号码：(号码为 9999 结束)");
        scanf("%s%ld",p->name,&p->number);
    }
    p->next=NULL;                       /*最后一个节点的 next 项设置为空指针*/
    return head;
}
void show(struct HOOP2 *head)
{
    struct HOOP2 *p;
    p=head;                             /*走链开始，p 先指向表头*/
    while(p->next!=NULL)
    {
        printf("\n%10s  %d", p->name ,p->number);
        p=p->next;                      /*p 指向下一个节点*/
    }
}
```

运行情况：

```
请输入球员的姓名和号码：吴乃群  35↙
请输入球员的姓名和号码：缪寿守  45↙
请输入球员的姓名和号码：罗智 15↙
请输入球员的姓名和号码：***  9999↙
吴乃群   35
缪寿守   45
  罗智   15
```

说明：本例用 create 函数建立一个链表，并把指向第一个节点的指针作为返回值返回，create 函数没有参数；show 函数用于输出一个链表，该函数的形式参数也是指向结构体节点的指针，只要将 create 函数返回的 head 值作为 show 的实际参数，就可以显示用 create 函数建立的链表了。输入时以号码 9999 作为结束标记，输出链表时，该节点不要求输出，因此，走链时的结束条件是“p–>next==NULL”。

9.4.3 用函数实现动态链表的插入和删除

前面我们已经介绍了有关动态链表操作的两个函数，一个是链表的建立，一个是链表的输出。现在我们再讨论几个函数，用于向链表中插入一个节点和删除一个节点。链表的操作比较复杂，需要考虑多种情况，以保证对链表操作的正确性。

【例 9.13】定义向链表中插入节点的函数 insert_end()。insert_end()函数用于向一个链表的尾部插入一个节点。

向链表的尾部插入节点时，要考虑链表的不同情况。如果链表是一个空链表，则要插入的节点就是这个链表的第一个节点；否则，在链表的最后插入一个节点。

第二种情况如图 9-10 所示。

在链表尾部插入一个节点的基本思路是：从第一个节点走到最后一个节点，将最后一个节点的指针指向新插入的节点。

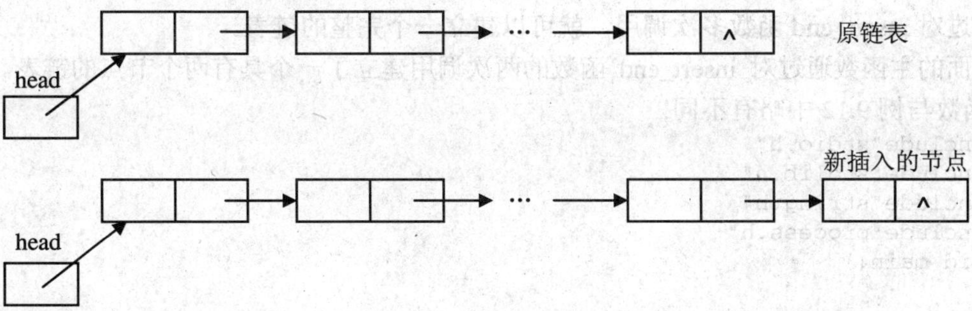

图 9-10　链表节点的插入

```
/*------------------------向链表的表尾部插入一个节点------------------------*/
/*---------------------------文件名 exam_913.cpp---------------------------*/
struct HOOP2
{
   char name[20];                    /*球员的姓名*/
   int number;                       /*球员的号码*/
   struct HOOP2 *next;               /*指向一个与自身一样的结构体变量*/
};
struct HOOP2 *insert_end(struct HOOP2 *head)
                                     /*在链表的尾部插入一个新的节点，返回头指针*/
{
   struct HOOP2 *p,*q;
   p=(struct HOOP2 *)malloc(sizeof(struct HOOP2));
                                     /*申请一个新节点,用 p 指向该节点*/
   if(p==NULL) exit(1);
                                     /*分配失败退出程序*/
   puts("请输入球员的姓名和号码: ");
   scanf("%s%ld",p->name,&p->number);
   p->next=NULL;
   if(head==NULL)                    /*如果原来的链表为空，返回 p 作为头指针*/
       return p;
   else
   {
       q=head;
       while(q->next!=NULL)          /*走链到最后一个节点*/
          q=q->next;
       q->next=p;                    /*最后一个节点的指针指向新插入的节点*/
       return head;
   }
}
```

插入操作的情况如图 9-11 所示。

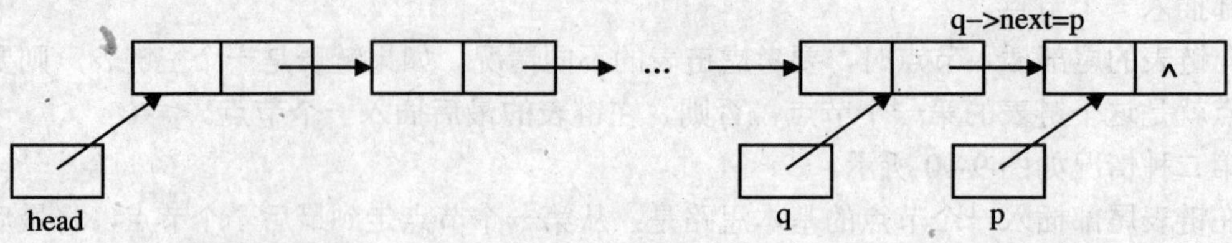

图 9-11 插入操作的情况

通过对 insert_end 函数多次调用，就可以建立一个完整的链表。

下面的主函数通过对 insert_end 函数的两次调用建立了一个具有两个节点的链表。其中 show 函数与例 9.12 中略有不同!

```
#include"stdio.h"
#include"stdlib.h"
#include"string.h"
#include"process.h"
void main()
{
   struct HOOP2 *insert_end(struct HOOP2 *head);
   void show(struct HOOP2 *head);
   struct HOOP2 *head=NULL;
   head=insert_end(head);                       /*建立第一个节点*/
   head=insert_end(head);                       /*建立第二个节点*/
   show(head);
}
void show(struct HOOP2 *head)
{
   struct HOOP2 *p;
   p=head;                                      /*走链开始,p先指向表头*/
   while(p!=NULL)
   {
      printf("\n%10s  %d",p->name,p->number);
      p=p->next;                                /*p指向下一个节点*/
   }
}
```

【例 9.14】定义向链表中插入节点的函数。该函数用于在链表的第 *i* 个节点之后插入一个节点。

向链表的第 *i* 个节点的后面插入一个节点时，也要考虑链表的不同情况。如果链表为空表，并且 i=0，则要插入的节点就是这个链表的第一个节点；如果链表为空表，但是 i>=0，参数错误；如果链表不是空表，并且 i<=链表的节点个数，则可以插入；如果链表不是空表，并且 i>链表中节点的个数，参数错误。

假设原来的链表不为空，并且参数正确，可以用图 9-12 表示插入前后的情况。

```
/*---------------在链表的第 i 个节点之后插入一个节点----------------------*/
/*--------------------文件名 exam_914.cpp----------------------------*/
struct HOOP2
{
   char name[20];                            /*球员的姓名*/
   int number;                               /*球员的号码*/
   struct HOOP2 *next;                       /*指向一个与自身一样的结构体变量*/
```

```
};
/*在链表的第 i 个节点之后插入一个节点，返回头指针*/
struct HOOP2 *insert_i(struct HOOP2 *head,int i)
{
   struct HOOP2 *p,*q;
   int j;
   p=(struct HOOP2 *)malloc(sizeof(struct HOOP2));
                                        /*申请一个新节点，用 p 指向该节点*/
   if(p==NULL) exit(1);                 /*分配失败退出程序*/
   puts("请输入球员的姓名和号码：");
   scanf("%s%ld",p->name,&p->number);
   p->next=NULL;
   if(i==0&&head==NULL)                 /*如果原来的链表为空，返回 p 作为头指针*/
      return p;
   else if(i<0)                         /*错误数据，不进行任何操作*/
      return head;
   else
   {
      j=1; q=head;
      while(q->next!=NULL&&j<i)         /*走链到第 i 个节点*/
      {
         q=q->next;j++;
      }
      if(j==i)
      {
         /*新插入的节点的指针指向第 i 个节点的后面的节点*/
         p->next=q->next;
         q->next=p;                     /*第 i 个节点的指针指向新插入的节点*/
      }
      return head;
   }
}
```

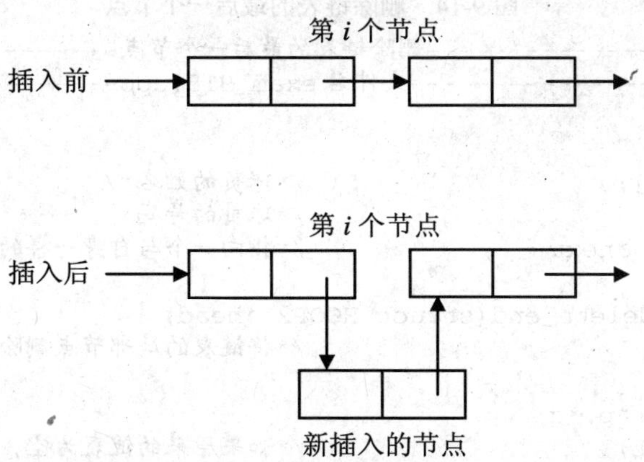

图 9-12　在第 i 个节点之后插入一个节点

插入的操作可以用图 9-13 表示。注意，p->next=q->next 操作一定要在 q->next=p 之前进行，想想看为什么？

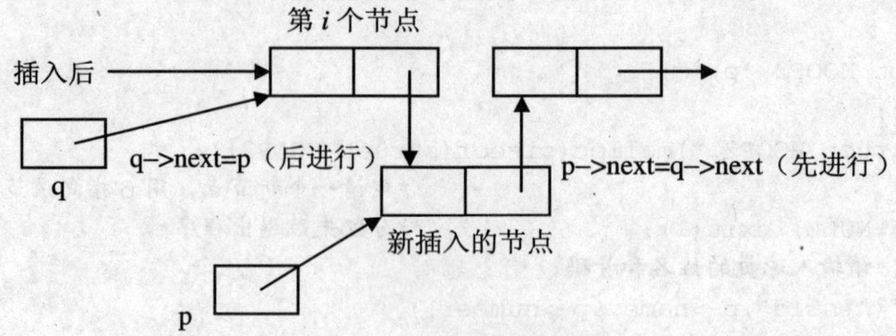

图 9-13　插入一个节点的操作

【例 9.15】定义函数 delete_end，该函数用于删除链表的最后一个节点，函数的参数是一个头指针。

删除链表的尾部节点时，同样要考虑链表的不同情况。如果链表是一个空链表，则不需要进行删除；如果链表中只有一个节点，则需要释放该节点，并返回空指针作为头指针；如果链表中有两个以上的节点，则删除最后一个节点。

最后一种情况可以用图 9-14 表示。

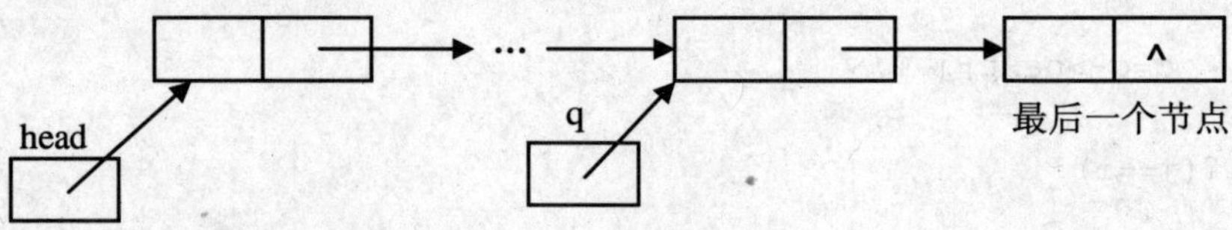

（a）删除前

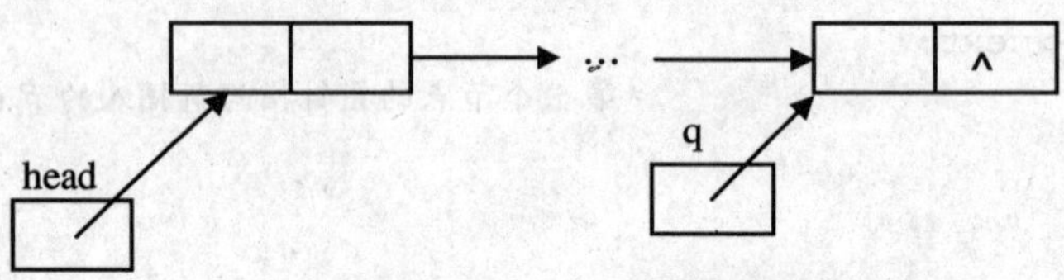

（b）删除后

图 9-14　删除链表的最后一个节点

```
/*---------------------------删除链表的最后一个节点---------------------------*/
/*----------------------------文件名 exam_915.cpp----------------------------*/
struct HOOP2
{
   char name[20];                  /*球员的姓名*/
   int number;                     /*球员的号码*/
   struct HOOP2 *next;             /*指向一个与自身一样的结构体变量*/
};
struct HOOP2 *delete_end(struct HOOP2 *head)
                                   /*将链表的尾部节点删除，返回头指针*/
{
   struct HOOP2 *p,*q;
   if(head==NULL)                  /*如果原来的链表为空，返回 Head*/
       return head;
   else if(head->next==NULL)       /*链表中只剩一个节点*/
   {
```

```
        free(head);
        return NULL;
    }
    else
    {
        q=head;
        while(q->next->next!=NULL)      /*走链到倒数第二个节点*/
          q=q->next;
        free(q->next);                  /*释放最后一个节点*/
        q->next=NULL;                   /*设置新的表尾*/
        return head;
    }
}
```

【例 9.16】定义函数 delete_i，该函数用于删除链表的最后一个节点，函数的参数是一个头指针。

删除链表的第 *i* 个节点，也要考虑链表的不同情况。如果链表为空或 i=0，则要删除的节点不存在；如果链表只剩下一个节点，并且 i=1，则删除第一个节点，返回空值；如果链表不为空，并且 i<=链表的节点个数，则删除第 *i* 个节点；如果链表不为空，并且 i>链表中节点的个数，则参数错误。

假设原来的链表不为空，并且参数正确，则可以用图 9-15 表示删除前后的情况。

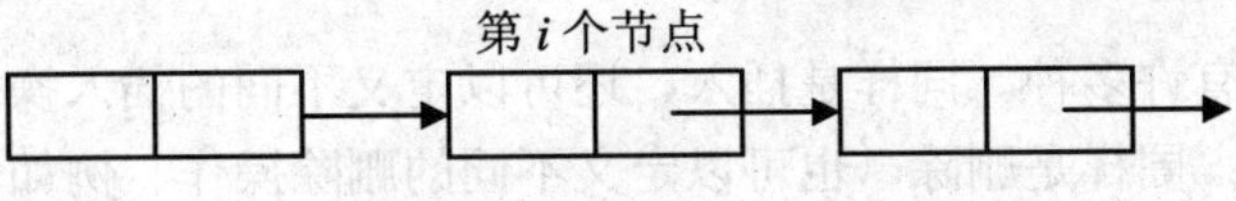

（a）删除前

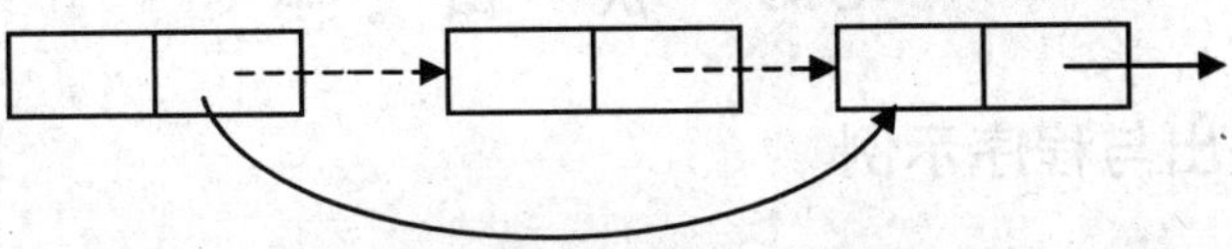

（b）删除后

图 9-15　删除链表的第 *i* 个节点

```
/*-------------------------删除链表中的第 i 个节点-------------------------*/
/*-------------------------文件名 exam_916.cpp-------------------------*/
#include "stdio.h"
struct HOOP2
{
    char name[20];                      /*球员的姓名*/
    int number;                         /*球员的号码*/
    struct HOOP2 *next;                 /*指向一个与自身一样的结构体变量*/
};
struct HOOP2 *delete_i(struct HOOP2 *head,int i)
                                        /*将链表的第 i 个节点删除，返回头指针*/
{
    int j;
    struct HOOP2 *q;
    if(i==0||head==NULL)                /*如果原来的链表为空或参数为 0*/
```

```
        return head;
    else if(i<0)                                    /*错误数据，不进行任何操作*/
        return head;
    else if(i==1&&head->next==NULL)
    {
        free(head);
        return NULL;
    }
    else
    {
        j=1; q=head;
        while(q->next->next!=NULL&&j<i-1)     /*走链到第 i-1 个节点*/
        {
            q=q->next;j++;
        }
        if(j==i-1)
        {
            q->next=q->next->next;

        /*用第 i 个节点前面的节点的指针指向第 i 个节点后面的节点*/
        }
        return head;
    }
}
```

链表的操作还有许多种。同样是插入，还可以定义不同的插入操作，例如在第 i 个节点之前插入一个节点；同样是删除，也可以定义不同的删除操作，例如删除第 i 个节点之前的节点，或删除第 i 个节点之后的节点。

9.5 联 合 体

9.5.1 问题的提出与程序示例

在我国的很多高等学校中，开设的课程分为选修课和必修课，选修课的成绩是分等级给的，分别为“优”（A）、“良”（B）、“中”（C）、“及格”（D）和“不及格”（E）；必修课的成绩则是百分制。用整型数据表示必修课的成绩是没有问题的，但是表示选修课的成绩就有问题。

表 9-2 列出了部分同学的学习成绩，成绩一项可以用等级来表示，也可以用百分制的分数来表示。

表 9-2 学生成绩表

学　号	课 程 名	学习性质	成　绩
0024101	数据库实习	选修	优
0024101	操作系统	必修	98
0024102	数据库实习	选修	良
0024102	操作系统	必修	88
0024102	Web 程序设计	选修	及格
0024103	操作系统	必修	95

下面的示例程序用于输入一个同学某门课程的成绩，输入成绩之前要先选择是必修课还是选修课。

【例 9.17】编写程序，接收一个同学的成绩并输出。

```
/*----------------------------联合体的示例程序------------------------------*/
/*--------------------------文件名 exam_917.cpp----------------------------*/
#include"stdio.h"
#include"string.h"
union  SCORE
{                                            /*联合体类型的说明*/
  char c;
  int s;
};
void main()
{
  union SCORE score;                         /*联合体类型变量的定义*/
  int kind;
  puts("\n请选择 0 或 1 [0-----选修  1------必修]");
  scanf("%d",&kind);
                                             /*接收用户的选择*/
  if(kind==0)
  {
     puts("\n请输入选修课的成绩:( A  B  C  D  E)");
     getchar();                              /*跳过回车键*/
     scanf("%c",&score.c);                   /*联合体类型变量的引用，接收选修课成绩*/
  }
  else
  {
      puts("\n请输入必修课的成绩:");
      scanf("%d",&score.s);                          /*接收必修课成绩*/
  }
  if(kind==0)
     printf("分数是  %c",score.c);                   /*按选修课成绩格式输出*/
  else
     printf("分数是 %d",score.s);                    /*按必修课成绩格式输出*/
}
```

运行情况 1：

```
请选择 0 或 1 [0-----选修  1------必修]
0↙
请输入选修课的成绩:A
分数是  A
```

运行情况 2：

```
请选择 0 或 1 [0-----选修  1------必修]
1↙
请输入选修课的成绩:89
分数是  89
```

示例程序中说明了联合体类型 SCORE，定义了联合体变量 score。变量 score 既可以用来存储一个单字符还可以用来存储一个整数。当然，在一个时间点，它只能存放其中的一种数据，用新的数据覆盖老的数据，新的数据是什么数据类型，score变量就是什么数据类型。这相当于把不同类型的变量存放在同一存储区域内。

联合体又称为公用体。

9.5.2 联合体的说明和联合体变量的定义

从示例程序中可以看出，联合体的说明与结构体的说明很相似，其格式为：

```
union 联合体名
{
   成员表;
};
```

```
union  SCORE                                    /*成绩*/
{
   char c;
   int s;
};
```

在上述定义中，SCORE为联合体名，与说明结构体一样，说明一个联合体，只是说明了一种新的数据类型，并不引起内存的分配。

联合体变量的定义方法也有三种。第一种方法是先说明联合体，再定义联合体变量；第二种方法在说明联合体类型的同时定义联合体变量；第三种方法是直接定义联合体变量。这三种方法与结构体变量的定义方法几乎没有区别。

方法一：

```
union  SCORE                                    /*成绩*/
{
   char c;
   int s;
};
union SCORE score;
```

方法二：

```
union  SCORE                                    /*成绩*/
{
   char c;
   int s;
} score;
```

方法三：

```
union                                           /*成绩*/
{
   char c;
   int s;
} score;
```

上面3种方法都定义了联合体变量score，前面两种还定义了联合体类型SCORE。

联合体名和联合体变量是两个概念，不能混淆。联合体名标识了程序员定义的一种新的数据类型，编译系统不能为联合体名分配内存空间。只有说明了联合体变量，编译系统才会为其分配存储空间。

与结构体变量不同的是，联合体变量在内存中所占的字节数是成员表中最大的，而不像结构体变量是所有成员所占字节数的总和。

联合体变量 score 在 Visual C++ 6.0 中占四个字节，因为两个成员中 s 占字节数最大。

可以在定义联合体变量的同时对其进行初始化，例如：

```
union SCORE score={'A'};
```

这时，系统按成员 c 对第 1 个字节赋值，其余单元的值为 0。

9.5.3　联合体变量成员的引用

对于联合体变量成员的直接引用是使用运算符“.”，语法格式是：

联合体变量名.成员名

score.s 是对联合体变量成员 s 的引用，我们可以将 score.s 看作一个普通的整型数据进行存取。

注意：不能对联合体变量 score 直接存取内容，score=80 是错误的。只能对 score 的两个成员进行操作，这两个成员是 score.c 和 score.s，并且这两个联合体成员不可能同时存在，原因是编译系统并没有分配两个存储单元给 score，在运行的某一时刻，score 的数据类型只能是两个中的一个，只能以诸成员类型中的一种“身份”出现。联合体变量的各个成员相对于存储该变量的起始地址的位移都是 0。它们之间是相互覆盖的，最后一次的赋值是联合体变量的值。

9.5.4　指向联合体变量的指针

通过指向联合体变量的指针也可以对联合体变量进行存取，使用指向联合体变量的指针存取联合体变量成员的语法格式是：

(*指向联合体变量的指针).成员名
指向联合体变量的指针->成员名

【例 9.18】使用指针引用联合体的成员。

```
/*---------------------------使用指针引用联合体的成员-------------------------*/
/*----------------------------文件名 exam_918.cpp---------------------------*/
#include"stdio.h"
union HOOP3
{
   char *name;                                /*球员的姓名*/
   int number;                                /*球员的号码*/
};
void main()
{
   union HOOP3 st,*p=&st;
   st.name="吴乃群";
   printf("\n 姓名是 %s",p->name);            /*通过指针引用联合体变量的成员*/
}
```

运行结果：

```
姓名是 吴乃群
```

另外，指向联合体变量的指针对联合体变量的操作还有一种特殊的形式，就是直接使用强制转换后的指针来存取联合体变量的成员，而不必指定成员名。系统根据强制转换的数据类型给予该数据类型相同的成员赋值。请看下面的例子。

【例 9.19】直接使用强制转换后的指针来存取联合体变量的成员。

```
/*-----------------使用强制转换后的指针来存取联合体变量的成员------------------*/
/*-------------------------文件名 exam_919.cpp--------------------------*/
#include"stdio.h"
union mixed
{
   char c;
   double f;
   int i;
};
void main()
{
   union mixed x,*p=&x;
   *(double*)p=3.110;                                /*实际是为 x.f 赋值*/
   printf("\n%lf",x.f);
   *(int *)p=50;                                     /*实际是为 x.i 赋值*/
   printf("\n%d",x.i);
}
```

运行结果：

```
3.110000
50
```

说明："*(double *)p=3.110;" 语句是将 p 指针强制转换为指向双精度浮点型数据的指针，然后对该指针所指的内容进行赋值。因此，该语句实际上是为 x.f 赋了值。

9.5.5 联合体变量与函数

联合体变量的成员值可以作为函数的参数，而联合体变量不能作为函数的参数，并且函数的返回类型也不能是联合体；但是，指向联合体变量的指针可以作为函数的参数，返回值也可以是指向联合体变量的指针。

【例 9.20】编写程序，在函数中传递联合体变量。

```
/*-------------------------联合体变量与函数的使用---------------------------*/
/*-------------------------文件名 exam_920.cpp--------------------------*/
#include"stdio.h"
union HOOP3
{
   char *name;                                       /*球员的姓名*/
   int number;                                       /*球员的号码*/
};
void show1(char *x)
{
   printf("\n姓名是 %s",x);
}
void show2(union HOOP3 *x)                           /*形式参数为指向联合体的指针*/
{
   printf("\n姓名是 %s",x->name);
}
```

```
void main()
{
   union HOOP3 st,*p=&st;
   st.name="吴乃群";
   show1(st.name);
   show2(p);
}
```

运行结果：

姓名是 吴乃群
姓名是 吴乃群

【例 9.21】修改例 9.17，用结构体描述学生成绩，数据项包括学号、课程名、学习性质、成绩。编写程序，输入若干学生的成绩，然后输入一个学号，查询该学生的所有成绩。

```
/*-------------------------文件名 exam_921.cpp---------------------------*/
#include"stdio.h"
#include"string.h"
struct student
{
   char stu_num[10];                          /*学号*/
   char course[12];                           /*课程名*/
   int kind;                                  /*学习性质: 0 表示必修, 1 表示选修*/
   union                                      /*成绩*/
   {
      char c;
      int s;
   }score;
};
void accept(struct student *st,int size);  /*读数据的函数*/
int find(struct student *st,int size);     /*查询并输出的函数*/
void main()
{
   int i;
   struct student st[6];
   accept(st,6);                              /*调用读数据的函数*/
   i=find(st,6);                              /*调用查询的函数*/
   if(i==0) puts("\nnot fount");
}
void accept(struct student *st,int size)
{
   int i;
   for(i=0;i<size;i++)
   {
      scanf("%s%s%d", st[i].stu_num,st[i].course,&st[i].kind);
                                              /*首先读学号、课程名和学习性质*/
      if(st[i].kind==1)                       /*如果是选修*/
         scanf("%c",&st[i].score);            /*读一个字符*/
      else
         scanf("%d",&st[i].score);            /*如果是必修, 读一个整数*/
   }
}
int find(struct student *st,int size)
```

```
{
   int i,flag=0;
   char temp[8];
   puts("Please input student number: ");
   scanf("%s",temp);                               /*读入要查询的学号*/
   for(i=0;i<size;i++)
   {
      if(strcmp(temp, st[i].stu_num)==0)     /*字符串比较和查询*/
      {
         if(st[i].kind==1)                         /*选修*/
            printf("\n%8s %14s %10s %c",st[i].stu_num,st[i].course,\
              "elective", st[i].score);
         else                                           /*必修*/
            printf("\n%8s %14s %10s %3d",st[i].stu_num,st[i].course,\
              "need", st[i].score);
         flag=1;                                        /*设置查询成功标志*/
      }
   }
   return flag;
}
```

9.6 枚　　举

使用枚举变量的主要目的是提高程序的可读性，所谓“枚举”就是把所有可能的取值情况列举出来。例如，真和假表示了逻辑值的两种情况，男和女是性别的两种取值情况，选修课成绩有“优”、“良”、“中”、“及格”和“不及格”五种取值情况。

9.6.1 枚举的说明和枚举变量的定义

枚举的说明格式为：

```
enum 枚举名
{
   枚举元素表（逗号分隔）
};
```

例如：

```
enum color
{
   red,green,blue,yellow,white
};
enum bool
{
   False,True
};
```

枚举元素是常量，有固定的数值，按枚举的顺序分别是整数 0、1、2、…，不能将其当作变量使用，也就是说不能在赋值号的左边使用枚举元素。

由于 True 是枚举元素，因此在同一个函数中语句“True=1;”就是错误的。

注意：不能有两个相同名称的枚举元素，枚举元素也不能与其他的变量同名。

枚举变量的定义与结构体相类似，也有三种：

（1）与枚举说明分开定义

```
enum color
{
  red,green,blue,yellow,white
};
enum color select,change;
```

其中，select 和 change 是枚举变量。

（2）与枚举说明一起定义

```
enum color
{
  red,green,blue,yellow,white
} select,change;
```

（3）不说明枚举名，直接定义枚举变量 s

```
enum
{
  red,green,blue,yellow,white
} select,change;
```

9.6.2 枚举变量的使用

枚举变量的使用与结构体变量完全不同。

如果一个变量被定义为一个枚举变量，则它的取值只能取自对应的枚举元素，而不能是其他任何值。

例如，如果有定义：

```
enum
{
  red,green,blue,yellow,white
} select,change;
```

则语句“select=red;”和“change=white;”都是正确的，而语句“select=red_white;”是错误的，因为 red_white 并没有在枚举元素表中出现。

C 编译将枚举元素作为常整数处理，遇到枚举元素时，编译程序把其中第一个枚举元素赋值为 0，第二个赋值为 1……所以“select=red;”和“change=white;”两个赋值语句被执行以后，select 的值为 0，change 的值为 4。

C 语言允许程序员对某些枚举元素强制赋值，指定为一个整数常量，被强制赋值的枚举元素后面的值按顺序逐一增 1。

例如：

```
enum color
{
  red,green,blue=5,yellow,white              /*实际值为 0, 1, 5, 6, 7*/
};
```

但是，使用枚举类型时，不提倡将整型值与枚举元素直接联系起来，只要简单地把这些变量看成具有某种特点的枚举类型的变量即可。

下面的程序段就是一个很好的利用枚举类型增强程序可读性的片段。

```
enum bool
{
   False,True
} flag;
if(flag==Talse)
…
```

当然，如果一定要知道枚举变量的值，可以按照整型数打印枚举元素和枚举变量的值。但是不能直接输出表示枚举元素的字符串标识符，可以考虑使用 switch 或 if...else 语句输出。

例如：

```
enum bool
{
   False,True
} flag;
flag=False;
if(flag==False) printf("False");
else printf("Ture");
```

9.7 类型定义

使用类型定义的目的是简化结构体和联合体等构造类型的类型说明，同时可以增强程序的可读性。

类型定义的一般格式是：

typedef　原类型名 新类型名;

功能：将原类型名表示的数据类型用新类型名替代。

对于系统提供的基本数据类型，使用类型定义的目的是为了提高程序的可读性，也就是为原有的数据类型起一个新的名称。例如，定义一个变量作为计数器，如果使用 int 定义，不能很清楚地描述变量的功能，我们可以为 int 再起一个名称 COUNTER，使用类型定义：

```
typedef int COUNTER;
```

现在 COUNTER 是 int 的另一个名称，那么，使用语句“COUNTER i,j,k;”定义变量 i、j 和 k 以后，它们都是整型数，用 COUNTER 定义可以明确地表示这几个变量是用作计数器的。

又例如，进行类型定义“typedef char STRING[81];”以后，再定义“STRING text,input_line;”，则 text 和 input_line 是包含 81 个字符的数组。

而进行了类型定义“typedef char *STRING_PTR;”以后，“STRING_PTR buffer;”语句定义 buffer 为指向字符的指针。

对于程序员自己定义的数据类型，使用类型定义的目的不光是为了提高程序可读性，还可以简化变量的定义。例如，使用下面的类型定义将 time 结构体的类型说明为 TIME 类型：

```
typedef struct time
{
   int hour;
   int minute;
   int second;
} TIME;
```

现在，TIME 可以直接作为一种新的数据类型说明符，而不必再使用关键字 struct 了。

“TIME birth;”定义的 birth 变量的数据类型是 time 结构体类型。

类型定义的步骤如下：

（1）像说明一个普通的变量一样，用希望重新命名的数据类型定义一个变量。例如“int i;”；

（2）将第（1）步定义的变量名用新的类型名代替。例如“int COUNTER;”；

（3）将第（2）步定义的句子前加上 typedef。例如“typedef int COUNTER;”。

经过上面 3 步，COUNTER 成为一种新的数据类型名。

习惯上 typedef 定义的新类型名要使用大写字母，以区分于 C 语言的数据类型。

9.8 程序举例

【例 9.22】输入 100 个学生的“C 程序设计”课程的期中和期末成绩，算出总评成绩，总评成绩=30%×期中成绩+70%×期末成绩，同时为每个学生增加一个数据项，将总评成绩分段（分段标准：0～59 是不及格，60～69 是及格，70～79 是中等，80～89 是良，90～100 是优），同时根据这项数据统计全班的分数段情况。

现在，我们使用本章所学的知识在例 7.10 的基础上实现上述功能。一个学生的情况可以用一个结构体变量来表示，100 个学生的情况就可以用一个结构体数组来存储了。

学生的结构体类型可以用类型定义表示为：

```
typedef struct student
{
    char name[20];
    int score[4];
} STUDENT;
```

另外，可以定义一个枚举类型表示成绩的五个等级：优、良、中、及格和不及格。

```
typedef enum section
{
   failed=2,passed, middling,good,excellent
} SECTION;
```

其中，failed、passed、middling、good 和 excellent 分别代表不及格、及格、中、良和优，并将 failed 的枚举值置为 2，则 passed、middling、good 和 excellent 的枚举值分别为 3、4、5 和 6，以便在程序中输出表示相应枚举值的字符串。

```
/*-------------------------------成绩统计-------------------------------*/
/*-------------------------文件名 exam_922.cpp--------------------------*/
#include"stdio.h"
#include"string.h"
#define SIZE 300
typedef struct student
{
  char name[20];
int score[4];
} STUDENT;
typedef enum section
{
   failed=2,passed, middling,good,excellent
```

```
} SECTION;
typedef enum boolen
{
  False,True
} FLAG;
int accept_data(STUDENT stu[],int grade[]);
int subsect(int score,int grade[]);
void show_data(STUDENT stu[],int grade[],int sum);
void query(STUDENT stu[],int sum);
void main()
{
  int sum;
  int grade[7]={0};
  STUDENT stu[SIZE];
  sum=accept_data(stu,grade);                    /*输入数据(sum为总人数) */
  /*输出所有学生的姓名以及期中、期末和总评成绩*/
  show_data(stu,grade,sum);
  query(stu,sum);                                /*查询某个学生的总评成绩*/
}
int accept_data(STUDENT stu[],int grade[])
{
  int i=0,sum=0,temp;
  FLAG flag;
  while(i<SIZE)
  {
     printf("\nPlease input name of a student:");
     scanf("%s",stu[i].name);                    /*输入学生的姓名*/
     if(strcmp(stu[i].name , "***")==0)          /*若是"***"跳出循环*/
     {
        sum=i;                                   /*sum记录的是输入的人数*/
        break;
     }
     printf("\nPlease input two scores of a student:");
     flag=True;
     while(flag==True)                           /*重复读入两个成绩,读到正确的为止*/
     {
        scanf("%d%d",&stu[i].score[0], &stu[i].score[1]);
        if(stu[i].score[0]<=100&& stu[i].score[0]>=0&&\
           stu[i].score[1]<=100&& stu[i].score[1]>=0)
           flag=False;
        else
           printf("\n\007Error data! Please input two scores a student
                again:");
     }
     temp=(int)(.3*stu[i].score[0]+.7* stu[i].score[1]);  /*计算总评成绩*/
     stu[i].score[2]=temp;
     /*总评成绩所在分数段用与成绩对应的枚举值表示*/
     stu[i].score[3]=subsect(stu[i].score[2], grade);
     i++;
  }
```

```
    return sum;
  }
  int subsect(int score,int grade[])          /*将总评成绩分段，并返回分数所在的分数段 */
  {
    int s;
    SECTION se;
    s= score/10;
    switch(s)
    {
       case 0:case 1:case 2:case 3:
       case 4:case 5:  se=failed;grade[2]=grade[2]+1;break;
       case 6: se=passed; grade[3]=grade[3]+1;break;
       case 7: se=middling; grade[4]=grade[4]+1;break;
       case 8: se=good; grade[5]=grade[5]+1;break;
       case 9:case 10: se=excellent; grade[6]=grade[6]+1;break;
    }
    return se;
  }
  void show_data(STUDENT stu[],int grade[],int sum)
  {
    int i,j;
    char *sub_string[]={" "," ","Failed","Passed","Middling","Good", "Excellent"};
    for(i=0;i<sum;i++)                    /*输出所有学生的姓名、期中、期末和总评成绩*/
    {
       printf("%20s  ",stu[i].name);
       for(j=0;j<3;j++)
          printf("%4d ", stu[i].score[j]);
       printf("%s ", sub_string[stu[i].score[3]]);
       printf("\n");
    }
    printf("\nThere are %d students in this class",sum);
    for(i=2;i<=6;i++)
       printf("\nThere are %d students in %s",grade[i],sub_string[i]);
  }
  void query(STUDENT stu[],int sum)
  {
    char temp_name[80];
    int i;
    printf("\nPlease input name of a student that you want to know his score:");
    scanf("%s",temp_name);                      /*输入要查询的学生的姓名*/
    for(i=0;i<sum;i++)
    {
       if(strcmp(stu[i].name,temp_name)==0)
       {
          printf("%s %d \n", stu[i].name, stu[i].score[2]);
                                                  /*查询成功输出总评成绩*/
          break;                                  /*跳出循环*/
       }
    }
    if(i==sum) printf("not found\n ");    /*查询失败输出失败信息*/
  }
```

本 章 小 结

（1）结构体类型的数据由若干称为“成员”的数据组成，每一个成员既可以是一个基本数据类型的数据，也可以是一个构造类型的数据。在程序中必须先说明如何构造一个“结构体”，然后才能定义一个具有这种结构体的变量。

（2）结构体变量定义有三种方法。一是先说明结构体，再定义结构体变量；二是在说明结构体类型的同时定义结构体变量；三是直接定义结构体变量，而不用指定结构体名。

（3）在 C 语言中，对结构体变量的使用是通过对其成员的引用来实现的。一般不能对结构体变量进行整体的引用。符号“.”是依据结构体变量名存取结构体成员的运算符。

（4）对结构体变量的初始化与对数组的初始化相似，因为存储分配时，通常按照各成员在结构体中出现的先后顺序连续排列。

（5）如果数组的每个元素是一个结构体类型，就构成了结构体数组。对结构体数组的访问要访问到成员一级。

（6）通过指向结构体的指针访问结构体成员的方法有两种，一种是使用运算符“->”，另一种是使用运算符“*”。

（7）通过指向结构体自身的指针可以建立动态链表。

（8）把不同类型的变量放在同一存储区域内，就需要使用联合体变量。

（9）“枚举”就是把所有可能的取值情况列举出来。使用枚举变量的主要目的是提高程序的可读性。

（10）使用类型定义的目的是简化结构体和联合体等构造类型的类型说明，同时可以提高程序的可读性。类型定义的一般格式是：

typedef 原类型名 新类型名;

习　　题

1. 假设给出如下的 typedef 说明，检查并改正随后的语句中存在的错误。

```
typedef char *string;
typedef enum STATE
{
   CT,ME,MA,NH,RI,VT
} state_t;
string
name[]={"Beijing","Shanghai","NaJing","ChongQing","GuangZhou","HongKong"}
;
typedef struct TRIP
{
   state_t start,end;
   short days;
} trip_t;
```

（1）trip_t CT,vacation;

（2）scanf("%s",vacation.start);

（3）vacation.end="VT";

（4）vacation->day=3;

（5）printf("Begin at:%s\n",name[vacation.start]);

2. 定义结构体类型 COMPLEX 表示复数，实数部分名为 rp，虚数部分名为 ip，都用整型数表示。编写一套函数，实现复数运算，并用主函数调用这些函数。函数包括：

（1）读一个复数；（2）输出一个复数；（3）计算两个复数的和；（4）计算两个复数的积；（5）计算一个复数的平方。

3. 定义结构体类型 RATIONAL 表示一个有理数的分母与分子，分母命名为 d，分子命名为 n，都用整型数表示。编写一套函数，实现有理数的运算，并用主函数调用这些函数。函数包括：

（1）计算和返回 n 和 d 的最大公约数；

（2）对有理数进行约分，分母和分子都还原为最小项；

（3）读一个有理数，注意分母不能为 0；

（4）输出一个有理数；

（5）计算两个有理数的和。

4*. 用结构体表示日期，编写程序计算北京奥运会倒计时的天数并输出（2008 年 8 月 8 日北京奥运会开幕，输入日期的范围是 2008 年 1 月 1 日～到 2008 年 8 月 7 日）。

下面的两道题使用的数据结构是：

```
struct HOOP2
{
  char name[20];                    /*球员的姓名*/
  int number;                       /*球员的号码*/
};
```

5. 编写程序，输入若干球员的姓名和球员的号码，按球员的号码从小到大排序，并输出排序结果。

6. 修改上题，用指针方法操作结构体数组。

7. 解决百鸡问题：“鸡翁一，值钱五；鸡母一，值钱三；鸡雏三，值钱一。百钱买百鸡，问鸡翁、母、雏各几只”。要求：用结构体数组记录所有的情况，并显示结果，请用指针方式操作。

8. 建立一个枚举类型 chook，共有三个枚举值：cock、hen、chick（中文意义分别是鸡翁、鸡母、鸡雏），定义一个枚举变量，通过循环输出枚举值对应的是什么鸡。

下面的第 9、10 和 11 题使用的数据结构是：

```
struct HOOP2
{
  char name[20];                    /*球员的姓名*/
  int number;                       /*球员的号码*/
  struct HOOP2 *next;               /*指向一个与自身一样的结构体变量*/
};
```

9. 编写函数，建立一个链表，链表中存储了若干球员的数据，但是作为结束标记的 9999 不存储在链表中。

10. 编写主函数，通过对 insert_end 函数的多次调用，建立一个完整的链表，功能与例 9.12

的 create 函数完全相同。

11．定义一个函数 insert_head，该函数用于将一个新的节点插入链表的首部。在主函数中通过对 head 函数的多次调用，建立一个完整的链表，并在链表建立起来以后，将存储结束标记的第一个节点删除。

12．某公司根据下面的原则每月支付两次薪水：

（1）若员工是领取年薪的，则其工资等级将高于 10 000 元，每年支付 24 次薪水，则该员工每次的收入为工资等级/24；

（2）若员工是按小时领取工资的，则其工资等级将在 40～800 之间，则该员工每次的收入为工资等级×小时数；

（3）若员工的工资等级小于 40，或在 800～10 000 之间，则为非法数据。

用结构存储每个员工的工号、工资等级、工作小时数和收入，编写下列函数：

get_data()，从键盘接收所有员工的数据到平行数组中；count_data()，计算每个员工的收入并添加到收入数组；pay()，根据员工号计算返回一个员工的收入；put_data()，输出表格，显示每个员工的所有数据，同时计算每个员工该年的总收入，作为最后一个数据项输出。编写主函数调用所有的函数。

13．为一个花店编写一个库存管理程序，花店库存的花用花的名称、颜色、单价和株的数量来表示。

要求：

（1）说明一个结构数组，存储库存鲜花的数据；

（2）编写一个函数 input_data()，输入现有库存的鲜花数据，读取数据时，向用户提供一个可以选择的颜色菜单，供用户选择。颜色使用枚举值表示；

（3）编写一个函数 buy()，向用户询问需要购买的鲜花的种类和株的数量，计算总价格，并从库存中减去用户购买的花的数量，返回总价格；

（4）编写主函数调用上述函数。

14．定义向链表中插入节点的函数。该函数用于在链表的第 i 个节点之前插入一个节点。并且编写主函数调用该函数。

15．定义从链表中删除节点的函数。该函数用于将链表的第 i 个节点之后的节点删除，而不是将第 i 个节点删除。并且编写主函数调用该函数。

16*．根据表 9-1，编写一个完整的程序，定义适当的结构体和函数，输入表中的所有数据，列表输出运动员技术统计表，注意合计一栏是根据输入的数据计算出来的。

17．判断下面程序的运行结果，并说明原因。

```
#include"stdio.h"
#define DAYS 3
typedef char *string;
typedef enum
{
  BJ,SH,NJ,CQ,GZ,HK
} STATE ;
string name[]={"Beijing","Shanghai","NaJing","ChongQing","GuangZhou","HongKong"};
typedef struct
```

```
{
   STATE start,end;
   short days;
} TRIP ;
void main()
{
   int i;
   TRIP trip[DAYS]={{BJ,SH,2},{SH,GZ,3},{GZ,BJ,1}};
   for(i=0;i<DAYS;i++)
      printf("%10s   %10s   %2d\n",name[trip[i].start], name[trip[i].end],
trip[i].days);
}
```

18. 判断下面程序的运行结果，并说明原因。

```
#include"stdio.h"
typedef struct round
{
   int r;
   int h;
   float PI;
} ROUND;
ROUND rd={1,2,3.14};
void main()
{
   ROUND *p=&rd;
   printf("%6.2f\n",(*p).r*p->r*(*p).PI);
   printf("%6.2f\n",2*p->PI*p->r*p->h);
}
```

19*. 判断下面程序的运行结果，并说明原因。

```
#include"stdio.h"
#include"stdlib.h"
typedef struct node
{
   char name[20];
   int *score;
} NODE;
void main()
{
   NODE a[3],*p;
   int s=0;
   for(p=a;p<a+3;p++)
   {
       p->score=(int *)malloc(3*sizeof(int));
       if(p->score==NULL)
       {
          printf("Memory Failed");exit(0);
       }
       else
       scanf("%s%d%d%d",p->name,p->score, (p->score)+1,(p->score)+2);
   }
   for(p=a;p<a+3;p++)
```

```
        s=*(p->score)+s;
    printf("C Aver =%lf",s/3.0);
}
```

程序执行时，输入：

```
lin 81 92 99 zhang 84 67 78 huang 90 77 85
```

20*．判断下面程序的运行结果，并说明原因。

```
#include"stdio.h"
typedef struct node
{
    int x;
    int y;
} NODE;
void main()
{
    static NODE a[6]={3,8,9,10,12,4,5,6,7,1,2,11};
    NODE *p,*q;
    p=a;q=a+5;
    while(p<q)
    {
        printf("%3d\n",p->x+q->y);
        p++;q--;
    }
}
```

21*．判断下面程序的运行结果，并说明原因。

```
#include "stdio.h"
typedef struct node
{
    int x;
    struct node *next;
} NODE;
void main()
{
    NODE a[6],*p;
    inti=1;
    for(p=a;p<a+5;p++)
    {
        p->x=2*i+1;
        p->next=p+1;
        i++;
    }
    p->x=2*i+1;
    p->next=NULL;
    p=a;
    while(p!=NULL)
    {
        printf("%3d\n",p->x);
        p=p->next;
    }
    printf("\n");
}
```

22. 修改下面程序中的错误，然后判断程序的运行结果，并说明原因。

```
#define MALE 1
#define FEMALE 0
#define SCORE struct score
#define STUDENT struct student
STUDENT
{
   long ino;
   char *name;
   unsigned short sex;
   unsigned age;
   char *address;
   SCORE a;
};
SCORE
{
   short lessons[5];
   float average;
};
void main()
{
   int i;
   float sum=0;
   static STUDENT s={801020,"stumei",FEMALE,21,"BEIJING",90,87,85,88,86,0.0};
   for(i=0;i<=4;i++)
      sum+=s.a.lessons[i];
   s.a.average=sum/5.0;
   printf("%s average=%f\n",s.name,s.a.average);
}
```

23. 修改下面程序中的错误，然后判断程序的运行结果，并说明原因。

```
#include"stdio.h"
#define NCLIST 14
typedef struct cblock
{
   cblock *c_next;
   char info[12];
} CBLOCK;
CBLOCK cfree[NCLIST];
CBLOCK *cfreelist;
void main()
{
   CBLOCK *ccp;
   for(ccp=cfree;ccp<=cfree[NCLIST-1];ccp++)
   {
       ccp->c_next=cfreelist;
       printf("\ninput string");
       scanf("%s",ccp->info);
       cfreelist=ccp;
   }
   for(ccp=cfreelist;ccp->c_next!='\0';)
```

```
    {
        printf("%s\n",ccp->info);
        ccp=ccp->c_next;
        cfreelist=ccp;
    }
}
```

程序执行时，输入 14 个单词（字符串）：

```
A person does not really understand something until after teaching it to a
computer
```

第10章 文　件

我们在前几章所编写的程序中处理的数据都是存储在内存中的，程序的运行结果显示在屏幕上，如果想记录程序的运行结果，似乎就需要用笔了，那么有没有更好的方法记录这些数据呢？有，就是用“文件”。文件对于读者来说其实一点也不陌生，在第一章中就介绍过源程序文件、目标文件和可执行文件等。文件是存储在软盘、硬盘、光盘和U盘等外部介质上的数据集合，每个集合都有一个名称，叫作文件名。对于操作系统来说，文件是操作系统管理数据的基本单位。本章介绍的是C语言的数据文件。

10.1 问题的提出与程序示例

在调试程序时，经常会遇到这样的问题：如果程序不能一次调试通过，则需要不断地输入一组相同的数据来调试程序。例如，我们调试一个排序的程序，要输入十个整数，但是程序有些逻辑错误，那我们就要不止一次地输入这十个整数。这给我们的调试工作带来不便。

C 语言提供的文件操作可以帮助我们解决这个问题，我们只要一次性地将这些数据存储在一个文件中，调试程序时即可从该文件中读取数据到内存中，不需要多次从键盘输入。

现在要解决的问题是将十个整数编辑到一个文本文件中，然后用C语言编写一个程序将这些数据从文件中读出并显示在屏幕上。

首先，要使用文本编辑器编辑十个整数。图 10-1 显示的是使用 Windows 的记事本编辑了十个整数并存储在文件“data.txt”中的情况。

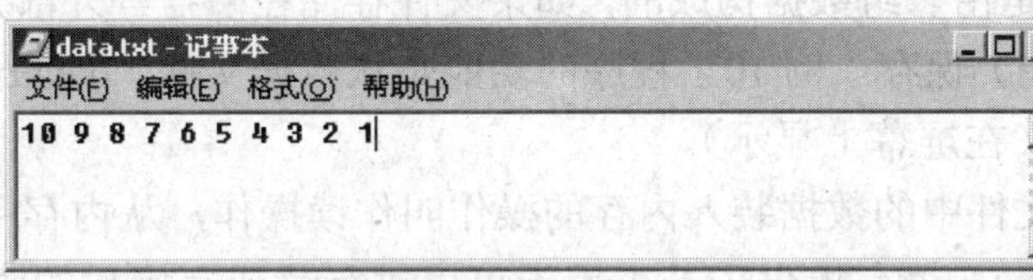

图 10-1　在记事本中编辑十个整数

接着，运行下面的程序就可以在显示器上看到这十个整数了。

【例 10.1】编写程序，从文件 data.txt 中读取十个整数，并在显示器上显示。

```
/*-----------------------------文件的示例程序----------------------------*/
/*-------------------------文件名 exam_10_1.cpp-------------------------*/
#include"stdio.h"
#include"process.h"
void main()
{
  FILE *fp;                                    /*定义文件指针 fp*/
  int i;
  printf("\nFile text:");
  if((fp=fopen("d:\\data.txt","r"))!=NULL) /*打开当前目录下的文件 data. txt*/
  {
     while(!feof(fp))                          /*文件未结束*/
```

```
    {
        fscanf(fp,"%d",&i);                    /*从文件中读数据到变量 i 中*/
        printf(" %d",i);                       /*显示刚从文件读入的整数*/
    }

    fclose(fp);                                /*关闭文件*/
  }
  else
  {
    printf("\ncannot open file\n");            /*显示文件不能正确打开*/
    exit(1);
  }
}
```

程序的运行结果是将文件 data.txt 中存储的数据显示在了屏幕上。

示例程序中强调的定义文件指针、打开文件、从文件中读数据到变量 i 中和关闭文件是文件操作的要点，将在后面一一讲解。

为了使第一个关于文件操作的程序易于理解，程序只是将文件中的数据简单地显示出来，而未进行实质的处理（例如排序）。实际上，文件处理有着广泛的用途。

10.2 文件操作的基本方法和相关概念

下面我们将通过例 10.1 的程序解释与文件操作相关的一些概念。

10.2.1 数据文件

数据文件是一组数据的有序集合。上面我们通过 Windows 的记事本编辑了一个文件"data.txt"，该文件就是由一组数据构成的，如果文件存储在磁盘等外部介质上，文件中的数据就可以永久（理论上）保存。例 10.1 程序的功能是从数据文件"data.txt"中将数据存入内存，对数据进行处理（在屏幕上显示）。

从外部介质中将文件中的数据装入内存的操作叫作读操作，从内存中将数据输出到文件中的操作叫作写操作。C 语言提供了若干用于可以进行读或写操作的函数。示例程序中的"fscanf"用于从文件中将数据读到内存中。

10.2.2 文件类型指针

在 C 语言中，对数据文件的所有操作都必须依靠文件类型指针来完成。要想对文件进行读或写操作，首先必须将要操作的数据文件与文件指针建立联系，然后通过这些文件指针来操作相应的文件。

例 10.1 中定义的文件指针是 fp。

文件类型指针的定义格式是：

FILE *文件指针变量;

注意：FILE 是大写字母。

实际上，FILE 是一种结构体类型，用来描述文件的有关信息。FILE 结构体类型是由系统定义的，该定义包含在 stdio.h 中，详细内容是：

```
typedef struct
{
    int             level;          /*fill/empty level of buffer*/
    unsigned        flags;          /*File status flags*/
    char            fd;             /*File descriptor*/
    unsigned char   hold;           /*Ungetc char if no buffer*/
    int             bsize;          /*Buffer size*/
    unsigned char   *buffer;        /*Data transfer buffer*/
    unsigned char   *curp;          /*Current active pointer*/
    unsigned        istemp;         /*Temporary file indicator*/
    short           token;          /*Used for validity checking*/
} FILE;                             /*This is the FILE object*/
```

这些数据分别描述文件的下列信息：缓冲区“满”或“空”的程度、文件状态标志、文件描述符、如无缓冲区不读入字符、缓冲区大小、缓冲区的位置、当前活动指针的位置、临时文件指示器和用于有效性检查。

用“FILE *fp;”定义了文件指针 fp 以后，就意味着系统开辟一个 FILE 结构体的空间，用文件指针 fp 指向它。

注意：此时的 fp 指向的 FILE 结构体还未与任何文件建立联系，必须调用 fopen 函数为文件指针和要操作的存储在磁盘上的数据文件建立联系。

10.2.3 文件的打开

打开文件使用 fopen 函数，调用 fopen 函数的格式为：

文件指针变量=fopen（文件名,使用文件方式）;

示例程序中的“fp=fopen("data.txt","r")”就是以只读方式打开文本文件“data.txt”。

执行 fopen 调用以后，fp 所指结构体中的数据存储的将是磁盘文件“data.txt”的相关信息，可以说，通过 fopen 函数建立了 fp 与文件 data.txt 的对应关系。r 指定了打开文件的方式。

文件的打开方式与文件类型和读写方式有关。在 C 语言中，文件被看成是“流”的序列，由一个一个的字节组成的数据流构成文件。由字符流组成的文件叫作 ASCII 文件，由二进制流组成的文件叫作二进制文件。文件“data.txt”是用 Windows 的记事本编辑的 ASCII 文件。

ASCII 文件在磁盘中存放时一个字符对应一个字节，这一个字节的数据对应要存储的字符的 ASCII 码。

例如，整数 12345 在 ASCII 文件中的存储形式为：0011000100110010001100110011010000110101，一共占用五个字节。00110001 是 1 的 ASCII 编码，00110010 是 2 的 ASCII 编码，依此类推。

ASCII 文件最大的优点就是容易看懂，直接使用文字编辑软件就可以编辑（包括显示）文件的内容。ASCII 文件的另一个优点就是容易移植，ASCII 字符集的标准是统一的。

二进制文件在磁盘中存放时按照数据在内存中二进制编码形式存储。

仍以整数 12345 为例，如果整数占 32 位，12345 在二进制文件中的存储形式为：00000000000000000011000000111001，占四个字节。

二进制文件的优点是占用空间少，在文件和内存之间进行数据传送时不必进行转换。

与二进制文件相比，ASCII 文件的缺点是占用的空间大，同样是存储 12345，ASCII 文件要多占一个字节，同时需要在二进制和 ASCII 码之间进行转换，尤其是对'\n'的存储与一般的字符不同，如果向 ASCII 文件中写字符'\n'，文件中存储的是十六进制的 0A0D，而从文件中读入内存时，再将 0A0D 转换为字符'\n'。

与 ASCII 文件的相比，二进制文件的缺点是如果用一般的文本编辑软件显示二进制文件，其内容是无法读懂的。

无论是二进制文件还是 ASCII 文件，C 语言对文件的存取单位都是字节，所以也将这种文件称作“流式文件”。

打开文件的函数 fopen 为编译系统对文件的操作提供了三个信息：

（1）打开哪个文件，用文件名指定；

（2）使用哪种方式打开文件，在双引号中指定；

（3）使用哪个文件指针与打开的文件建立联系，将返回值赋值给文件指针。

“fp=fopen("d:\\data.txt","r")”的含义是：打开的文件名是“d:\\data.txt”，打开方式是只读，使用文件指针 fp 与文件“d:\\data.txt”建立联系。

文件名可以是字符串常量或字符串变量，不能是单个字符，可以在字符串中指定文件所在的路径。例如文件 A.dat 在 D 盘的 file 目录下，则常量字符串可写成"d:\\file\\A.dat"，路径符“\”要写成“\\”。如果不明确指定路径，则文件应存放在源程序文件所在的路径中。

文件的打开方式共有 12 种，表 10-1 列出了这些方式的符号和意义。

表 10-1　文件的打开方式

符　号	意　义
r	以只读方式打开一个 ASCII 文件，只允许读数据 文件应该已经存在，如果相应的文件不存在，将会打开失败。文件打开后，位置指针指向文件首部的第一个字节
w	以只写方式打开一个 ASCII 文件，只允许写数据 若文件不存在，则建立一个新的文件；若文件已经存在，则删除旧文件，建立新文件
a	以追加方式打开一个 ASCII 文件，只能在文件末尾写数据 文件应该已经存在，如果相应的文件不存在，将会打开失败。文件打开后，位置指针自动指向文件末尾
rb	以只读方式打开一个二进制文件，只允许读数据 与 r 类似
wb	以只写方式打开一个二进制文件，只允许写数据 与 w 类似
ab	以追加方式打开一个二进制文件 与 a 类似
r+	以读写方式打开一个 ASCII 文件，允许读和写 文件应该已经存在，一般的操作方式是从文件读取数据，处理以后再写回文件。如果相应的文件不存在，打开将会失败
w+	如果文件已经存在，新的写操作将覆盖原来的数据。如果文件不存在，建立一个新的文件，可以向文件中写数据，还可以在不关闭文件的情况下，再读取数据

续上表

符 号	意 义
a+	以读和追加的方式打开一个ASCII文件，允许读或追加 文件应该已经存在，文件打开后，可在末尾追加数据，也可以将位置指针移动到一定的位置读取数据。如果相应的文件不存在，将会打开失败
rb+	以读写方式打开一个二进制文件，允许读和写 与r+ 类似
wb+	以读写方式打开或建立一个二进制文件，允许读和写 与w+ 类似
ab+	以读和追加的方式打开一个二进制文件，允许读或追加 与a+ 类似

使用fopen函数打开文件时，打开方式必须用双引号括起。

文件打开方式使用了 r、w、a、b 和+ 共五个字符来描述，前四个字符对应的英文单词是：read（读）、write（写）、append（追加）、binary（二进制），+的含义是读和写。另外，对于ASCII的文件操作方式可以加上字符t（text），rt与r是等价的。

fopen 函数将返回一个文件类型的指针，因此，编写程序时需要将函数的返回值赋给一个定义过的文件指针，若返回的指针为空则表示文件打开失败，指针不为空才能够继续对文件进行操作。

正确打开文件的程序段一般是：

```
if((fp=fopen("data.txt","r"))==NULL)
{
  printf("cannot open this file \n");
  exit(1);
}
else
{文件处理;}
```

这段程序的意义是，如果打开文件的函数返回的指针为空，则表示不能正确打开文件“data.txt”，系统将给出错误提示信息“cannot open this file”，并执行“exit(1)”函数调用退出程序的运行；否则，将继续文件的操作。

10.2.4 文件的关闭

文件操作结束以后，需要释放文件指针，使文件指针与文件“脱钩”，文件被关闭以后，就不能再对该文件进行操作。

fclose函数用于关闭已经打开的文件。

调用fclose函数的语法格式为：

fclose(文件指针);

“fclose(fp);”是关闭与文件指针fp建立联系的文件。关闭文件的主要目的是避免文件的数据丢失。因为C编译在读写文件数据时，使用了称为缓冲文件系统的技术。

缓冲文件系统是指C编译自动地分配一部分内存空间，将需要传送到外部介质中的数据先存放到这部分空间中，等到数据装满以后，再送到外部介质中。C 编译自动地分配的这部分内存空间称作缓冲区。同样，对于从文件中读入数据到内存时，系统要将文件中的数据装入缓冲区，然后再将数据逐一送往内存的数据区。如图 10-2 所示。

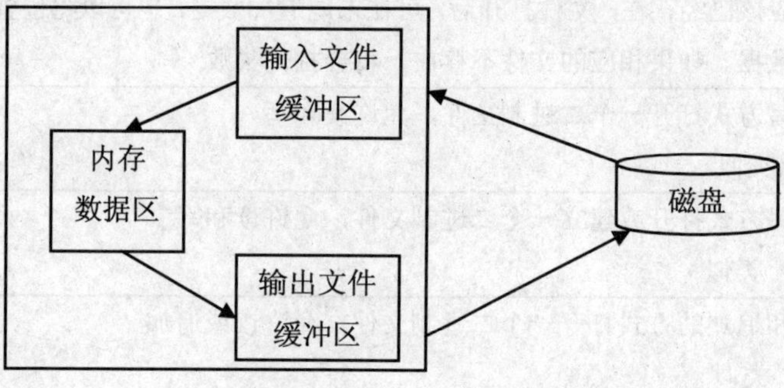

图 10-2　缓冲文件系统

缓冲区的大小一般为 512 字节，不同的编译系统也许会有些差别。

使用缓冲文件系统的原因是为了提高效率和延长外部设备的寿命。C 编译对文件的操作单位是字节，如果每次读/写一个字节，则读/写 512 字节就需要 512 次启动外设的读写操作。但是，缓冲文件系统将要读/写的数据先放入缓冲区，装满了以后再启动外部设备的读/写操作。因此，读/写 512 字节，只需要启动一次外设，而不是 512 次。

对于可以进行写操作的文件，如果没有关闭文件，程序就退出了运行，在缓冲区中的数据很可能会因为还没有装满而尚未写到磁盘文件中，而关闭文件的操作会使系统将缓冲区中的数据自动写到磁盘上，从而不会丢失数据。

fclose 函数带有返回值。返回值为 0 表示关闭文件的操作正常，返回值是–1 则表示关闭文件时发生了错误，例如磁盘空间不够或磁盘上有写保护等。

10.2.5　文件操作顺序

对磁盘文件操作的一般顺序是：打开→处理→关闭。当然，在打开文件之前要定义一个文件指针，以便于系统处理文件的各种有关信息；打开文件是使文件指针与磁盘文件建立联系，建立了联系以后，才能对它进行读/写等操作；关闭文件是断开指针与文件之间的联系，禁止再对该文件进行操作。因而，文件操作程序的编写分为下面几步：

（1）定义文件指针；

（2）打开文件，并判断是否成功打开，若打开文件失败，则程序退出运行状态；

（3）对文件进行读写等操作；

（4）关闭文件。

根据上面的步骤，可以写出下列程序段，希望读者熟记。

```
FILE *fp;                                   /*定义文件指针*/
if((fp=fopen("A.dat","r"))==NULL)           /*打开文件,并判断是否成功打开*/
{
   printf("cannot open this file \n");      /*打开失败,退出运行*/
   exit(0);
}
```

```
else
{
  文件的读写等操作;
  fclose(fp);                          /*关闭文件*/
}
```

10.2.6　C 语言的设备文件

C 语言中有一种特殊的文件，叫作设备文件。

在 C 语言中，把与主机相连的各种外部设备，如显示器、打印机、键盘等外部设备也看作是一个文件，把向显示器和打印机的输出看作是对该设备文件的写操作，而将从键盘的输入看作是对该设备文件的读操作。

设备文件的标准输入文件（键盘）stdin、标准输出文件（显示器）stdout 和标准出错输出（出错信息）stderr 是由系统打开的，不需要定义文件指针、打开文件和关闭文件，这些工作都由系统自动完成。

我们在前几章中使用的 printf 函数用于向标准输出设备显示器输出数据，而 scanf 用于从标准输入文件上输入数据。对标准输出文件和标准输入文件的操作不需要使用文件指针，由系统自动完成。

而对用户使用的普通数据文件需要使用文件指针才能实现对文件的操作。

10.3　文件的读写操作

前面已经作过介绍，对文件的读操作是将文件的内容从外部介质（例如磁盘）上将数据移动到内存中，而对文件的写操作是将文件的内容从内存中移动到外部介质上。最常用的文件操作就是读和写。

在 C 语言中，一般使用系统提供的库函数对文件进行读写操作，C 语言提供了下面几组函数用于文件的读写操作：

- 字符读写函数：fgetc 和 fputc。
- 格式化读写函数：fscanf 和 fprinf。
- 数据块读写函数：fread 和 fwrite。
- 字符串读写函数：fgets 和 fputs。

10.3.1　fputc 函数与 fgetc 函数

1. 将一个字符写到文件中的函数 fputc

调用 fputc 函数的语法格式为：

fputc(字符表达式,文件指针);

fputc 函数的功能是向文件指针指定的文件中写一个字符，字符表达式表示了一个字符，可以是字符常量或字符变量。

语句“fputc('H',fp);”是向文件指针 fp 指定的文件中写字符'H'。

fputc 函数是一个带有返回值的函数，如果成功将数据写入到文件中，则返回写入字符的 ASCII 值，否则返回一个值 EOF（-1），通过该返回值可以判断写操作是否成功。

因为是第一次讲解文件的写操作，我们要详细地解释一下写操作的要点：

（1）在文件内部有一个位置指针，用来指定文件的当前读写的位置。文件内部位置指针不是用 FILE 类型定义的指针，文件内部位置指针所指的位置是每一次读写操作的开始位置，而每一次读写操作以后，系统会使文件内部位置指针自动移动到下一次开始的位置，文件内部位置指针不需要在程序中定义和使用，而是由系统自动设置的，这一点非常重要，与内存的数据存取有所不同。对于 fputc 函数，每向文件写入一个字符，文件内部位置指针都向后移动一个字节。FILE 类型的指针实际上指向一个结构体，其值是不会变化的。

例如，我们连续调用五次 fputc 函数，就可以将字符数据“HELLO”写入同一文件：

```
fputc('H',fp);
fputc('E',fp);
fputc('L',fp);
fputc('L',fp);
fputc('O',fp);
```

与 fp 建立联系的文件中应该是如图 10-3 所示的数据流：

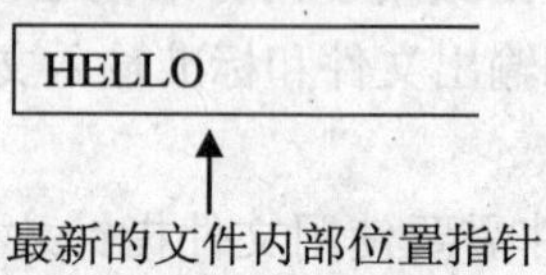

图 10-3 文件中的数据流

（2）用 fputc 操作的文件可以用“写”、“读/写”或“追加”三种方法打开。若以“写”或“读写”方式打开一个已经存在的文件，则 fputc 写操作将删除原有的文件内容，文件内部位置指针指向文件首部，从文件首开始写入字符；若以“写”或“读写”方式打开一个文件，该文件不存在，fputc 写操作将建立一个新的文件，也从文件首开始写入字符；而若以追加方式打开一个文件，该文件必须存在，文件内部位置指针指向文件末尾，fputc 写操作从文件末尾开始写入字符。

【例 10.2】编写程序，接收从键盘输入的一行字符，并将其写入一个文件。

```
/*----------------------接收从键盘输入的一行字符写入文件----------------------*/
/*-------------------------文件名 exam_10_2.cpp-------------------------*/
#include"stdio.h"
#include"process.h"
void main()
{
  FILE *fp;                                  /*定义文件指针*/
  char c;
  if((fp=fopen("A.dat","w"))==NULL)          /*打开文件*/
  {
     printf("cannot open this file \n");     /*打开失败,程序退出运行*/
     exit(1);
  }
  else
  for(c=getchar(); c!='\n'; c=getchar())     /*循环从键盘接收字符*/
     fputc(c,fp);                            /*写字符到文件中*/
```

```
    fclose(fp);                                    /*关闭文件*/
}
```

说明：程序按照文件操作的步骤，首先定义了文件指针 fp，并以“写”方式打开了 ASCII 文件“A.dat”；如果文件打开成功，程序进入 for 循环，使用 getchar 函数从键盘读入单个字符，并将该字符写入文件，然后继续从键盘读入下一字符，直到遇到回车符为止。

运行该程序，从键盘输入：

welcome↙

则文件 A.dat 存储的内容是 welcome。可以使用编辑软件打开该文件，并看到其内容，如图 10-4 所示是运行上述程序以后，用 Windows 的写字板打开该文件的情况。

该文件所在的目录是：C:\Program Files\Microsoft Visual Studio\MyProjects\MyWorkspace\MyProject。其中，MyWorkspace 和 MyProject 是程序所在的工作区名和工程名。

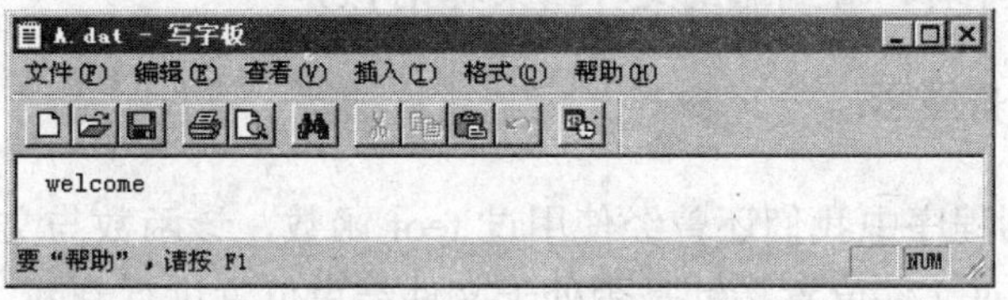

图 10-4　使用写字板打开的 ASCII 文件

2．从文件中读一个字符的函数 fgetc

调用 fgetc 函数的语法格式为：

fgetc(文件指针);

fgetc 函数的功能是从文件指针指定的文件中读入一个字符，该字符的 ASCII 值作为函数的返回值，若返回值为 EOF，则说明文件结束，EOF 是文件结束标志，值为–1。

语句“c=fgetc(fp);”是从文件指针 fp 指定的文件中读一个字符并存入 c 变量中，c 是字符型变量。

使用 fgetc 函数调用前，需要读取的文件必须是以读或读写方式打开的，并且该文件应该已经存在。

读操作的位置也是由文件内部位置指针来确定的，对于已经存在的文件，文件被打开时，文件内部位置指针指向文件的第一个字节。这时，调用 fgetc 函数读的是第一个字节的字符，读入一个字节以后，位置指针将自动向后移动一个字节。那么再调用一次 fgetc 函数，则读取的是第二个字符，连续调用该函数就可以读取文件的每个字符，并且可以使用 EOF 来判断是否已经到了文件末尾。

【例 10.3】编写程序，将例 10.2 中建立的文件 A.dat 中的内容显示在屏幕上。

```
/*-------------------------将 A.dat 的内容显示在屏幕上-------------------------*/
/*---------------------------文件名 exam_10_3.cpp---------------------------*/
#include"stdio.h"
#include"process.h"
void main()
{
    FILE *fp;                                      /*定义文件指针*/
    char c;
    if((fp=fopen("A.dat","r"))==NULL)              /*打开文件*/
```

```
    {
        printf("cannot open this file \n");        /*打开失败,程序退出运行*/
        exit(1);
    }
    else
    {
        for(c=fgetc(fp); c!=EOF; c=fgetc(fp))      /*循环从文件中读入字符*/
            putchar(c);                            /*在显示器上显示*/
        fclose(fp);                                /*关闭文件*/
    }
}
```

说明：程序以“读”方式打开 ASCII 文件 A.dat；如果文件打开成功，程序进入 for 循环，使用 fgetc 函数从文件中读入单个字符，并将该字符用 putchar 函数显示在显示器上，然后继续从文件中读入下一字符，直到遇到文件结束标记 EOF。

运行该程序，屏幕显示：

```
welcome
```

在例 10.1 的示例程序中我们还曾经使用过 feof 函数，该函数与文件结束标记 EOF 的用法类似。feof 函数是对文件位置指针是否处于文件结束位置进行判断。如果文件位置指针处于文件结束位置，则函数返回 1，否则返回 0。

下面的程序是将例 10.3 中用文件结束标记 EOF 判断文件结束的方法改为用 feof 函数判断。

```
#include"stdio.h"
#include"process.h"
void main()
{
    FILE *fp;                                          /*定义文件指针*/
    char c;
    if((fp=fopen("A.dat","r"))==NULL)                  /*打开文件*/
    {
        printf("cannot open this file \n");            /*打开失败,程序退出运行*/
        exit(1);
    }
    else
    {
        for(c=fgetc(fp); !feof(fp); c=fgetc(fp))       /*循环从文件中读入字符*/
            putchar(c);                                /*在显示器上显示*/
        fclose(fp);                                    /*关闭文件*/
    }
}
```

【例 10.4】 编写程序，在文件 A.dat 中追加内容“you”。

```
/*------------------在文件 A.dat 中追加内容“you” -----------------------*/
/*----------------------文件名 exam_10_4.cpp----------------------------*/
#include"stdio.h"
#include"process.h"
void main()
{
    FILE *fp;                                          /*定义文件指针*/
    char *p;
```

```
char string[]=" you ";                      /*准备加入文件的字符串*/
if((fp=fopen("A.dat","a"))==NULL)           /*打开文件*/
{
  printf("cannot open this file \n");       /*打开失败,程序退出运行*/
  exit(1);
}
else
{
  for(p=string; *p!='\0'; fputc(*p,fp))/*循环将字符串中的字符写入文件*/
     p++;
  fclose(fp);                               /*关闭文件*/
}
}
```

【例 10.5】编写程序实现 DOS 命令 copy A.dat B.dat 的功能。copy A.dat B.dat 的功能是将 A.dat 文件的全部内容复制到文件 B.dat 中。本程序需要使用指针部分讨论的命令行参数。

```
/*-----------------实现 DOS 命令 copy A.dat B.dat 的功能-----------------------*/
/*-----------------------文件名 exam_10_5.cpp-----------------------------*/
#include"stdio.h"
#include"process.h"
void main(int argc,char *argv[])
{
  FILE *fp1,*fp2;
  char c;
  if(argc!=3)
  /*命令行参数个数不为 3,说明命令输入有误*/
  {
    printf("Command error! You would enter like copy a b!");
    exit(1);
  }
  else if((fp1=fopen(argv[1],"r"))==NULL)  /*源数据文件打开失败*/
  {
    printf("Cannot open %s\n",argv[1]);
    exit(1);
  }
  else if((fp2=fopen(argv[2],"w"))==NULL)  /*目标数据文件打开失败*/
  {
    printf("Cannot open %s\n",argv[2]);
    exit(1);
  }
  else
  {
     /*从源数据文件中每读一个字符写到目标数据文件中*/
     while((c=fgetc(fp1))!=EOF)
        fputc(c,fp2);
     fclose(fp1);                           /*关闭文件*/
     fclose(fp2);                           /*关闭文件*/
     printf("File copied !\n");
  }
}
```

说明：本程序是带参数的 main 函数。如果命令行参数中不是三个字符串，提示用户输入有误。程序中定义了两个文件指针 fp1 和 fp2，分别指向命令行参数中给出的源数据文件名和目标数据文件名。循环语句负责从源数据文件中读一个字符并同时输出到目标数据文件中。最后要将两个文件关闭。

假设本程序的源程序文件名为 copy_，经过编译后生成可执行文件 copy_.exe，在 DOS 命令行状态下执行 copy_ A.dat B.dat 以后，文件 B.dat 中的内容将与文件 A.dat 内容相同，可以直接用 type B.dat 显示其内容为 welcome。

10.3.2 fprintf 函数与 fscanf 函数

fprintf 和 fscanf 函数与我们前面一直在使用的 printf 和 scanf 函数的功能十分相似，都是格式化读写函数。只不过，fprintf 和 fscanf 函数文件读写的是磁盘数据文件，而 scanf 函数和 printf 函数读写的是标准输入文件键盘和标准输出文件。

这两个函数的调用格式为：

fscanf(文件指针,格式字符串,输入表列);
fprintf(文件指针,格式字符串,输出表列);

fscanf 和 fprintf 两个函数适用于对 ASCII 文件的操作。

【例 10.6】编写程序，接收用户输入的若干整型数，直到读入-1 结束，将这些整数写入新创建的文件 TEST 中。

```
/*--------------------接收用户输入的若干整型数写入文件-----------------------*/
/*-----------------------文件名 exam_10_6.cpp---------------------------*/
#include"stdio.h"
#include"process.h"
void main()
{
   FILE *fp;                                    /*定义文件指针*/
   int i;
   if((fp=fopen("c:\\TEST","w"))!=NULL)         /*打开文件 TEST*/
   {
      printf("\nPlease enter int ended with -1:");
      scanf("%d",&i);                           /*从键盘读入一个整数*/
      while(i!=-1)
      {
         fprintf(fp,"%d  ",i);                  /*将整数写入文件 TEST 中 */
         scanf("%d",&i);
      }
      fclose(fp);                               /*关闭文件*/
   }
   else
   {
      printf("\ncannot open file\n");
      exit(1);
   }
}
```

运行程序，输入下列数据：

1 2 3 6 5 4 -1↙

本程序建立的 TEST 文件中将存储整型数据：1，2，3，6，5，4。

【例 10.7】 编写程序，对上例存储在文件 TEST 中的整数进行排序，并将排序结果存储于文件 TEST 中未排序数据的后面。

```
/*------------------------对文件中的数据进行排序---------------------------*/
/*------------------------文件名 exam_10_7.cpp----------------------------*/
#include"stdio.h"
#include"process.h"
#define SIZE 100
void sort(int a[],int size);
void main()
{
   FILE *fp;                                        /*定义文件指针*/
   int a[SIZE];
   int i=0,realsize;
   if((fp=fopen("c:\\TEST","r+"))!=NULL)            /*打开文件 TEST*/
   {
      while(feof(fp)==NULL)
      {
         fscanf(fp,"%d",a+i);                       /*从文件 TEST 中读一个整数到数组中*/
         i++;
      }
      realsize=i-1;
      sort(a,realsize);                             /*调用排序算法*/
      for(i=0;i<realsize;i++)                       /*将排序结果存储到文件中*/
         fprintf(fp,"%d  ",*(a+i));
      fclose(fp);                                   /*关闭文件*/
   }
   else
   {
      printf("\ncannot open file\n");
      exit(1);
   }
}
void sort(int a[],int size)                         /*排序函数的定义*/
{
   int i,min_a,j,temp;
   for(i=0;i<size;i++)
   {
      min_a=i;
      for(j=i;j<size;j++)
         if(a[j]<a[min_a])
            min_a=j;
      temp=a[min_a];
      a[min_a]=a[i];
      a[i]=temp;
   }
}
```

程序运行以后，文件 TEST 中的数据将会是：

1 2 3 6 5 4 1 2 3 4 5 6

说明：前六个数是执行例10.6的程序以后生成的数据，而后六个数据是执行本程序后生成的。本例中文件的打开方式是"r+"，因此允许在原来的文件中写入新的数据。由于读操作以后文件位置指针停留在文件末尾，新写入的经过排序的数据被加在原来数据的后面。

注意：使用格式化读写函数对文件进行读写时，读数据的格式与写数据的格式应该对应，才能保证数据的一致，如果数据是按%d输出的，则必须按%d读入。用fprintf函数写数据到文件中时，要注意在转换说明序列之间加空格，以便读文件时系统能区分不同的输入域。假如循环语句中用“fprintf(fp,"%d",*(a+i));”语句写数据到文件中，由于前后两次调用fprintf函数的%d中间没有空格，则输出到文件中的将是连续的数字1234…，这样会导致这些数据不能再被正确地读入内存。另外，使用格式化读写函数对文件进行读写时，文件内部位置指针依然起作用，只不过每次移动的不是一个字节，而是与每次函数调用读写的数据长度有关。

10.3.3 fread函数与fwrite函数

fwrite和fread两个函数用于对整块数据的写和读。进行写操作时，整块数据要事先存储在内存中，例如存储在一个数组中，或存储在一个结构变量中，还可以存储在一个结构数组中。而进行读操作时，要准备好接收数据的存储空间，存储空间的数据类型可以是数组、结构变量或结构数组等。

fwrite和fread两个函数适用于对二进制文件的操作。

写数据块函数调用的一般格式为：

fwrite(datapointer,size,count,fp);

读数据块函数调用的一般格式为：

fread(datapointer,size,count,fp);

下面是对实际参数的说明。

datapointer：是一个指针，使用fwrite函数时，它指向内存中准备写入文件的数据区的首地址；使用fread时，它指向将要存储从文件中读入的数据的首地址。

size：表示数据块的字节数。

count：表示要读写的数据块的块数。

实际上，size*count表示这次读写的总字节数。

fp：表示文件类型指针。

另外，count还有一个作用，就是如果fwrite和fread的返回值与count相等，则说明本次的读写调用是成功的。

语句“fwrite(A_string,sizeof(int),6,fp);”的含义是将A_string指向的数据区的六个整型数整块写入与fp建立联系的文件中。

【例10.8】编写程序，将数组中存储的十个整型数整块存储到文件c:\TT中。

```
/*----------------------写十个整型数并整块存储到文件中----------------------*/
/*------------------------文件名exam_10_8.cpp--------------------------*/
#include"stdio.h"
#include"process.h"
void main()
{
```

```
    int a[10]={0,1,2,3,4,5,6,7,8,9};           /*在数组 a 中存放十个整数*/
    FILE *f;                                    /*定义文件指针*/
    if((f=fopen("c:\\TT","wb"))==NULL)          /*打开文件*/
        exit(0);
    /*将数组 a 中存放的十个整数一次写入文件*/
    else if(fwrite(a,sizeof(int),10,f)!=10)
        printf("file write error\n");
    fclose(f);                                  /*关闭文件*/
}
```

【例 10.9】编写程序，在屏幕上显示 c:\TT 文件中存储的十个整数。

```
/*------------------------从文件中读 10 个整数----------------------------*/
/*-----------------------文件名 exam_10_8.cpp-------------------------*/
#include "stdio.h"
#include "process.h"
void main()
{
    int b[10];                                  /*准备数组 b*/
    FILE *f;                                    /*定义文件指针*/

    int i;
    if((f=fopen("c:\\TT","rb"))==NULL)          /*打开文件*/
        exit(0);                                /*未成功打开则退出*/
    else if(fread(b,sizeof(int),10,f)!=10)      /*将文件中的十个整数读入 b 中 */
        printf("file read error\n");
    for(i=0;i<=9;i++)                           /*循环显示读入的内容*/
        printf("%d ", b[i]);
    fclose(f);                                  /*关闭文件*/
}
```

在例 10.8 和例 10.9 中，我们使用 fwrite 和 fread 函数一次读写了十个整数，实际上一次读写几个整数是很灵活的，使用不同的实参调用 fwrite 和 fread 函数，可以改变一次读写的字节数。下面的程序与例 10.9 的功能完全一样，但是，每次对 fread 函数的调用只读了一个整数。

```
#include"stdio.h"
#include"process.h"
void main()
{
    int b[10];                                  /*准备数组 b*/
    int *p;
    FILE *f;                                    /*定义文件指针*/
    int i;
    if((f=fopen("c:\\TT","rb"))==NULL)          /*打开文件*/
        exit(0);                                /*未成功打开则退出*/
    else for(p=b;p<=b+9;p++)                    /*循环十次,每次读一个整数*/
        /*将文件中的一个整数读入 p 所指的空间中*/
        if(fread(p,sizeof(int),1,f)!=1)
        {
            printf("file read error\n");
            exit(1);
        }
    for(i=0;i<=9;i++)                           /*显示数组中的数据*/
```

```
      printf("%d ",b[i]);
   fclose(f);                                          /*关闭文件*/
 }
```

注意：数据块的写操作相对于格式化读写操作要简单一些，不需要考虑读或写的格式是否匹配，只要准备好数据区即可。

【例 10.10】用国家名称、金牌数、银牌数、铜牌数和奖牌总数表示各个国家在奥运会上获得奖牌的情况。编写程序，将表 10-2 中的数据从键盘输入，并计算每个国家获得的奖牌总数，并将结果及表中的所有数据存储到文件 MEDAL 中。

表 10-2 奖牌表

国家名称	金 牌 数	银 牌 数	铜 牌 数	奖牌总数
PRC	32	17	14	
USA	35	39	29	
Russia	27	27	38	
Australia	17	16	16	

```
/*-------------------------将奖牌数据写到文件中-------------------------------*/
/*----------------------文件名 exam_10_10.cpp--------------------------*/
#include"stdio.h"
#include"process.h"
typedef struct co
{
   char name[20];                                /*国家名称*/
   int medel[4];                                 /*用数组存放金牌数、银牌数、铜牌数和奖牌总数*/
} COUNTRY;
void acceptdata(COUNTRY country[])
{
   int i,j,sum;
   for(i=0;i<4;i++)                              /*接收键盘输入的数据*/
   {
      printf("Please enter data:");
      scanf("%s", country[i].name);              /*输入国家名称*/
      sum=0;                                     /*累加器清零*/
      for(j=0;j<3;j++)                           /*输入某国的金牌数、银牌数、铜牌数*/
      {
         scanf("%d", &country[i].medel[j]);
         sum=sum+country[i].medel[j];            /*奖牌数累加*/
      }
      country[i].medel[3]=sum;                   /*奖牌总数赋值*/
   }
}
void main()
{
   FILE *fp;
   COUNTRY country[4];
   if((fp=fopen("c:\\MEDAL.din","wb"))==NULL)   /*打开文件 MEDAL.din*/
   {
```

```
        printf("\ncannot open file\n");
        exit(1);                              /*打开失败,退出*/
    }
    acceptdata(country);                      /*调用函数从键盘接收数据*/
    /*将数组 country 的四个结构一次写入文件*/
    if(fwrite(country,sizeof(COUNTRY),4,fp)!=4)
      printf("file write error\n");
    fclose(fp);                               /*关闭文件*/
}
```

运行情况：

```
Please enter data:PRC  32  17  14↙
Please enter data:USA  35  39  29↙
Please enter data:Russia  27  27  38↙
Please enter data:Australia  17  16  16↙
```

【例 10.11】编写程序将二进制文件 MEDAL.din 中关于奥运会奖牌的数据显示在屏幕上。

```
/*-------------------------从文件中读奖牌数据------------------------------*/
/*----------------------文件名 exam_10_11.cpp-----------------------------*/
#include"stdio.h"
#include"process.h"
typedef struct co
{
  char name[20];                   /*国家名称*/
  int medel[4];                    /*用数组存放金牌数、银牌数、铜牌数和奖牌总数*/
} COUNTRY;
void disp(COUNTRY country[])        /*显示数组 country 的内容*/
{
  int i,j;
  printf("\n     Name    Golden  Silver  Copper  Sum \n");
  for(i=0;i<4;i++)
  {
     printf(" %10s", country[i].name) ;         /*显示国家名称*/
     for(j=0;j<4;j++)                           /*显示奖牌数*/
        printf("%8d", country[i].medel[j]);
     printf("\n");
   }
}
void main()
{
  FILE *fp;                                     /*定义文件指针*/
  COUNTRY country[4];                           /*定义结构数组*/
  if((fp=fopen("c:\\MEDAL.din","rb"))==NULL)
                                                /*打开文件 MEDAL.din*/
  {
     printf("\ncannot open file\n");
     exit(1);                                   /*打开文件失败,退出*/
  }
  /*将数组 stock 的四个结构一次读入数据区*/
  if(fread(country,sizeof(COUNTRY),4,fp)!=4)
  {
     printf("file write error\n");
```

```
        exit(1);                                    /*读操作失败,退出*/
    }
    disp(country);                                  /*调用函数显示数据*/
    fclose(fp) ;                                    /*关闭文件*/
}
```

运行结果：

```
        Name    Golden    Silver    Copper    Sum
         PRC      32        17        14       63
         USA      35        39        29      103
      Russia      27        27        38       92
   Australia      17        16        16       49
```

10.3.4 fgets 函数与 fputs 函数

调用字符串写函数 fputs 的语法格式为：

fputs(字符串,文件指针);

其中，字符串可以是字符串常量，也可以是字符数组名或指针变量。函数的功能是将字符串写入与文件指针建立联系的文件中。

语句“fputs("welcome",fp);”是将字符串"welcome"写入与文件指针 fp 建立联系的文件中。

调用字符串读函数 fgets 的语法格式为：

fgets(字符数组名,n,文件指针);

其中，n 是一个正整数。函数的功能是从文件中读入字符个数不超过 n–1 个的字符串，存储在字符数组中，并在读入的最后一个字符后面加上字符串结束标志'\0'。如果在读完 n–1 个字符之前遇到换行符或 EOF，也结束读入。

语句“fgets(A_string,10,fp);”是从与文件指针 fp 建立联系的文件中读十个字符到 A_string 数组中。

字符串读写函数 fgets 和 fputs 与 gets 和 puts 两个函数非常相似，只是前者的读写对象是文件，后者的读写对象是键盘和显示器。

文件内部位置指针的概念同样存在于字符串读写函数的操作中。

10.4 文件的定位

10.4.1 文件的顺序存取和随机存取

在程序设计中，对文件的读写又称为对文件的存取，文件的存取方式有两种：顺序存取和随机存取。顺序存取的特点是对文件的读写方式都是从文件的开始到文件的结束，读/写第一个字节后，才能读/写第二个字节，依此类推，如果想读/写文件的最后一个字节，必须先读写完该字节前面的所有字节。随机存取的特点是允许从文件的任何位置开始读写操作，文件操作的位置可以由程序控制。对于存储在磁带上的文件，由于磁带的硬件特性，只能顺序读写各个数据；而对于存储在磁盘上的文件，既可以采取顺序存取方式，也可以采取随机存取方式对文件内容进行读写操作。我们前面编写的所有程序使用的都是顺序存取方式，顺序存取的位置由文件内部位置指针自动确定，不用在程序中控制文件内部位置指针的内容；而随机存取文件的位置，可以由程序改变文件内部位置指针的内容，使其指向需要读写的位置，然后再进行读写操作。用程序控制文件内部位置指针的移动，称为文件的定位。

在 C 语言中，文件的定位操作也是通过库函数实现的，实现文件定位操作的函数主要有两个，即 rewind 函数和 fseek 函数。

10.4.2　rewind 函数

rewind 函数的调用格式为：

rewind(文件指针);

其功能是把文件内部的位置指针移到文件的开头。rewind 的英文原意是重绕，所以可以简单地称 rewind 函数的功能是重绕。

【例 10.12】编写程序，使用字符串写函数将字符串“Welcome you”写入 ASCII 文件 file_we.txt 中，并使用重绕函数回到文件首部，再使用字符串读函数将刚写入文件的字符串读入内存并显示在屏幕上。

```
/*-----------------------------使用重绕函数----------------------------------*/
/*-----------------------文件名 exam_10_12.cpp------------------------------*/
#include"stdio.h"
#include"process.h"
void main()
{
   charstring[]="welcome you";
   chardisplay[15];
   FILE *fp;
   if((fp=fopen("file_we.txt","w+"))==NULL)
   {
      printf("cannot open this file \n");
      exit(1);
   }
   else
   {
      fputs(string,fp);                        /*写字符串到文件中*/
      rewind(fp);                              /*重绕*/
      fgets(display,15,fp);                    /*读入到内存*/
      puts(display);                           /*输出到屏幕上*/
      fclose(fp);
   }
}
```

运行结果：

```
welcome you
```

10.4.3　fseek 函数

fseek 函数也能够实现文件的定位，调用该函数的格式为：

fseek(文件指针,位移量,起始点);

其功能是移动文件内部位置指针到实际参数指定的位置。

实际参数的含义：

首先，要操作的文件已经与文件指针建立了联系。

起始点有三种取值，即0、1和2，分别表示文件的三个位置：文件开始、当前位置和文件末尾。

位移量表示文件内部位置指针从起始点开始移动的字节数。位移量必须是一个长整型数据，因此若使用常整数表示位移量时，必须加后缀“L”。位移量是正整数，则文件内部位置指针向文件末尾的方向移动；位移量是负整数，则文件内部位置指针向文件首部的方向移动。

语句“fseek(fp,–100L,2);”的含义是把文件位置指针从文件末尾移到距文件末尾 100 字节处。

需要说明的是，fseek函数一般只适用于二进制文件。因为在ASCII文件中，"\n"字符需要进行特殊的转换，可能会引起位置的计算错误。

【例10.13】编写程序，将例10.11的程序生成的二进制文件MEDAL.din的奖牌数据中有关“Russia”（俄罗斯）的数据显示在屏幕上。

```
/*-----------------------------使用定位函数------------------------------*/
/*----------------------文件名 exam_10_13.cpp----------------------------*/
#include"stdio.h"
#include"process.h"
void main()
{
   int j;
   FILE *fp;
   typedef struct co
   {
      char name[20];                             /*国家名称*/
      int medel[4];                              /*用数组存放金牌数、银牌数、铜牌数和奖牌总数*/
   } COUNTRY;
   COUNTRY co;                                   /*定义一个结构变量*/
   if((fp=fopen("c:\\MEDAL.din","rb"))==NULL)
                                                 /*打开文件 MEDAL.din*/
   {
      printf("\ncannot open file\n");
      exit(1);
   }
   fseek(fp,2*sizeof(COUNTRY),0);                   /*移动到第三条数据所在的位置*/
   if(fread(&co,sizeof(COUNTRY),1,fp)!=1)           /*读数据到结构变量中*/
   {
      printf("file write error\n");
      exit(1);
   }
   printf("\n     Name    Golden  Silver  Copper  Sum \n");
   printf(" %10s", co.name);                        /*显示国家名称*/
   for(j=0;j<4;j++)                                 /*显示奖牌数*/
      printf("%8d", co.medel[j]);
   printf("\n");
   fclose(fp);                                      /*关闭文件*/
}
```

运行结果：

```
  Name   Golden  Silver  Copper  Sum
Russia      27      27      38    92
```

10.5 程 序 举 例

【例 10.14】使用文件操作扩充例 9.22 的功能。

输入 100 个学生的“C 程序设计”课程的期中和期末成绩，算出总评成绩，总评成绩=30%×期中成绩+70%×期末成绩，同时为每个学生增加一个数据项，按照总评成绩给出评语（0～59 是不及格、60～69 是及格、70～79 是中等，80～89 是良，90～100 是优），同时根据这项数据统计全班的分数段情况。不用将所有计算结果在屏幕上显示，而是将 100 个学生的情况存入文件 student.dat 中，将分数段的情况存入文件 grade.dat 中。

```
/*------------------------解决学生成绩问题---------------------------*/
/*----------------------文件名 exam_10_14.cpp------------------------*/
#include"stdio.h"
#include"string.h"
#include"process.h"
#define SIZE 300
typedef struct student
{
   char name[20];
   int score[4];
} STUDENT;
typedef enum section
{
   failure=2,pass, satisfactory,good,excellent
} SECTION;
typedef enum boolen
{
   False,True
} FLAG;
int accept_data(STUDENT stu[],int grade[]);
int subsect(int score,int grade[]);
void write_data(STUDENT stu[],int sum);
void write_grade(int grade[]);
void main()
{
   int sum;
   int grade[7]={0};
   STUDENT stu[SIZE];
   sum=accept_data(stu,grade);                         /*输入数据(sum为总人数)*/
   write_data(stu,sum);
   write_grade(grade);
}
int accept_data(STUDENT stu[],int grade[])
{
   int i=0,sum=0,temp;
   FLAG flag;
   while(i<SIZE)
   {
      printf("\nPlease input name of a student:");
      scanf("%s",stu[i].name);                      /*输入学生的姓名*/
```

```
        if(strcmp(stu[i].name , "***")==0)    /*若是"***"跳出循环*/
        {
            sum=i;                             /*sum记录的是输入的人数*/
            break;
        }
        printf("\nPlease input two scores of a student:");
        flag=True;
        while(flag==True)                      /*重复读入两个成绩,读到正确的为止*/
        {
            scanf("%d%d",&stu[i].score[0], &stu[i].score[1]);
            if(stu[i].score[0]<=100&& stu[i].score[0]>=0&&\
              stu[i].score[1]<=100&& stu[i].score[1]>=0)
               flag=False;
            else
               printf("\n\007Error data! Please input two scores a student again:");
        }
        temp=(int)(.3*stu[i].score[0]+.7* stu[i].score[1]);  /*计算总评成绩*/
        stu[i].score[2]=temp;
        /*赋值给与评语对应的枚举值*/
        stu[i].score[3]=subsect(stu[i].score[2], grade);
        i++;
    }
    return sum;
}
int subsect(int score,int grade[])         /*将总评成绩分段,并返回分数所在的分数段*/
{
    int s;
    SECTION se;
    s= score/10;
    switch(s)
    {
        case 0:case 1:case 2:case 3:
        case 4:case 5:  se= failure;grade[2]=grade[2]+1;break;
        case 6: se=pass; grade[3]=grade[3]+1;break;
        case 7: se=satisfactory; grade[4]=grade[4]+1;break;
        case 8: se=good; grade[5]=grade[5]+1;break;
        case 9:case 10: se=excellent; grade[6]=grade[6]+1;break;
    }
    return se;
}
void write_data(STUDENT stu[],int sum)
{
    FILE *f;
    int temp;
    /*打开文件STUDENT.dat*/
    if((f=fopen("c:\\STUDENT.dat","wb"))==NULL)
    {
        printf("\ncannot open file\n");
        exit(1);
    }
    temp=fwrite(stu,sizeof(STUDENT),sum,f);
```

```
    /*将数组stu的sum结构数据一次写入文件*/
    if(temp!=sum)
    {
        printf("file write error\n");
        exit(1);
    }
    fclose(f);
}
void write_grade(int grade[])
{
    FILE *f;
    /*打开文件GRADE.dat*/
    if((f=fopen("c:\\GRADE.dat","wb"))==NULL)
    {
        printf("\ncannot open file\n");
        exit(1);
    }
    /*将数组grade的七个整数一次写入文件*/
    if(fwrite(grade,sizeof(int),7,f)!=7)
    {
        printf("file write error\n");
        exit(1);
    }
    fclose(f);
}
```

【例 10.15】使用例 10.14 产生的文件，输出分数段情况，并根据给定的学生姓名进行查询。

```
/*----------------------在记录学生成绩的文件中进行查询----------------------*/
/*-------------------------文件名exam_10_15.cpp----------------------------*/
#include"stdio.h"
#include"string.h"
#include"process.h"
#define SIZE 300
typedef struct student
{
    char name[20];
    int score[4];
} STUDENT;
typedef enum section
{
    failure=2,pass, satisfactory,good,excellent
} SECTION;
typedef enum boolen
{
    False,True
} FLAG;
void show_data(STUDENT stu[],int grade[],int sum);
void query(STUDENT stu[],int sum);
void read_data(STUDENT stu[],int sum);
int read_grade(int grade[]);
```

```
void main()
{
   int sum;
   int grade[7]={0};
   STUDENT stu[SIZE];
   sum=read_grade(grade);                        /*从文件中读grade数组*/
                                                 /*sum为总人数*/
   printf("sum=%d",sum);
   read_data(stu,sum);
   show_data(stu,grade,sum);                     /*输出所有学生的姓名、期中、期末和总评成绩*/
   query(stu,sum);                               /*查询某个学生的总评成绩*/
}
void show_data(STUDENT stu[],int grade[],int sum)
{
   int i,j;
   char  *sub_string[]={"   ","   ","Failure","Pass","Satisfactory","Good","
        Excellent"};
   for(i=0;i<sum;i++)                            /*输出所有学生的姓名、期中、期末和总评成绩*/
   {
      printf("%20s  ",stu[i].name);
      for(j=0;j<3;j++)
         printf("%4d ", stu[i].score[j]);
      printf("%s ", sub_string[stu[i].score[3]]);
      printf("\n");
   }
   printf("\nThere are %d students in this class",sum);
                                                 /*显示全部学生数*/
   for(i=2;i<=6;i++)                             /*显示分数段人数*/
      printf("\nThere are %d students in %s",grade[i],sub_string[i]);
}
void query(STUDENT stu[],int sum)
{
   char temp_name[80];
   int i;
   printf("\nPlease input name of a student that you want to know his score:");
   scanf("%s",temp_name);                        /*输入要查询的学生的姓名*/
   for(i=0;i<sum;i++)
   {
      if(strcmp(stu[i].name,temp_name)==0)
      {
         /*查询成功输出总评成绩*/
         printf("%s %d \n", stu[i].name, stu[i].score[2]);
         break;                                  /*跳出循环*/
      }
   }
   if(i==sum) printf("not found\n ");            /*查询失败输出失败信息*/
}
void read_data(STUDENT stu[],int sum)
{
```

```
    int i;
    FILE *f;
    if((f=fopen("c:\\STUDENT.dat","rb"))==NULL)
                                                  /*打开文件 STUDENT.dat*/
    {
       printf("\ncannot open file\n");
       exit(1);
    }
    for(i=0;i<sum;i++)
       if(fread(&stu[i],sizeof(STUDENT),1,f)!=1)
                                                  /*一次读入一个结构*/
       {
         printf("file read error\n");
         exit(1);
       }
     fclose(f);
  }
  int read_grade(int grade[])
  {
    int i,sum=0;
    FILE *f;
    if((f=fopen("c:\\GRADE.dat","rb"))==NULL)    /*打开文件 GRADE.dat*/
    {
       printf("\ncannot open file\n");
       exit(1);
    }
    if(fread(grade,sizeof(int),7,f)!=7)          /*读入数据到 grade 数组*/
    {
       printf("file read error\n");
       exit(1);
    }
    for(i=2;i<7;i++)                              /*计算总人数*/
      sum=sum+grade[i];
    fclose(f);
    return sum;
  }
```

本章小结

（1）在 C 语言中，文件被看成是“流”的序列，由一个一个的字节组成的数据流构成文件。由字符流组成的文件叫作 ASCII 文件，由二进制流组成的文件叫作二进制文件。

（2）新的 ANSI 标准只支持缓冲文件系统，使用缓冲文件系统的原因是为了提高效率和延长外部设备的寿命。

（3）在 C 语言中，对普通数据文件的所有操作都必须依靠文件类型指针来完成。要想对文件进行操作，首先必须将想要操作的数据文件与文件指针建立联系，然后通过这些文件指针来操作相应的文件。

（4）文件操作的顺序是打开文件、读/写和关闭文件。文件可以按只读、只写、读写和追加四种操作方式打开，同时还必须指定文件的类型是二进制文件还是文本文件。

（5）C语言允许文件读写以字节、数据块或字符串为单位，还可以按指定的格式进行读写。

（6）文件内部的位置指针可指示当前的读写位置，移动该指针可以对文件实现随机读写。

习　题

1. C语言中的ASCII文件与二进制文件有何区别？

2. 缓冲文件系统的作用是什么？

3. 什么是文件类型指针？什么是文件内部位置指针？它们各有什么用途？

4. 对文件进行操作以后，为什么要关闭？

5. 从file_string文件中读入一个含有十个字符的字符串。

6. 编写程序，对ASCII文件test.txt中的字符进行统计，统计该文件中字母、数字和其他字符的个数，输出统计结果。test.txt文件名由命令行参数输入。例如，假设C源程序的可执行文件名为count_file，则命令行count_file test.txt表示对文件test.txt进行统计。

7. 编写程序，将文件A的内容复制到文件B，复制时要将文件A中的大写字母全部转换成小写字母。使用命令行参数，例如，假设C源程序的可执行文件名为copy_file，则命令行copy_file A B表示将文件A的内容复制到文件B中。

8. 编写程序，首先输入一个字符，然后将文件A的内容复制到文件B，复制时要将文件A中与输入字符相等的字符删除。

9. 修改上面的程序，用命令行参数接收要修改的文件和要删除的字符。例如，假设C源程序的可执行文件名为dele_file，则命令行dele_file A.txt K表示将文件A.txt中的'K'字符全部删除。

10. 编写程序，将文件1的内容连接到文件2的后面，两个文件的文件名由用户在程序运行时输入（不使用命令行参数）。

11. 解决百鸡问题："鸡翁一，值钱五；鸡母一，值钱三；鸡雏三，值钱一。百钱买百鸡，问鸡翁、母、雏各几只"。要求用文件chook.dat记录所有的情况。

12. 根据上题产生的文件chook.dat，将百鸡问题的结果显示在屏幕上。

13. 在二进制文件COUNTRY.bin中有如表10-3所示的四条记录：

表10-3　文件COUNTRY.bin中的记录

国家名称	金牌数	银牌数	铜牌数	奖牌总数
PRC	32	17	14	63
USA	35	39	29	103
Russia	27	27	38	92
Australia	17	16	16	49

编写程序，向二进制文件COUNTRY.bin中增加下面一条记录。

```
Japan 16 9 12 37
```

使文件 COUNTRY.bin 中有五条记录，如表 10-4 所示。

表 10-4 增加后的记录

国家名称	金牌数	银牌数	铜牌数	奖牌总数
PRC	32	17	14	63
USA	35	39	29	103
Russia	27	27	38	92
Australia	17	16	16	49
Japan	16	9	12	37

14．编写程序，将如表 10-5 所示的数据存储到一个文件中，共有 20 行数据。

表 10-5 待存储的数据

原子序号	化学元素名	化学符号
12	Magnesium	Mg
13	Aluminum	Al
14	Silicon	Si
15	Phosphorus	P
16	Sulphur	S
……	……	……

15．编写程序，利用上题存储的文件帮助学生记忆元素符号。要求：

（1）首先从文件中将上表读入内存。

（2）从 20 行数据中随机选择五个，给出化学元素名，让学生输入化学符号和原子序号。

根据学生回答的情况给学生打分：五个问题全部回答对了，给 5 分；回答对了四个问题，给 4 分；依此类推；少于两个，给 2 分。注意，随机选择的五个题目不能有重复的内容。随机函数的使用方法可参考例 7.2。

16．用姓名、工资和年龄描述一个人的情况，编写程序，输入五个人的情况，并存入文件 student.dat 中。

17．修改上题产生的文件，为每个人增加工资 30%，并将年龄增加一岁。

18．编写程序，将习题 16 产生的文件按逆序读入三条记录（用文件定位函数），在屏幕上显示。

19*．编写函数 f(char s[],int t[],int size)，函数的功能是对 t 数组的数据排序以后，输出到 s 字符串指定的 ASCII 文件中，编写主函数调用两次 f 函数，建立文件 sort1.dat 和 sort2.dat，然后将文件 sort1.dat 和文件 sort2.dat 合并为一个文件 sort3.dat，要注意，合并时不能将两个文件的内容全部读入内存中进行重新排序。

20*．编写一个函数 fw，将表 10-6 中除了最后一行以外的数据全部存入文件 sport.dat 中；编写另一个函数 fr，将文件 sport.dat 中的数据列表显示在屏幕上，计算并合计显示在最后一行。编写主函数，先调用 fw 函数，再调用 fr 函数。

表 10-6 运动员技术统计表

姓名			二分球		三分球		罚球	
	号码	得分	中/投	投中率	中/投	投中率	中/投	投中率
吴乃群	35	31	9/15	60%	0/2	0%	13/14	92.86%
缪寿守	45	5	0/0	0%	1/2	50%	2/2	100%
罗智	15	5	1/1	100%	1/1	100%	0/0	0%
王楠	11	14	2/4	50%	1/2	50%	7/7	100%
刘维伟	8	2	1/5	20%	0/1	0%	0/0	0%
王世龙	32	11	2/2	100%	0/1	0%	4/4	100%
萨马基	34	21	8/12	66.67%	0/0	0%	5/5	100%
米拉奇	5	9	2/2	100%	0/1	0%	5/6	83.33%
张伟刚	4	0	0/2	0%	0/0	0%	0/0	0%
合计		98	25/43	58.14%	3/10	30%	36/38	94.74%

21*. 下面的程序运行后，文件 myfile.dat 中的内容是什么？

```
#include"stdio.h"
#include"process.h"
void ff(char *s,char *t)
{
   FILE *fp;
   if((fp=fopen(s,"w"))==NULL)
   {
      printf("\ncannot open file\n");
      exit(1);
   }
   fputs(t,fp);
   fclose(fp);
}
void main()
{
   ff("myfile.dat","Welcome!");
   ff("myfile.dat","Goodbye!");
}
```

22*. 下面的程序运行后，输出结果是什么？

```
#include"stdio.h"
#include"process.h"
void main()
{
   FILE *fp;
   int i,j;
   if((fp=fopen("myfile.dat","w+"))==NULL)
   {
      printf("\ncannot open file\n");
      exit(1);
```

```
    }
    for(i=7;i>=2;i--)
    {
      if(i%2!=0) fprintf(fp,"%3d",i);
    }
    rewind(fp);
    fscanf(fp,"%d%d",&i,&j);
    printf("%d  %d\n",i,j);
    fclose(fp);
}
```

附录 A　ASCII 码与字符对照表

ASCII 码与字符的对应关系如表 A1 所示。

表 A1　ASCII 码与字符对照表

10 进制	8 进制	16 进制	字　符	10 进制	8 进制	16 进制	字　符
0	000	00	NUL	32	040	20	(SPACE)
1	001	01	SOH	33	041	21	!
2	002	02	STX	34	042	22	"
3	003	03	ETX	35	043	23	#
4	004	04	EOT	36	044	24	$
5	005	05	ENQ	37	045	25	%
6	006	06	ACK	38	046	26	&
7	007	07	BEL	39	047	27	'
8	010	08	BS	40	050	28	(
9	011	09	TAB	41	051	29	)
10	012	0A	LF	42	052	2A	*
11	013	0B	VT	43	053	2B	+
12	014	0C	FF	44	054	2C	,
13	015	0D	CR	45	055	2D	-
14	016	0E	SO	46	056	2E	.
15	017	0F	SI	47	057	2F	/
16	020	10	DLE	48	060	30	0
17	021	11	DC1	49	061	31	1
18	022	12	DC2	50	062	32	2
19	023	13	DC3	51	063	33	3
20	024	14	DC4	52	064	34	4
21	025	15	NAK	53	065	35	5
22	026	16	SYN	54	066	36	6
23	027	17	ETB	55	067	37	7
24	030	18	CAN	56	070	38	8
25	031	19	EM	57	071	39	9
26	032	1A	SUB	58	072	3A	:
27	033	1B	ESC	59	073	3B	;
28	034	1C	FS	60	074	3C	<
29	035	1D	GS	61	075	3D	=
30	036	1E	RS	62	076	3E	>
31	037	1F	US	63	077	3F	?

续上表

10 进制	8 进制	16 进制	字　符	10 进制	8 进制	16 进制	字　符
64	100	40	@	96	140	60	`
65	101	41	A	97	141	61	a
66	102	42	B	98	142	62	b
67	103	43	C	99	143	63	c
68	104	44	D	100	144	64	d
69	105	45	E	101	145	65	e
70	106	46	F	102	146	66	f
71	107	47	G	103	147	67	g
72	110	48	H	104	150	68	h
73	111	49	I	105	151	69	i
74	112	4A	J	106	152	6A	j
75	113	4B	K	107	153	6B	k
76	114	4C	L	108	154	6C	l
77	115	4D	M	109	155	6D	m
78	116	4E	N	110	156	6E	n
79	117	4F	O	111	157	6F	o
80	120	50	P	112	160	70	p
81	121	51	Q	113	161	71	q
82	122	51	R	114	162	72	r
83	123	52	S	115	163	73	s
84	124	53	T	116	164	74	t
85	125	55	U	117	165	75	u
86	126	56	V	118	166	76	v
87	127	57	W	119	167	77	w
88	130	58	X	120	170	78	x
89	131	59	Y	121	171	79	y
90	132	5A	Z	122	172	7A	z
91	133	5B	[	123	173	7B	{
92	134	5C	\	124	174	7C		
93	135	5D	]	125	175	7D	}
94	136	5E	^	126	176	7E	~
95	137	5F	_	127	177	7F	DEL

说明：

本表只列出了十进制代码为 0～127 的标准 ASCII 字符，因为十进制代码为 128～255 的字符是扩展的 ASCII 字符，针对不同的计算机可能存在差别。

代码为 0～31 的字符属于控制字符，也称为不可见字符。

附录 B C 语言运算符的优先级和结合性

C 语言运算符的优先级和结合性如表 B1 所示。

表 B1 C 语言运算符的优先级和结合性

<table>
<tr><th>优先级</th><th>运算符</th><th>含义</th><th>运算对象的个数</th><th>结合方向</th></tr>
<tr><td>1</td><td>( )
[ ]
->
.</td><td>圆括号
下标运算符
指向结构体成员运算符
结构体成员运算符</td><td></td><td>自左至右</td></tr>
<tr><td>2</td><td>!
~
++
--
-
+
(数据类型)
*
&
sizeof</td><td>逻辑非运算符
按位取反运算符
自增运算符
自减运算符
取负运算符
单目加运算符
类型转换运算符
取内容运算符
取地址运算符
数据类型长度运算符</td><td>1
（单目运算符）</td><td>自右至左</td></tr>
<tr><td>3</td><td>*
/</td><td>乘法运算符
除法运算符</td><td>2
（双目运算符）</td><td>自左至右</td></tr>
<tr><td>4</td><td>%
+
-</td><td>取模运算符
加法运算符
减法运算符</td><td>2
（双目运算符）</td><td>自左至右</td></tr>
<tr><td>5</td><td><<
>></td><td>左移运算符
右移运算符</td><td>2
（双目运算符）</td><td>自左至右</td></tr>
<tr><td>6</td><td>< > <= >=</td><td>关系运算符</td><td>2（双目运算符）</td><td>自左至右</td></tr>
<tr><td>7</td><td>== !=</td><td>关系运算符</td><td>2（双目运算符）</td><td>自左至右</td></tr>
<tr><td>8</td><td>&</td><td>按位与运算符</td><td>2（双目运算符）</td><td>自左至右</td></tr>
<tr><td>9</td><td>^</td><td>按位异或运算符</td><td>2（双目运算符）</td><td>自左至右</td></tr>
<tr><td>10</td><td>|</td><td>按位或运算符</td><td>2（双目运算符）</td><td>自左至右</td></tr>
<tr><td>11</td><td>&&</td><td>逻辑与运算符</td><td>2（双目运算符）</td><td>自左至右</td></tr>
<tr><td>12</td><td>||</td><td>逻辑或运算符</td><td>2（双目运算符）</td><td>自左至右</td></tr>
<tr><td>13</td><td>? :
= += -=
*= /=</td><td>条件运算符</td><td>3（三目运算符）</td><td>自右至左</td></tr>
</table>

续上表

优 先 级	运 算 符	含　义	运算对象的个数	结合方向
14	%=　>>=　<<= &=　^=　|=	赋值运算符	2 （双目运算符）	自右至左
15	,	逗号运算符	*n*	自左至右

说明：

表中列出的优先级是用数字来表示的，优先级越高，数字越小，优先级为15的运算符优先级最低。

如果运算对象左边和右边的运算符优先级相同，则根据结合性来判断先进行哪一运算。

进行程序设计时，最好以圆括号来明确表示运算的顺序。

附录 C　C 语言 printf 函数的转换说明模式

在调用 printf 函数时，可以使用以%为前缀的转换说明，转换说明不但可以指定显示数据的类型，还可以控制显示的域宽和精度，并可以控制左/右对齐。

转换说明的格式是：

% ［标志］［前导 0］［域宽］［.］［精度］［长度修正符］［转换字符］

转换字符包括：d、o、x、u、c、s、f、g 等。

用法说明和举例如表 C1 所示。

表 C1　用法说明和举例

	用法说明	举　　例
［域宽］	用整数表示，指定显示数据的最小域宽，一般情况下，域宽应大于实际数据的位数。如果域宽小于实际数据的位数，以实际位数为准	printf("%4s" , "ABCDE");的输出结果是： ABCDE
［标志］	若有符号“−”，则显示数据在其域内按左齐方式打印，否则按右齐打印	printf("%10s" , "ABCDE"); 显示的结果是右对齐： 　　　　　ABCDE printf("%−10s" , "ABCDE"); 显示的结果时是左对齐： ABCDE
	若有符号“+”，则显示的数据是正数时带前缀+，否则，显示的正数不带前缀+	printf("%+d",20); 显示的结果带“+”号：
	若有符号“#”,转换字符为 o 时，显示的八进制数冠以 0；转换字符为 x 时，显示的十六进制数冠以 0x	+20 printf("%#6o",10); 显示的结果带“0”： 012
	若使用了符号#, 符号+将不起作用。“−”、“+”以及“−”、“#”两个符号可以结合在一起使用。两个符号之间顺序可以任意，只要在域宽的前面即可	printf("%− +10d",10);显示的结果带“0”，左对齐，并且带“+”号： +10
［.］	域宽和精度的分隔符	
［精度］	精度是整数 若被转换的数据是字符串，它指定能显示的最大字符个数	printf("%−10.5s","ABCDEFGHIJ"); 显示的结果只有 5 个字符： ABCDE

续上表

	用法说明	举　　例
[精度]	若被转换的数据是浮点数，指定小数点右边显示的最大位数	printf("%7.2f",123.456); 显示的结果是： 123.46
[前导0]	把0放在域宽前，表示数值以前导0显示，而不是以空格显示	printf(" %+011.2f",123.456); 显示的结果是： +00000123.46
[长度修正符]	对长整型数和双精度浮点数要使用字母l，以保证显示数据的正确性	printf(" %ld",100000L); 显示的结果是： 100000

附录 D C 语言预处理命令的使用

预处理命令是以“#”号开头的命令，它们不是 C 语言的可执行命令。在 C 编译系统编译源程序之前，先要对源程序中的预处理命令进行处理，处理完毕之后才能对源程序进行编译。在全屏幕编辑环境下，预处理是在编译之前自动由系统处理的。

最常用的预处理命令是#include 和#define，这些命令应该在函数之外书写，一般在源文件的最前面书写，称为预处理部分。

预处理命令除了以#开头以区别于 C 命令，还有两点需要注意，一是一条预处理命令独占一行，二是不以“;”作为结束标志。

C 语言提供了三类预处理命令，它们是宏定义、文件包含和条件编译。

1. 宏定义

宏定义命令有两条：#define 和#undef。

宏定义的主要概念是定义一个标识符来表示一个字符串，该标识符称为“宏名”。在预处理时，程序中出现的所有“宏名”，都要用宏定义中的字符串替换，就像在 Word 编辑软件中进行替换（Replace）一样，宏名相当于在 Word 编辑软件中“查找和替换”对话框的“查找内容”文本框的内容，字符串则相当于“替换为”文本框的内容。宏名用字符串替换的过程叫作宏替换、宏展开或宏代换。

在 C 预处理命令中，宏定义分为不带参数和带参数两种。

其定义形式如表 D1 所示。

表 D1 宏定义的形式

宏的种类	定义形式	举 例
不带参数的宏	#define 宏名 字符串	#define PAI 3.14159265 预处理时，所有的 PAI 用 3.14159265 替换 C 程序中的 s=PAI*2*2; 将被替换为： s=3.14159265*2*2;
带参数的宏	#define 宏名（形参）字符串 带参数的宏的调用： 宏名（实参）	#define sq(r) ((r)*(r)) 预处理时，所有的 sq(x)用(x)*(x)替换 C 程序中的 printf("%ld",sq(3)); 将被替换为： printf("%ld",((3)*(3)));

使用不带参数的宏定义的注意事项如表 D2 所示。

表 D2 不带参数的宏定义的注意事项

注意事项	举 例
对于宏定义中的字符串在语法上没有任何限制，预处理程序对它不作任何检查。所以，程序员就要注意检查替换以后会不会出现语法错	#define PAI 3.14159265; 预处理时，所有的 PAI 用 3.14159265; 替换 C 程序中的 s=PAI*2*2; 将被替换为：

续上表

注意事项	举　例
误。例如，不要轻易在语句结尾写分号	s=3.14159265;*2*2; 这在语法上是错误的
宏定义只进行简单替换，注意要保证简单替换的运算逻辑是正确的	#define A 2+4 #define B A*3 printf("\n%d",2+4*3);　而不是替换为： printf("\n%d",(2+4)*3);
C 程序中的字符串常量和字符常量中的宏名是不进行宏替换的	#define A 4 printf("A"); 中的 A 是不进行替换的 printf("A");的显示结果是 A，不是 4
不要将宏名用双引号或单引号括起来，宏名的使用要符合用户定义字的规定	#define "good" 5 printf("good"); 中的" good"是不进行替换的 printf("good");的显示结果是 good，不是 5
宏定义的作用域为从宏定义命令下面的语句到该源程序结束，宏定义的位置在函数之外 可以使用# undef 命令终止已经经过定义的宏的作用域	#define A 5 … #undef　A
在习惯上，宏名使用大写字母书写，表示与普通变量名的区别，但是小写字母也没有错	#define SIZE 100
宏定义可以嵌套。在一个宏定义的字符串中可以使用在它前面已经定义过的宏名，在宏替换的过程中层层展开	#define PAI 3.14159265 #define r 2 #define s (PAI)*(r)*(r) printf(" %f",s);　最终将被替换为： printf(" %f",(3.14159265)*(2)*(2));
可以用宏定义定义构造数据类型，以简化书写方式。但是要避免出错	#define STACK struct stack 在程序中可用 STU 作变量说明： STU body[5],*p; 则定义结构变量可以用： STACK st[10];

使用带参数的宏定义的注意事项如表 D3 所示。

表 D3　带参数的宏定义的注意事项

注意事项	举　例
定义带参数的宏时，宏名与形参表的左括号必须紧接着，不能有空格和其他符号 这种情况将被认为是不带参数的宏	#define sq (r) (r)*(r) C 程序中的 printf("%ld",sq(3)); 将被替换为 printf("%ld",(r) (r)*(r)(3)); 是一个错误的语句

续上表

注意事项	举　例
在宏定义中的形参是标识符，而宏调用中的实参既可以是标识符，也可以是表达式	宏定义是： #define sq(r) ((r)*(r)) 宏调用可以是 sq(a)，也可以是 sq(2)

在带参数的宏定义中，字符串内的形参一般要用圆括号括起来，并且整个字符串也要用圆括号括起来，以避免出错	#define sq(r) r*r
	宏调用 printf("%ld",sq(a+2)); 将被替换为：
	printf("%ld",a+2*a+2); 而不是被替换为：
	printf("%ld",(a+2)*(a+2));
	#define sq(r) (r)*(r)
	宏调用 printf("%ld",b/sq(a+2)); 将被替换为：
	printf("%ld",b/(a+2)*(a+2); 而不是被替换为：
	printf("%ld",b/((a+2)*(a+2)));

下面是两个带参数的宏定义的实例：

【例 D.1】 定义宏#define FOR(i,start,limit,step)。

可以使宏调用 FOR(j,1,10,1) 表示以 j 为循环变量，从 1 开始，到 10 结束循环，循环变量的步长是 step。

```
#include"stdio.h"
#define FOR(i,start,limit,step)
for((i)=(start);(i)<=(limit);(i)=(i)+step)
void main()
{
   int j;
   FOR(j,1,10,1)  printf(" %d",j);
}
```

【例 D.2】 用 a 表示总秒数，用宏定义计算 a 表示的秒数相当于几小时几分钟几秒。

```
#include "stdio.h"
#define HOUR(a)   ((a)/3600)
#define MIN(a)   (((a)-HOUR((a))*3600)/60)
#define SEC(a)   ((a)-HOUR((a))*3600-MIN((a))*60)
#define F(a,h,m,s) h=HOUR(a);m=MIN(a);s=SEC(a);
void main()
{
   int a=4680,h,m,s;
   F(a,h,m,s);
   printf("\n%d is %d hour  %d min  %d sec ",a,h,m,s);
}
```

2. 文件包含

文件包含命令行的一般格式为：

#include"文件名"

文件包含命令的功能是将指定文件名的内容原封不动地插入该命令行的位置并取消该命令行，从而使指定的文件成为当前源程序文件的一部分。

使用模块化程序设计思想进行程序设计时，必须要用到文件包含。一个比较大的程序可能被分成多个程序模块，由不同的程序员分别进行程序设计。一来，程序联调时，需要将所有的源程序组织到一个源程序中参与编译、连接和运行；二来，那些公用的符号常量或宏定义就可以单独组成一个共享文件，程序员们在调试自己的程序时将其包含在自己的源文件中，以避免每个程序员都要把相同的内容重新写一遍，既节省了时间，又减少了出错的机会。当然，在程序联调时，对这些共享文件只包含一次就行了。

使用文件包含命令要注意以下几点：

（1）一个 include 命令只能包含一个文件，如果需要包含多个文件，必须使用多个 include 命令，但是要注意顺序。

例如：

```
#include"A.h"
#include"B.h"
```

如果 A.h 中的程序需要用到 B.h 中的内容，那么这个顺序就写反了。

（2）文件包含命令允许嵌套，也就是说允许在一个被包含的文件中包含另一个文件。

例如，源程序文件 test.c 中的第一句是：

```
#include"A.h"
```

而文件 A.h 中的第一句是：

```
#include"B.h"
```

（3）包含命令中的文件名既可以用双引号，也可以用尖括号括起来。这两者的区别在于：用尖括号包含的文件，应该在系统的 include 目录中查找，而不是在源文件所在的目录查找；用双引号包含的文件，首先在当前源文件所在的目录中查找，若未找到再到系统的 include 目录中去查找。

3. 条件编译

所谓条件编译就是程序员可以指定参加编译的程序段。预处理程序根据程序员的指定，按照不同的情况编译不同的程序部分，从而产生不同的目标代码。该功能的使用非常有利于程序的移植和调试。

条件编译有三种形式，如表 D4 所示。

表 D4　条件编译的 3 种形式

形　　式	功　　能	举　　例
#ifdef　标识符 　程序段 1 #else 　程序段 2 #endif	如果 #ifdef　命令中的标识符已被 #define 命令定义过，则对程序段 1 进行编译；否则，对程序段 2 进行编译。允许程序段 2 为空，此时，#else 可以不写	#define PC #ifdef PC #define INT_SIZE 16 #else #define INT_SIZE 32 #endif 程序中的整型数以 16b 处理
#ifndef　标识符 　程序段 1 #else 　程序段 2 #endif	如果 #ifndef　命令中的标识符未被 #define 命令定义过，则对程序段 1 进行编译；否则，对程序段 2 进行编译。允许程序段 2 为空，此时，#else 可以不写	#ifndef PC #define INT_SIZE 32 #else #define INT_SIZE 16 #endif 程序中的整型数以 16b 处理

续上表

形　式	功　能	举　例
#if 常量表达式 程序段 1 #else 程序段 2 #endif	如果#if 命令的常量表达式的值为真，则对程序段 1 进行编译；否则，对程序段 2 进行编译。允许程序段 2 为空，此时，#else 可以不写	#if 0 This is a test program #endif 由于常量表达式的值是 0，因此，程序段 1 肯定不参与编译，所以这种用法可以用于写一些较长的注释，即程序段 1 的内容不是真正的程序，而是注释 还可以将暂时不需要调试的程序段用这种办法与调试部分分隔开

参考文献

[1] 谭浩强．C 程序设计．2 版．北京：清华大学出版社，2002．

[2] FISCHER A E，等．C 语言程序设计．2 版．裘岚，等译．北京：电子工业出版社，2001．

[3] KERNIGHAN B W，RITCHIE D M．The C Programming Language．2nd ed．北京：机械工业出版社，2006．

[4] 郭继展．新编 C 语言程序设计．北京：机械工业出版社，2003．

Learn more about it!

笔记栏

Learn more about it!

笔记栏

Learn more about it!

笔记栏